U0252854

达内数字艺术学院教材

编 委 会

主编：韩少云

编委：（排名不分先后）：

陈 锐	陈 星	崔庆江	段惠勇
段静静	方琳云	高 立	谷培培
韩 雪	郝建娥	何 洁	候少晨
黄雨欣	贾强生	李 玲	李淑蓉
李淑蓉	吝宏飞	刘浩然	刘 顺
刘 杨	鲁健顺	孟祥霞	彭慧慧
苏天彬	谭宇飞	藤佳慧	王雄波
徐杜鹃	许云燕	张 洁	周 杰
朱家林			

入门·进阶·提高

CS6
Dreamweaver
网页设计入门、进阶与提高

达内数字艺术学院　韩少云　主编

李翊　刘涛　编著

电子工业出版社
Publishing House of Electronics Industry
北京·BEIJING

内 容 简 介

本书主要介绍了Dreamweaver CS6网页制作相关知识及网页制作技能，内容涵盖Dreamweaver CS6基础知识、使用层叠样式表、处理文本、处理图像、处理导航、创建交互式页面、创建页面布局、处理表单、使用Flash、提高工作效率、把创建的页面发布到Web上等内容，以及Dreamweaver CS6中的最新功能。

本书知识全面、内容浅显易懂、概念和功能介绍清晰，巧妙地通过入门、进阶和提高三个模块化内容，逐步引导读者深入学习；并通过丰富、精彩、实用的案例，向读者展示了使用Dreamweaver CS6进行网页制作的神奇能力。

本书内容实用，案例效果精美，不但适合Dreamweaver网页制作初学者学习，有一定经验的读者从中也可以学到大量高级功能。本书同样适合作为高等院校、大专院校、成人教育等相关专业的教材或参考书。

图书在版编目（CIP）数据

Dreamweaver CS6网页设计入门、进阶与提高 / 韩少云主编；李翊，刘涛编著. —北京：电子工业出版社，2014.1

（入门·进阶·提高）

ISBN 978-7-121-22167-5

Ⅰ. ①D… Ⅱ. ①韩… ②李… ③刘… Ⅲ. ①网页制作工具 Ⅳ. ①TP393.092

中国版本图书馆CIP数据核字（2013）第301563号

策划编辑：牛　勇
责任编辑：徐津平
印　　刷：北京京科印刷有限公司
装　　订：北京京科印刷有限公司
出版发行：电子工业出版社
　　　　　北京市海淀区万寿路173信箱　　邮编：100036
开　　本：787×1092　1/16　印张：19.5　字数：474千字
版　　次：2011年6月第1版
　　　　　2014年1月第2版
印　　次：2017年7月第6次印刷
定　　价：49.80元

凡所购买电子工业出版社图书有缺损问题，请向购买书店调换。若书店售缺，请与本社发行部联系，联系及邮购电话：（010）88254888，88258888。

质量投诉请发邮件至zlts@phei.com.cn，盗版侵权举报请发邮件至dbqq@phei.com.cn。

本书咨询联系方式：010-51260888-819，faq@phei.com.cn。

前　　言

每位读者都希望找到适合自己阅读的图书，通过学习掌握软件功能，提高实战应用水平。本着一切从读者需要出发的理念，我们精心编写了"入门·进阶·提高"丛书，通过"学习基础知识"、"精讲典型实例"和"自己动手练"这三个过程，让读者循序渐进地掌握各软件的功能和使用技巧。

■ 本套丛书的结构特点

"入门·进阶·提高"系列丛书立意新颖、构意独特，通过通俗易懂的语言和丰富实用的案例，向读者介绍各软件的使用方法与技巧。本系列丛书在编写时，绝大部分章节按照"入门"、"进阶"、"提高"和"答疑与技巧"的结构来组织、安排学习内容。

🔍 入门——基本概念与基本操作

快速了解软件的基础知识。这部分内容对软件的基本知识、概念、工具或行业知识进行了介绍与讲解，使读者可以很快地熟悉并能掌握软件的基本操作。

🔍 进阶——典型实例

通过学习实例达到深入了解各软件功能的目的。本部分精心安排了一个或几个典型实例，详细剖析实例的制作方法，带领读者一步一步进行操作，通过学习实例引导读者在短时间内提高对软件的驾驭能力。

🔍 提高——自己动手练

通过自己动手的方式达到提高的目的。精心安排的动手实例，给出了实例效果与制作步骤提示，让读者自己动手练习，以进一步提高软件的应用水平，巩固所学知识。

🔍 答疑与技巧

选择了读者经常遇到的各种疑问进行讲解，不仅能够帮助解决学习过程中的疑难问题，及时巩固所学的知识，还可以使读者掌握相关的操作技巧。

■ 本套丛书的内容特点

作为一套定位于"入门"、"进阶"和"提高"的丛书，它的最大特点就是结构合理、实例丰富，有助于读者快速入门，提高在实际工作中的应用能力。

🔍 结构合理、步骤详尽

本套丛书采用入门、进阶、提高的结构模式，由浅入深地介绍了软件的基本概念与基本操作，详细剖析了实例的制作方法和设计思路，帮助读者快速提高对软件的操作能力。

🔍 快速入门、重在提高

每章先对软件的基本概念和基本操作进行讲解，并渗透相关的设计理念，使读者可以快速入门。接下来安排的典型实例，可以在巩固所学知识的同时，提高读者的软件操作能力。

🔍 图解为主、效果精美

图书的关键步骤均给出了清晰的图片，对于很多效果图还给出了相关的说明文字，细微之处彰显精彩。每一个实例都包含了作者多年的实践经验，只要动手进行练习，很快就能掌握相关软件的操作方法和技巧。

　　举一反三、轻松掌握

　　本书中的实例都是在大量工作实践中挑选的，均具有一定的代表性，读者在按照实例进行操作时，不仅能轻松掌握操作方法，还可以做到举一反三。

本书的主要内容

　　第1章：介绍网站建设的基础知识，包括实际制作前对页面布局的分析、表格排版概述、表格排版核心技术、WEB标准化布局概述、什么是WEB标准、WEB标准化布局的核心技术的概述。

　　第2章：介绍站点的创建与管理。

　　第3章：介绍页面的总体设置。

　　第4章：介绍了文本页的创建及如何对文本进行简化。

　　第5章：介绍了页面中图像的处理方法。

　　第6章：介绍了多媒体页面的制作，其中包括插入SWF动画、插入Java Applet、插入Shockwave动画、插入ActiveX控件、插入插件的方法。

　　第7章：介绍了如何使用表格布局页面。

　　第8章：介绍了表单的使用。

　　第9章：介绍了如何使用CSS来美化网页。

　　第10章：介绍了使用Div元素制作高级页面。

　　第11章：介绍了制作数字引擎页面。

　　第12章：介绍了帆布鞋网站的制作。

　　第13章：介绍了网页顽主工作室（www.go2here.net.cn）网站的制作。

本书的作者

　　感谢电子工业出版社的策划编辑牛勇以及其他参与本书出版过程的工作人员！因为你们的热心帮助，使得这本书从写成到出版一气呵成！

　　感谢经典论坛（http://bbs.blueidea.com/）和站酷网（http://www.zcool.com.cn/）的各位网友，如果没有你们的热情参与，就没有这本书的面世！

　　感谢达内IT培训集团CEO韩少云及集团教研部副总裁李翔的关心与支持！

　　本书由韩少云主编，李翔、刘涛编著，参加图书编写工作的还有：钟镭、孙丽娜、张崴娜、杨月娥、姜建栋、李文惠、柯昌淼、孙超、周幸福、柳东、潘有全、宋美丽、王斐等。由于作者水平有限，书中疏漏和不足之处在所难免，恳请广大读者及专家不吝赐教。

作者联系方式：

E-mail：froglt@163.com

网站：www.go2here.net.cn

读者QQ群：113411848

　　图书配套资源文件及赠送教学视频文件下载地址：www.broadview.com.cn/22167。

目　　录

第1章　网页制作基础 1

    1.1　入门——基本概念与基本操作 2

        1.1.1　Dreamweaver CS6概述 2

        1.1.2　Dreamweaver CS6特色功能 2

        1.1.3　Dreamweaver CS6的操作环境 10

    1.2　进阶——认识网页排版大师Dreamweaver CS6 11

        1.2.1　实际制作前对页面布局的分析 12

        1.2.2　表格排版概述 13

        1.2.3　表格排版的核心技术 14

    1.3　提高——网页设计扩展知识 16

        1.3.1　常见的网页脚本语言 16

        1.3.2　Web标准化布局概述 21

第2章　站点的创建与管理 26

    2.1　入门——基本概念与基本操作 27

        2.1.1　站点的规划和定义 27

        2.1.2　站点的其他操作 29

        2.1.3　管理本地站点 31

    2.2　进阶——创建本地站点和站点结构 32

    2.3　提高——设置页面属性 36

    2.4　答疑与技巧 39

第3章　页面的总体设置 40

    3.1　入门——基本概念与基本操作 41

        3.1.1　设置头信息 41

        3.1.2　设置页面属性 49

    3.2　进阶——设置页面META信息 53

    3.3　提高——为页面设置排版的图像参考 55

    3.4　答疑与技巧 57

第4章　创建简洁的文本页面 58

    4.1　入门——基本概念与基本操作 59

        4.1.1　插入文本 59

        4.1.2　文字的其他设定 60

        4.1.3　插入水平线 64

        4.1.4　插入时间 65

    4.2　进阶——经典案例 66

　　　4.2.1　制作页面的滚动文字与列表效果 66
　　　4.2.2　巧妙使用上下标 67
　　　4.2.3　制作三维效果文字 70
　4.3　提高——更改页面文字样式 73
　4.4　答疑与技巧 75

第5章　使用图像丰富页面内容 **76**
　5.1　入门——基本概念与基本操作 77
　　　5.1.1　插入图像 77
　　　5.1.2　设置图像属性 77
　　　5.1.3　插入鼠标经过图像 78
　　　5.1.4　插入图像占位符 79
　　　5.1.5　图像的相对路径与绝对路径 80
　5.2　进阶——在页面中插入图像 81
　5.3　提高——自己动手练 83
　　　5.3.1　在页面中制作图文混排效果并修剪图像 83
　　　5.3.2　在页面中制作动态轮换图像效果 85
　5.4　答疑与技巧 87

第6章　制作多媒体页面 **88**
　6.1　入门——基本概念与基本操作 89
　　　6.1.1　插入SWF动画 89
　　　6.1.2　插入Java Applet 91
　　　6.1.3　插入Shockwave动画 93
　　　6.1.4　插入ActiveX控件 94
　　　6.1.5　插入插件 95
　6.2　进阶——典型案例 97
　　　6.2.1　插入SWF文件 97
　　　6.2.2　插入音频及视频动画 100
　6.3　提高——在页面中制作Java Applet特效 102
　6.4　答疑与技巧 104

第7章　用表格布局页面 **105**
　7.1　入门——基本概念与基本操作 106
　　　7.1.1　表格的创建 106
　　　7.1.2　HTML实现的表格代码 106
　　　7.1.3　表格的调整 107
　　　7.1.4　设置表格和单元格属性 107
　7.2　进阶——在页面中制作嵌套表格 109
　7.3　提高——在页面中使用表格进行排版 111
　7.4　答疑与技巧 115

第8章　插入表单 **116**
　8.1　入门——基本概念与基本操作 117
　　　8.1.1　插入表单域 118

8.1.2　插入文本域 119

8.1.3　插入隐藏域 120

8.1.4　插入按钮 121

8.1.5　插入图像域 121

8.1.6　插入文件域 122

8.1.7　插入单选按钮 122

8.1.8　插入复选框 124

8.1.9　插入列表和菜单 125

8.2　进阶——在页面中制作表单 127

8.3　提高——自己动手练 135

8.3.1　在页面中插入节省空间的跳转菜单 135

8.3.2　在页面中验证表单的有效性 137

8.4　答疑与技巧 139

第9章　使用CSS美化网页 140

9.1　入门——基本概念与基本操作 141

9.1.1　什么是CSS 141

9.1.2　使用CSS美化页面的基本方法 144

9.2　进阶——在页面中创建并应用外部样式表 145

9.3　提高——使用CSS美化页面 148

9.4　答疑与技巧 153

第10章　使用Div元素制作高级页面 154

10.1　入门——基本概念与基本操作 155

10.1.1　使用AP Div基础 155

10.1.2　使用Spry Div构件 157

10.2　进阶——典型案例 160

10.2.1　在页面中利用AP Div制作内嵌效果 160

10.2.2　在页面中制作Spry菜单和提升 162

10.3　提高——布局页面 164

10.4　答疑与技巧 177

第11章　综合实例1：制作数字引擎页面 178

11.1　案例分析 179

11.2　最终效果 179

11.3　制作思路 179

11.4　操作步骤 180

11.4.1　创建Web站点 180

11.4.2　制作首页页面切片 180

11.4.3　制作网页中的样式表 181

11.4.4　制作首页 182

11.4.5　制作内容页面 188

11.5　答疑与技巧 191

第12章 综合实例2：帆布鞋网站设计制作 192

　12.1 思路分析 193

　　12.1.1 页面布局形式 193

　　12.1.2 添加文字和图像 195

　12.2 实现步骤 199

　　12.2.1 制作效果图 199

　　12.2.2 切片、优化和导出 202

　　12.2.3 布局页面 205

第13章 综合实例3：网页顽主工作室网站设计 215

　13.1 思路分析 216

　　13.1.1 页面布局形式 216

　　13.1.2 页眉的设计 218

　　13.1.3 通栏的设计 220

　　13.1.4 内容区域的设计 220

　　13.1.5 页脚的设计 221

　　13.1.6 字体的选择 222

　13.2 实现步骤 223

　　13.2.1 制作结构底图 223

　　13.2.2 页眉设计 226

　　13.2.3 通栏设计 226

　　13.2.4 制作内容区域 229

　　13.2.5 制作页脚 229

　　13.2.6 切片、优化和导出 232

　　13.2.7 布局页面 234

附录A 站点的维护与上传 248

　A.1 发布网站 248

　　A.1.1 上传文件 248

　　A.1.2 下载文件 249

　　A.1.3 同步文件 249

　A.2 测试网站 250

　　A.2.1 检查目标浏览器 250

　　A.2.2 检查链接 251

　　A.2.3 创建站点报告 251

　A.3 使用设计备注 252

　A.4 使用遮盖 254

　A.5 取出和存回 254

附录B (X)HTML语法参考手册 256

　B.1 (X)HTML文件的基本结构 256

　B.2 (X)HTML头部标签 256

　　B.2.1 标题标签<title> 257

　　B.2.2 基底网址标签<base> 257

B.2.3 元信息标签<meta> 257
B.3 (X)HTML主体标签 260
B.3.1 文字颜色属性text 261
B.3.2 背景颜色属性bgcolor 261
B.3.3 背景图像属性background 261
B.3.4 背景图像固定属性bgproperties 261
B.3.5 链接文字颜色属性link、alink、vlink 262
B.3.6 上边距属性topmargin 262
B.3.7 左边距属性leftmargin 262
B.4 文字与段落标签 262
B.4.1 输入空格符号 262
B.4.2 输入特殊符号 263
B.4.3 注释语句<comment>、<!-- --> 263
B.4.4 标题字标签 263
B.4.5 文字的修饰标签 264
B.4.6 字体标签 267
B.4.7 段落标签 267
B.4.8 水平线标签<hr> 269
B.5 列表的标签 269
B.5.1 有序列表 270
B.5.2 无序列表 271
B.6 超链接标签 272
B.7 图片标签 273
B.7.1 插入图片标签<img> 273
B.7.2 图像的源文件属性src 274
B.7.3 图像的提示文字属性alt 274
B.7.4 图像的宽度高度属性width、height 274
B.7.5 图像的边框属性border 274
B.7.6 图像的垂直间距属性vspace 275
B.7.7 图像的水平间距属性hspace 275
B.7.8 图像的排列属性align 275
B.8 表格相关标签 276
B.8.1 表格的基本语法 276
B.8.2 表格的标题与表头 277
B.8.3 <tr><td><th>属性 278
B.9 表单标签 279
B.9.1 输入标签<input> 280
B.9.2 菜单和列表标签<select>、<option> 283
B.9.3 文字域标签<textarea> 283
B.10 框架标签 284
B.10.1 框架集标签<frameset> 284
B.10.2 框架标签<frame> 285
B.10.3 不支持框架标签<noframes> 286

B.10.4 浮动框架<iframe> 287
B.11 其他标签 287
    B.11.1 滚动文字 287
    B.11.2 多媒体信息 288

附录C CSS语法参考手册 **289**
C.1 字体属性 289
    C.1.1 字体家族 289
    C.1.2 字体大小 289
    C.1.3 字体风格 290
    C.1.4 字体加粗 290
C.2 文本属性 290
    C.2.1 字母间隔 291
    C.2.2 文字修饰 291
    C.2.3 文本排列 291
    C.2.4 文本缩进 291
    C.2.5 行间距 291
C.3 颜色和背景属性 291
    C.3.1 颜色 292
    C.3.2 背景颜色 292
    C.3.3 背景图像 292
    C.3.4 背景图像重复 292
    C.3.5 背景图像位置 292
C.4 边框属性 293
C.5 鼠标光标属性 293
C.6 定位属性 294
C.7 区块属性 295
C.8 列表属性 295
C.9 滤镜属性 296
C.10 尺寸属性 296
C.11 表格属性 297
C.12 滚动条属性（IE专有属性） 297
C.13 伪类属性 298
C.14 单位 298

Chapter 1

第1章
网页制作基础

本章要点

入门——基本概念与基本操作

- Dreamweaver CS6概述
- Dreamweaver CS6特色功能
- Dreamweaver CS6的操作环境

进阶——认识网页排版大师 Dreamweaver CS6

- 实际制作前对页面布局的分析
- 表格排版概述

- 表格排版核心技术

提高——网页设计扩展知识

- 常见的网页脚本语言
- Web标准化布局概述

本章导读

    Dreamweaver CS6是Adobe公司最新推出的主页编辑工具。这是一个所见即所得的主页编辑器，并带有站点管理功能，让你方便地设计和管理多个站点。在网页制作软件层出不穷的今天，Dreamweaver以它简洁的界面和强大的功能，稳坐网页制作软件"头把交椅"，成为专业网页设计师的首选软件。随着最新版本Dreamweaver CS6的出现，Adobe公司使Dreamweaver向Web标准化和流行的PHP技术更近了一步，这必将极大地提高网页创作者的综合水平，掀起一股网页创作的热潮，本章将介绍Dreamweaver CS6的基础知识。

1.1 入门——基本概念与基本操作

　　在网站制作过程中，当网页效果图设计完毕并且得到客户的认可后，就可以根据网页的效果图来生成网站页面了，这时就需要使用Dreamweaver CS6来完成这项工作。虽然现在有很多软件都可以制作网站页面，但是Dreamweaver CS6是目前为止功能最强大、操作界面最人性化的一个网页排版软件。并且Dreamweaver CS6和Fireworks CS5、Flash CS5之间结合得非常紧密，可以更好地协同完成工作。利用Dreamweaver CS6中的可视化编辑功能，用户可以快速创建网站页面而无须编写任何代码，同时可以查看所有站点元素或资源并将它们从浮动面板直接拖放到文档中。

1.1.1　Dreamweaver CS6概述

　　Dreamweaver CS6是一个网页排版工具，在排版过程中所使用的素材都是在Fireworks或者Photoshop中根据事先制作好的效果图切片而来的。也就是说，Dreamweaver CS6主要负责内容的组织工作，但是并不参与页面效果的设计。同时，网页中的一些特效可以通过使用Dreamweaver CS6在网页中添加JavaScript脚本来实现，如图1-1所示。

图1-1　Dreamweaver CS6的启动界面

1.1.2　Dreamweaver CS6特色功能

　　Dreamweaver CS6和以往版本的软件比较起来，在界面上并没有明显的变化，熟悉Dreamweaver CS6的用户可以轻松上手，但是Dreamweaver CS6针对目前较为流行的Web标准和样式表CSS的应用进行了相应地改进，使其始终处于网页排版软件中的领先地位。

1. Adobe BrowserLab

　　Adobe BrowserLab是Adobe 推出的一款基于Flash技术的在线跨浏览器页面预览工具。通过Adobe BrowserLab我们可以生成网站或者博客在不同浏览器下的网页快照，从而很方便地测试网站的兼容性，如图1-2所示。

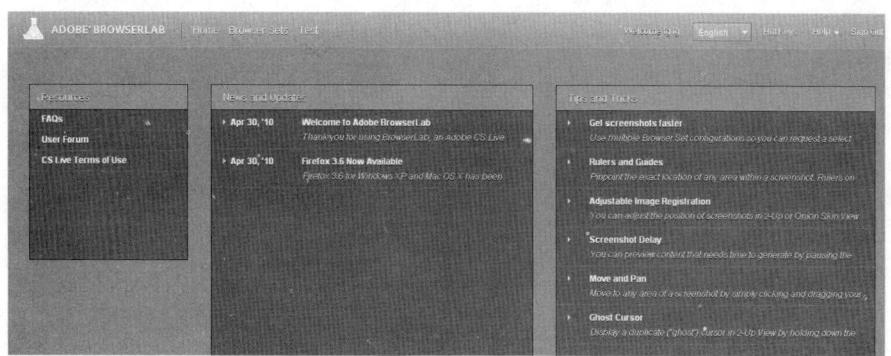

图1-2　Adobe BrowserLab主界面

BrowserLab支持Windows和MAC OS上的绝大多数主流浏览器，目前支持Windows平台的IE 6/7/8、Firefox 2.0/3.0/3.6、Chrome 3.0；Mac平台上的Firefox 2.0/3.0/3.6以及Safari 3.0/4.0，如图1-3所示。

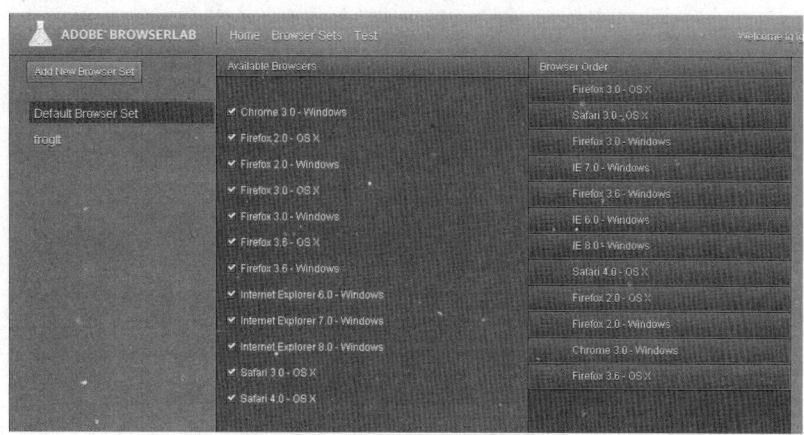

图1-3　Adobe BrowserLab主界面

如果需要使用Adobe BrowserLab，应该首先登录Adobe BrowserLab的网站进行注册，网址为https://browserlab.adobe.com，如图1-4所示。

可以单击页面右上角的"Sign In"链接进行登录，如果之前在Adobe的官方网站注册过Adobe ID，可以直接登录，而没有注册的用户则需要在Adobe的网站上注册了Adobe ID以后才能够进行登录，如图1-5所示。

图1-4　Adobe BrowserLab网站首页

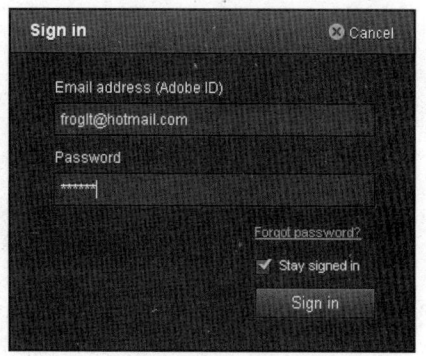

图1-5　Adobe BrowserLab登录界面

确定登录Adobe BrowserLab之后，就可以在Dreamweaver CS6中打开需要进行兼容性测试的网页，如图1-6所示。

图1-6　在Dreamweaver CS6中打开页面

选择"文件"→"在浏览器中预览"→"Adobe BrowserLab"菜单命令（快捷键为"Ctrl+Shift+F12"组合键），这时Dreamweaver CS6会打开"Adobe BrowserLab"面板，在这个面板中会显示需要测试文档的上传进度，如图1-7所示。

图1-7　使用Adobe BrowserLab预览页面

当全部文档上传完毕后，就可以在Adobe BrowserLab网站中预览生成的页面效果了，如图1-8所示。

图1-8　在Adobe BrowserLab网站中预览页面

Adobe BrowserLab提供了水平两栏对比和洋葱皮（onion skin）对比，可以将不同网页渲染模式下的结果重叠在一起，以便查看网页在不同浏览器下的区别，如图1-9所示。

图1-9　多窗口预览

如果需要测试不同浏览器中的预览效果，可以在Adobe BrowserLab网站页面左上角的位置来选择相应的浏览器，如图1-10所示。

图1-10　选择不同的测试浏览器

如果需要对服务器中的网页进行测试，可以直接在页面顶端的地址栏中输入需要进行测试的页面地址，如图1-11所示。

图1-11　对服务器中的页面进行测试

Adobe BrowserLab对于广大Web前端工程师来说确实是一个非常有利的工具，但是由于Adobe BrowserLab是一种在线服务，对于带宽有限的用户来说浏览速度有待提高，并且最终生成的预览只是一张静态的图像，页面中所有的交互功能都不能进行验证，只能用来检测页面元素的位置和状态，希望Adobe能够在下个版本中进行相应的改进。

2. CSS的禁用/启用

在使用Dreamweaver进行Web标准化布局的过程中，如果我们需要对某些代码部分进行检测，或者需要修改某些代码，但是又不希望删除原有的代码片段，这个时候就能够让Dreamweaver CS6的启用/禁用样式表功能派上用场，打开Dreamweaver CS6的样式表面板，如图1-12所示。

可以在样式表面板中选择相应的选择器，并且找到需要禁用的样式表属性行，将鼠标指针移动到样式表属性行最右侧的空白部分，这时会出现禁用提示信息，如图1-13所示。

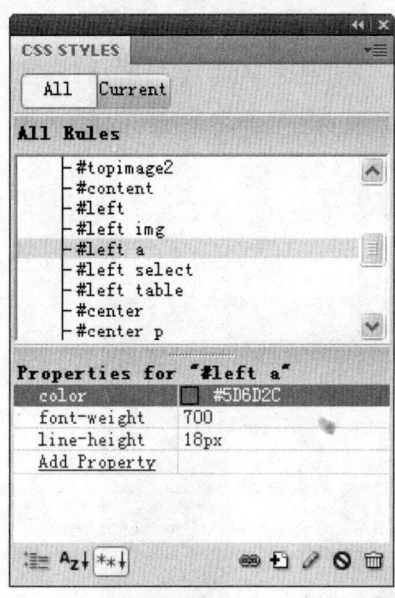
图1-12　样式表面板

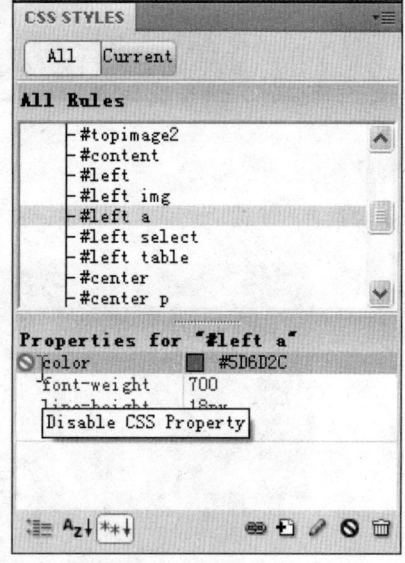
图1-13　禁用样式提示

单击鼠标左键，这样所选定的样式表属性就会被禁用，如图1-14所示。

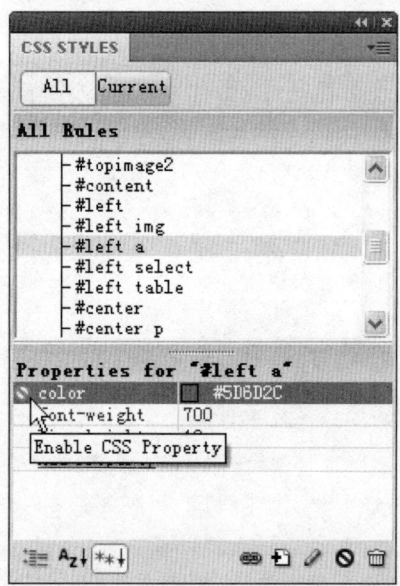
图1-14　禁用样式表属性

如果在浏览器中预览网页，所看到的效果也是禁用了相应属性后的效果，其原理是把所需要禁用的代码转换为注释，如图1-15所示。

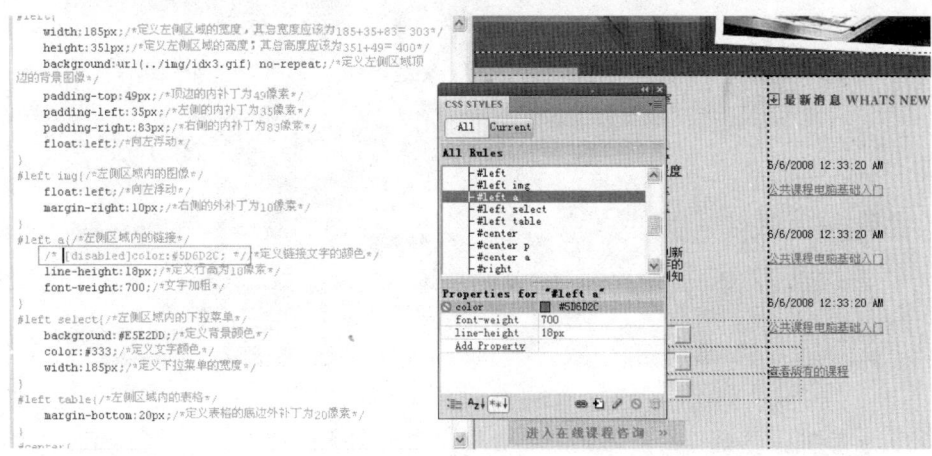

图1-15 代码转换为注释

当然，如果需要启用该样式，只需单击禁用的图标即可。

3. CSS检查功能

Dreamweaver CS6的检查模式以可视化方式详细显示CSS框模型属性，包括填充、边框和边距，无须读取代码，也不需要独立的第三方实用程序（如Firebug）。检查模式与实时视图一起使用有助于快速识别(X)HTML元素及其关联的CSS样式。打开检查模式后，将鼠标指针悬停在页面元素上方即可查看任何块级元素的CSS盒模型属性。检查模式对边框、边距、填充和内容高亮显示不同颜色。

在Dreamweaver CS6的"文档"窗口中打开文档后，单击"检查"按钮（在"文档"工具栏中的"实时视图"按钮旁），如图1-16所示。

图1-16 启用CSS检查功能

除了在检查模式下能见到盒模型的可视化表示形式外，将鼠标指针悬停在"文档"窗口中的元素上方也可以打开"CSS样式"面板。当鼠标指针悬停在页面元素上方时，"CSS样式"面板中的规则和属性将自动更新，以显示该元素的规则和属性，如图1-17所示。

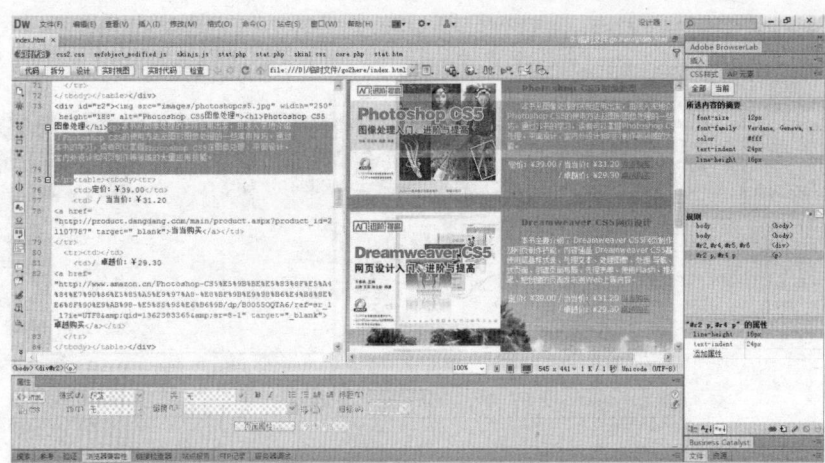

图1-17　启用CSS检查功能

此外，将鼠标指针悬停在页面元素关联的任何视图或面板中，如代码视图、标签选择器、属性检查器等时也会立即更新相关信息。

提示　按键盘上的左箭头键，可以高亮显示当前元素的父级；按右箭头键，可以对子元素进行高亮显示。

4. 实时视图导航

实时视图与传统 Dreamweaver 设计视图的不同之处在于它提供页面在某一浏览器中非可编辑的、更逼真的呈现外观。实时视图不替换"在浏览器中预览"命令，而是在不离开Dreamweaver 工作区的情况下提供另一种"实时"查看页面外观的方式。

在Dreamweaver CS6中打开网页文件，单击Dreamweaver软件窗口上方的"实时视图"按钮，即可以"实时视图"的方式来浏览页面，如图1-18所示。

图1-18　以"实时视图"方式浏览页面

提示　实时视图在"设计视图"或"代码和设计视图"状态中才有效。

进入实时视图后设计视图保持冻结，代码视图保持可编辑状态，因此可以更改代码，然后刷新实时视图以查看所进行的更改是否生效。处于实时视图时，可以使用其他用于查看实时代码的选项。实时代码视图类似于实时视图，前者显示浏览器为呈现页面而执行的代码版本。与实时视图类似，实时代码视图是非可编辑视图。

实时视图的另一优势是能够冻结JavaScript。用户可以切换到实时视图并悬停在由于用户交互而更改颜色的基于Spry的表格行上。冻结JavaScript时，实时视图会将页面冻结在其当前状态，然后用户可以编辑CSS或JavaScript并刷新页面以查看更改是否生效。如果要查看并更改无法在传统设计视图中看到的弹出菜单或其他交互元素的不同状态，则在实时视图中冻结JavaScript很有用。

可以选择"查看"→"实时视图选项"→"冻结JavaScript"菜单命令（快捷键为"F6"）来冻结页面中的JavaScript特效，如图1-19所示。

图1-19　冻结JavaScript功能

5. 其他特色功能

- "动态相关文件"功能允许用户搜索所有必要的外部文件和脚本，以组合基于PHP的内容管理系统（CMS）页面，以及在"相关文件"工具栏中显示其文件名。在默认情况下，Dreamweaver 支持Wordpress、Drupal和Joomla! CMS框架的文件。

- PHP自定义类代码提示显示PHP函数、对象和常量的正确语法，有助于键入更准确的代码。代码提示还使用自定义函数和类，以及第三方框架（如Zend框架）。

- 重新设计的"站点定义"对话框（即现在的"站点设置"对话框）使设置本地Dreamweaver站点更简单，以便用户可以立即开始构建Web页。"远程服务器"类别允许在一个视图中指定远程服务器和测试服务器。

- "站点特定的代码提示"功能允许在使用第三方PHP库和CMS框架（如WordPress、Drupal、Joomla!或其他框架）时自定义编码环境。可以将博客的主题文件以及其他自定义PHP文件和目录，包含或排除作为代码提示的源。

- Dreamweaver CS6扩展了对Subversion的支持，使用户可以在本地移动、复制和删除文件，然后将更改与远程SVN存储库同步。新的还原命令允许快速更正树冲突或回退到以前版本的文件。此外，新扩展允许用户指定要在给定项目中使用的Subversion版本。

1.1.3　Dreamweaver CS6的操作环境

安装好Dreamweaver CS6以后，可以单击桌面上的快捷方式 Dw，或者选择"开始"→"程序"→"Adobe"→"Adobe Dreamweaver CS6"菜单项启动Dreamweaver CS6程序，打开Dreamweaver CS6的程序界面，如图1-20所示。

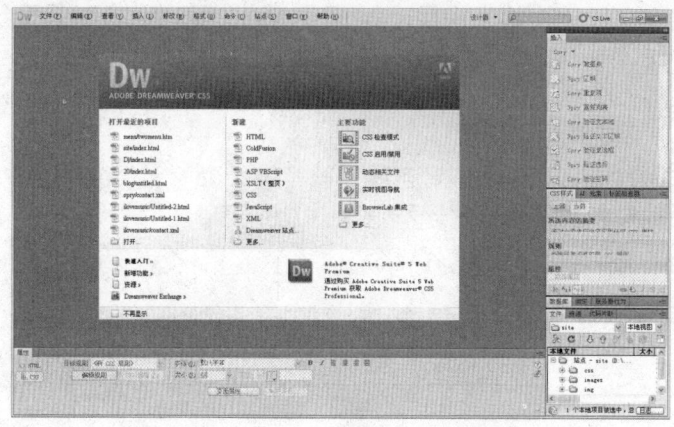

图1-20　Dreamweaver CS6的程序界面

Dreamweaver CS6的启动界面上有三个选项：打开最近项目、创建新项目和从范例创建。如果是第一次使用Dreamweaver CS6软件，可以选择"新建"→"HTML"，这样就新建了一个网页文件，并且进入了Dreamweaver CS6的操作界面，如图1-21所示。

图1-21　Dreamweaver CS6的操作界面

可以根据自己的习惯来选择设计器还是编码器，如果需要重新设置工作区，可以选择"窗口"→"工作区布局"菜单命令来进行调整。

Dreamweaver应用程序的外观同其异常灵活的功能特性是分不开的，对于不同级别和经验的用户，都能够通过这种应用程序的外观显著提高工作效率。

Dreamweaver CS6应用程序的操作环境包括以下几部分。

🔲 **标题栏：**显示当前所编辑的文档名称。

🔲 **菜单栏：**所有的工作将通过菜单栏来完成，虽然利用浮动面板可以减少操作时间，但有时候为了有更大的屏幕空间，会将浮动面板关闭，这样的话利用菜单就显得很重要了。

- **文档窗口**：文档窗口显示当前所创建和编辑的(X)HTML文档内容。
- **插入面板**：在插入面板上包含了多种不同类型的按钮，用于在文档中创建不同类型的对象，如表格、图像、层、表单等。
- **属性面板**：在属性面板中显示文档窗口中选中对象（如表格、文字、图像等）的属性，并且可以对这些被选中对象的属性进行修改。
- **文件面板**：可以管理站点内的所有文件，包括站点上传、远程维护等功能。

1.2 进阶——认识网页排版大师 Dreamweaver CS6

　　首先说明一下什么是排版。排版设计亦称版面编排。所谓编排，即在有限的版面空间里，将版面构成要素——文字、图片图形、线条线框和颜色色块诸因素，根据特定内容的需要进行组合排列，并运用造型要素及形式原理，把构思与计划以视觉形式表达。其实排版在我们的日常生活中无处不在，比如你每天看的报纸、杂志、各种广告、印刷宣传品等。不管在什么样的载体上，排版始终是图片和文字的一种排列方式，如图1-22所示。

图1-22　杂志排版效果

　　而网页排版也是如此，在浏览器的显示窗口中，把网页中的文字、图片、Flash动画、表单元素等按照一定的规范来进行排列，让整个网页显示得整齐、美观、识别性好，这就是排版技术在网页中的应用。在当前的网页排版领域里，Dreamweaver被公认为最好的网页排版软件之一，无愧于"网页排版大师"的称号。

　　从网页设计出现开始，网页排版的核心技术就是表格，但是在最近一段时间，"DIV+样式表"的排版技术被大量应用，相信在不久的将来，网页的排版技术将会由表格逐渐过渡到"DIV+样式表"的排版方式。下面把表格排版和"DIV+样式表"排版这两种方式和技巧给大家做一个介绍。

1.2.1　实际制作前对页面布局的分析

在实际进行网页布局之前，应该对网页效果图进行分析，来得到大致的表格或DIV结构，不管使用的是表格技术还是样式表，分析的方法是类似的，下面通过一个具体的实例来给大家说明一下使用不同技术分析页面的方法。如图1-23所示是一个网页的效果图，我们可以根据这个效果图来分析这个页面在制作时的布局方式。

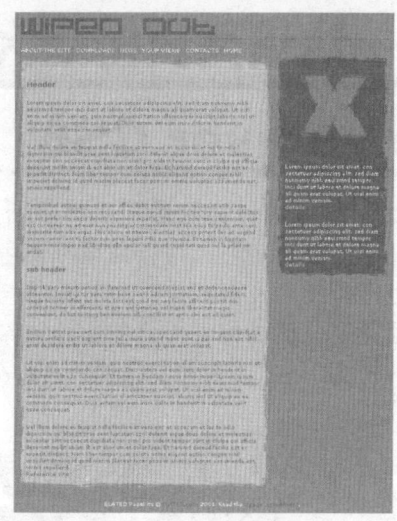

图1-23　网页效果图

1. 使用表格技术布局的分析

我们可以按照"从上到下，从左到右，从外到内"的顺序来分析和制作网页中的表格结构。

"从上到下"指的是观察表格的整体结构，看最外部的表格上下的并列关系，分析有几个表格并列，同时每个表格拆分成多少行。仔细观察效果图，你能发现从上到下一共有3个表格并列，最上面的表格是一个2行1列的表格，用来放置顶部的图片和导航文字；中间的表格是一个1行1列的表格，用来放置中间的所有内容；最下方也是一个1行1列的表格，用来放置版权信息。

"从左到右"指的是观察整个表格的整体结构，看最外部的表格能够拆分成多少列。通过观察效果图，你能发现中间的大表格应该拆分成3列，最左边的一列用来放置黄色区域的内容，最右边的一列用来放置红色X区域的内容，最中间的一列不放置内容，专门用来作为左右之间的间隔区域。

因为中间的表格拆分成3列，所以不能和上面的内容制作成一个表格，这也就是为什么从上到下观察的时候要分成3个表格的原因。

"从外到内"指的是制作内部的嵌套表格，对于内部的嵌套表格来说，同样可以使用"从上到下，从左到右，从外到内"的方法进行分析。通过观察效果图，可以发现左边的黄色区域应该嵌套一个3行3列的表格来制作内容，右边的红色X区域也同样嵌套一个3行3列的表格。

对于表格的排版来说，没有一个绝对的标准，只要能够在合理的情况下使用最少的表格来实现网页的排版效果即可。大家可以通过反复的实践来积累表格排版的经验。

2. 使用Web标准化布局技术的分析

　　使用Web标准化技术来布局，分析的顺序和表格完全一样，只是把表格换成Web标准化布局技术所经常使用的DIV标签。DIV标签在Web标准化布局中是用来制作页面结构的标签，类似于传统布局技术中的表格。

　　"从上到下"指的是观察整个网页拆分成多少行，基本上可以把每一行做成一个DIV。仔细观察效果图，你能发现从上到下一共有4行，这样就有4个DIV，第1个DIV用来放置顶部的图片，第2个DIV用来放置导航文字，第3个DIV用来放置中间的所有内容，最下方的DIV用来放置版权信息。

　　"从左到右"指的是观察整个网页结构，看最终内容部分分成多少列。通过观察效果图，你能发现中间的内容区域是分成两列，这样应该有两个DIV，通过使用浮动技术，这两个DIV应该是并列的关系，可以在前面的内容区域中增加一个DIV。左边的区域左浮动，右边的区域右浮动，通过宽度的设置，可以留出中间的空隙。

　　"从外到内"指的是DIV的嵌套，如果这个例子在浏览器中居中显示，那么可以在所有DIV标签外增加一个新的DIV标签，用来包括所有的内容，从而使整个页面居中。对于Web标准化布局的排版来说，在(X)HTML标签的选择上也不一定全是DIV，而是要根据实际的需要，按标签的语意来进行选择，DIV标签更多地是用来制作页面结构。

1.2.2　表格排版概述

　　可以说从网页设计出现开始，表格就作为网页排版中最为重要的一种工具一直被广大网页设计者使用着。由于多年的技术发展和经验积累，使表格布局在网页设计中成为最成熟的一种排版技术。它有很多的优点，例如网页设计师可以直接使用图像编辑器设计网页效果、图、切片，然后由图像编辑器全自动生成表格布局的页面，或者是直接使用Dreamweaver这种网页布局软件，可视化地进行表格布局。这些工具的使用都很简单，学习周期短、制作速度快，而且设计的页面效果都很漂亮。如果你是一位富有艺术感的读者，相信设计出来的页面必定很吸引眼球。传统表格布局的快速与便捷提高了网页设计师对于页面创意的激情，相信很多初学者都听说过"不会写代码也能做网页"，表格布局就这样被神话了。如图1-24所示，整个页面使用了表格来排版布局。

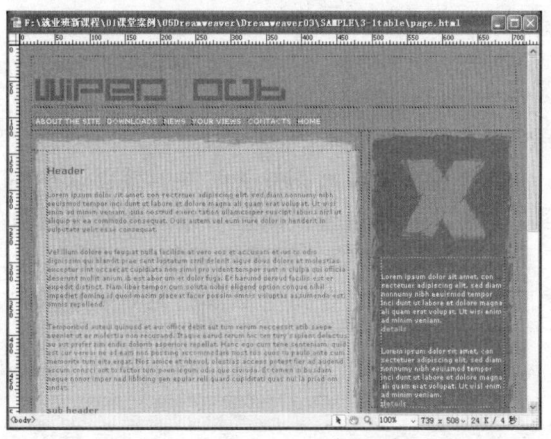

图1-24　使用表格排版的网页

　　但是表格最大的缺点就是忽视了代码的理性分析，这也是为什么现在Web标准会大行其道的原因。因为表格本身并不是用来进行排版布局的工具，表格能够使繁复的数据分门别类，让人一目了然地清楚数据内在的整体情况，它比许多文字说明都要简明、有用得多。在财会领域有这么一句口头禅，"表格在手，一清二楚"。表格能让不同工种和岗位的员工将工作更有序、更高效地完成，并将明显降低管理成本，如图1-25所示。

图1-25　工资表

最初的网页没有今天这么复杂，仅显示文本或几个简单的图像，网页文档从上而下自然流动分布，不需要考虑版式设计问题。后来随着网页内容的丰富，图像、声音、动画等多媒体不断充斥网页，网页内容不断膨胀，同时用户对于网页视觉提出了更高要求，于是如何把传统印刷中的版式技术转移到网页设计中就成为了一个比较紧迫的需求。由于表格不仅可以控制单元格的宽度和高度，还可以嵌套，多列表格可以把文本分栏显示，于是就有人试着在表格中放置其他网页内容，如图像、动画等，以打破比较固定的网页版式。而网页表格对无边框表格的支持为表格布局奠定了基础，用表格实现页面布局慢慢就成为了一种设计习惯。现在网上的大多数页面都是使用表格来完成布局的，即使在CSS不断普及的情况下，这种状况也很难在短时间内得以改观。表格布局是不标准的，用W3C制定的规范来说，表格的目的是用来显示数据的，而不是用来完成布局，错把表格当布局技术的原因是缘于当时Web技术的缺乏和对标准需求的乏力。

1.2.3　表格排版的核心技术

网页是如何使用表格来进行排版布局的呢？我们可以把网页想象成一个大表格，当你需要在网页中的某一个位置放置文字或者图片的时候，就可以在相应的位置拆分一个单元格，放置你需要的内容。当然这只是希望大家能够理解表格在网页中是如何工作的，在实际的表格排版中，肯定不会只有一个表格，而是使用多个表格。

在实际的表格排版中，多个表格又是如何工作的呢？一般来说，表格的应用方式有两种：并列和嵌套。

1. 表格并列

如图1-26所示，是两个表格的并列，并列并不是指左边一个表格，右边一个表格，而是指表格的上下排列，这是因为表格的标签"table"在(X)HTML中是一个块级别元素。

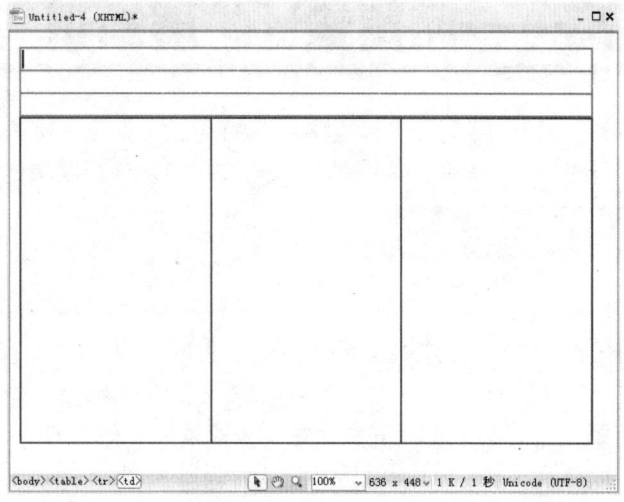

图1-26 表格并列

上下排列的表格之间并不需要按回车键或者添加换行，直接在一个表格的后面继续插入一个新的表格，这个新的表格就会自动向下排列，而且两个表格之间没有距离。

 说明 所谓块级别元素，是指在文档流中独自占据一行的(X)HTML标签，就好比文章的标题一样，独占一行。

2. 表格嵌套

如图1-27所示是多个表格的嵌套，顾名思义，表格嵌套就是指在一个表格内嵌套另外一个表格。

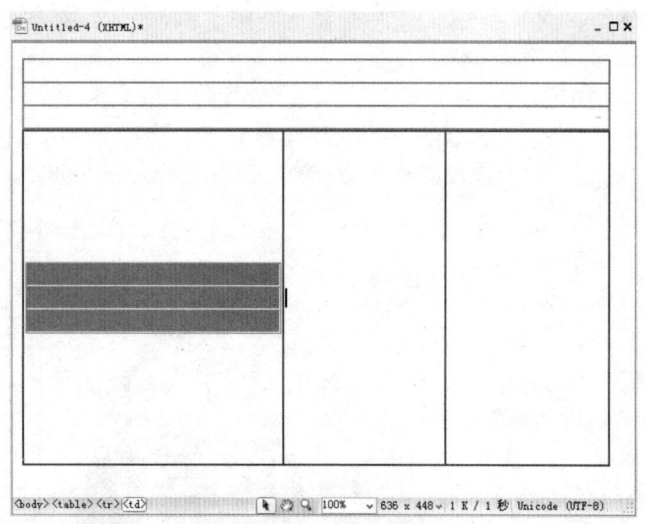

图1-27 表格嵌套

表格嵌套实际上就是使用了多个表格，每个表格都可以设置不同的属性，从而能够实现复杂的网页排版效果。在实际的表格排版中，总是把表格并列和表格嵌套结合起来使用。

1.3 提高——网页设计扩展知识

Dreamweaver CS6支持目前网页设计领域中所有的网页脚本语言格式，从HTML、XHTML、CSS、JavaScript、ASP到PHP、JSP等，下面针对一些扩展知识进行简单的介绍。

1.3.1 常见的网页脚本语言

1. HTML

"World Wide Web"（WWW，万维网）是一种建立在Internet上的、全球性的、交互的、多平台的、分布式的信息资源网络。它采用HTML描述超文本（Hypertext）文件。这里所说的超文本指的是包含链接关系的文本，并且包含了多媒体对象的文件。

WWW万维网有三个基本组成，它们是URL（统一资源定位器）、HTTP（超文本传输协议）和HTML（超文本标识语言）。

- **URL（Universal Resource Locators）：** 提供在Web上进入资源的统一方法和路径，使得用户所要访问的站点具有唯一性，相当于实际生活中的门牌地址。它说明了链接所指向的每个文件的类型及其准确位置。
- **HTTP（Hypertext Transfer Protocol，超文本传输协议）：** 是一种网络上传输数据的协议，专门用于传输WWW上的信息资源，在服务器和客户机之间使用HTTP进行通信。WWW遵循HTTP主要以"超文本"（Hypertext）或"超媒体"（Hypermedia）的形式提供信息。
- **HTML（Hypertext Markup Language，超文本置标语言或超文本标记语言）：** 是一种文本类、解释执行的标记语言，它是Internet上用于编写网页的主要语言。用HTML编写的超文本文件称为HTML文件。

HTML是种简易的文件交换标准，有别于物理的文件结构，它旨在定义文件内的对象和描述文件的逻辑结构，而并不定义文件的显示。由于HTML所描述的文件具有极高的适应性，所以特别适合于WWW的出版环境。

HTML是纯文本类型的语言，使用HTML编写的网页文件也是标准的纯文本文件。我们可以用任何文本编辑器，例如Windows的记事本程序打开它，查看其中的HTML源代码，也可以在用浏览器打开网页时，通过相应的"查看/源文件"命令查看网页中的HTML代码。HTML文件可以直接由浏览器解释执行，而无须编译。当用浏览器打开网页时，浏览器读取网页中的HTML代码，分析其语法结构，然后根据解释的结果显示网页内容，正是因为如此，网页显示的速度同网页代码的质量有很大关系，保持精简和高效的HTML源代码是十分重要的。如图1-28所示是使用HTML制作的网页效果。

图1-28 使用HTML制作网页效果

2. XHTML

　　HTML是我们建立网页的工具，从它出现发展到现在，规范不断完善，功能越来越强。但是依然有缺陷和不足，人们仍在不断地改进它，使它更加便于控制和有弹性，以适应网络上日新月异的应用需求。XHTML是一种增强了的HTML，它的可扩展性和灵活性将适应未来网络应用的更多需求。XML虽然数据转换能力强大，完全可以替代HTML，但面对成千上万已有的基于HTML设计的网站，直接采用XML还为时过早。因此，在HTML 4.0的基础上，用XML的规则对其进行扩展，得到了XHTML。所以，建立XHTML的目的就是实现HTML向XML的过渡。目前国际上在网站设计中推崇的Web标准就是基于XHTML的应用（即通常所说的CSS＋DIV）。

　　XHTML是HTML 4.0的重新组织，确切地说它是HTML 4.01，是一个修正版本的HTML 4.0，只不过以XHTML 1.0命名发行。它们在XML里的解释会有一些必要的差别，但另一方面，它们依然非常相似，我们可以把XHTML的工作看作是HTML 4.0基础上的延续，其特点说明如下。

- XHTML解决HTML所存在的严重制约其发展的问题。HTML发展到今天存在三个主要缺点：不能适应现在越来越多的网络设备和应用的需要，比如手机、PDA、信息家电都不能直接显示HTML；由于HTML代码不规范、臃肿，浏览器需要足够智能和庞大才能够正确显示HTML；数据与表现混杂，这样你的页面要改变显示，就必须重新制作HTML。因此W3C又制定了XHTML，XHTML是HTML向XML过渡的一个桥梁。

- XML是Web发展的趋势，所以人们急切地希望加入XML的潮流中。XHTML是当前替代HTML 4标记语言的标准，使用XHTML 1.0，只要你小心遵守一些简单规则，就可以设计出既适合XML系统，又适合当前大部分HTML浏览器的页面。也就是说，你可以立刻设计使用XML，而不需要等到人们都使用支持XML的浏览器。这个指导方针可以使Web平滑地过渡到XML。

- 使用XHTML的另一个优势是：它非常严密。当前网络上HTML的糟糕情况让人震惊，早期的浏览器接受私有的HTML标签，所以人们在页面设计完毕后必须使用各种浏览器来检测页面是否兼容，往往会有许多差异，人们不得不修改设计以便适应不同的浏览器。

- XHTML能与其他基于XML的标记语言、应用程序及协议进行良好的交互工作。

- XHTML是Web标准家族的一部分，能很好地工作在无线设备或其他用户代理上。

- 在网站设计方面，XHTML可以帮助你去掉表现层代码的恶习，并养成标记校验来测试页面工作的习惯。

3. XML

　　XML（The Extensible Markup Language，可扩展标识语言）目前推荐遵循的是W3C于2000年10月6日发布的XML 1.0（参考地址www.w3.org/TR/2000/REC-XML-20001006）。与HTML一样，XML同样源于SGML，但XML是一种能定义其他语言的语言。XML最初设计的目的是弥补HTML的不足，以强大的扩展性满足网络信息发布的需要，现在逐渐用于网络数据交换标准的格式。

4. CSS

　　CSS是一种叫做Cascading Style Sheets（层叠样式表）的技术。在网页制作时采用CSS技术，可以有效地对页面的布局、字体、颜色、背景和其他效果实现更加精确的控制。只要对相应的代码做一些简单的修改，就可以改变同一页面的不同部分，或者多个网页的外观。这样可以大大减少网页设计师的工作量，所以它是每一个网页设计人员的必修课。

　　CSS语言是一种标记语言，它不需要编译，可以直接由浏览器执行（属于浏览器解释型语言）。CSS文件也可以说是一个文本文件，它包含了一些CSS标记，CSS文件必须使用css为文件名后缀。CSS是由W3C的CSS工作组产生和维护的。目前很多网站已经开始使用(X)HTML结合CSS的方法对网站进行重构，包括国内的一些大型网站如闪客帝国、雅虎、网易等，如图1-29所示。

图1-29　网易使用DIV+CSS的方式进行重构

5. ASP

　　ASP是Active Server Page的缩写，意为"活动服务器网页"。ASP是微软公司开发的代替CGI脚本程序的一种应用，它可以与数据库和其他程序进行交互，是一种简单、方便的编程工具。ASP网页文件的格式是.asp，现在常用于各种动态网站中。ASP是一种服务器端脚本编写环境，可以用来创建和运行动态网页或Web应用程序。ASP网页可以包含HTML标记、普通文本、脚本命令以及COM组件等。利用ASP可以向网页中添加交互式内容（如在线表单），也可以创建使用HTML网页作为用户界面的Web应用程序。与HTML相比，ASP网页具有以下特点。

　　📷　利用ASP可以突破静态网页的一些功能限制，实现动态网页技术。

　　📷　ASP文件包含在(X)HTML代码所组成的文件中，易于修改和测试。

　　📷　服务器上的ASP解释程序会在服务器端制定ASP程序，并将结果以(X)HTML格式传送到客户端浏览器上，因此使用各种浏览器都可以正常浏览ASP所产生的网页。

　　📷　ASP提供了一些内置对象，使用这些对象可以使服务器端脚本功能更强。例如可以从Web浏览器中获取用户通过(X)HTML表单提交的信息，并在脚本中对这些信息进行处理，然后向Web浏览器发送信息。

　　📷　ASP可以使用服务器端ActiveX组件来执行各种任务，例如存取数据库、发送E-mail或访问文件系统等。

　　📷　由于服务器是将ASP程序执行的结果以(X)HTML格式传回客户端浏览器，因此使用者不会看到ASP所编写的原始程序代码，可防止ASP程序代码被窃取。

　　📷　目前很多网站的论坛都是直接通过动网论坛系统修改而来，如图1-30所示。

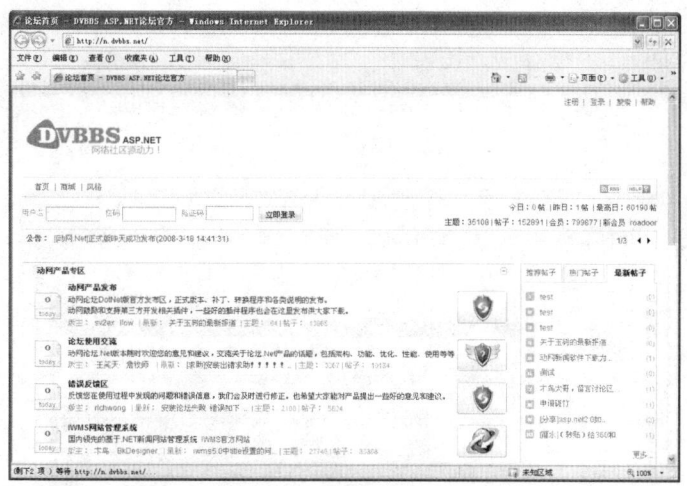

图1-30　动网论坛系统

6. JSP

　　JSP（JavaServer Pages）是由Sun Microsystems公司倡导、许多公司参与共同建立的一种动态网页技术标准。JSP技术有点类似于ASP技术，它是在传统的网页HTML文件（*.htm，*.html）中插入Java程序段（Scriptlet）和JSP标记（tag），从而形成JSP文件（*.jsp）。

　　用JSP开发的Web应用是跨平台的，既能在Linux下运行，也能在其他操作系统上运行。JSP技术使用Java编程语言编写类XML的tags和scriptlets来封装产生动态网页的处理逻辑。网页还能通过tags和scriptlets访问存在于服务端的资源的应用逻辑。JSP将网页逻辑与网页设计和显示分离，支持可重用的基于组件的设计，使基于Web的应用程序开发变得迅速和容易。

　　Web服务器在遇到访问JSP网页的请求时，首先执行其中的程序段，然后将执行结果连同JSP文件中的(X)HTML代码一起返回给客户。插入的Java程序段可以操作数据库、重新定向网页等，以实现建立动态网页所需要的功能。JSP与Java Servlet一样，是在服务器端执行的，通常返回该客户端的就是一个(X)HTML文本，因此客户端只要有浏览器就能浏览。

　　JSP页面由(X)HTML代码和嵌入其中的Java代码组成。服务器在页面被客户端请求以后对这些Java代码进行处理，然后将生成的(X)HTML页面返回给客户端的浏览器。Java Servlet是JSP的技术基础，而且大型的Web应用程序开发需要Java Servlet和JSP配合才能完成。JSP具备了Java技术简单易用、完全面向对象、具有平台无关性且安全可靠、主要面向互联网等所有特点。在国内使用JSP技术为后台的网站有网易、中国移动、博客动力和PConline等，如图1-31所示。

7. PHP

　　PHP是英文"超级文本预处理语言"（Hypertext Preprocessor）的缩写。PHP是一种(X)HTML内嵌式的语言，PHP与微软的ASP颇有几分相似，都是一种在服务器端执行的嵌入(X)HTML文档的脚本语言，语言的风格又类似于C语言，现在被很多网站编程人员广泛运用。PHP独特的语法混合了C、Java、Perl以及PHP自创新的语法，它可以比CGI或者Perl更快速地执行动态网页。用PHP做出的动态页面与其他的编程语言相比，PHP是将程序嵌入到(X)HTML文档中去执行，执行效率比完全生成HTML标记的CGI要高许多；与同样是嵌入(X)HTML文档的脚本语言JavaScript相比，PHP在服务器端执行，充分利用了服务器的性能；PHP执行引擎还会将用户经常访问的PHP程序驻留在内存中，其他用户再一次访问这个程序时就不需要重新编译程序了，只要直接执行内存中的代码就可以了，这也是PHP高效率的体现之一。PHP具有非常强大的功能，所有CGI或者JavaScript的功能PHP都能实现，而且支持几乎所有流行的数据库以及操作系统。

图1-31　太平洋电脑网使用了JSP技术

PHP的特性主要有以下几点。

🔍 **开放的源代码**：所有的PHP源代码都可以得到。

🔍 **免费**：PHP是免费的。

🔍 **基于服务器端**：由于PHP是运行在服务器端的脚本，可以运行在UNIX、Linux和Windows下。

🔍 **嵌入(X)HTML**：因为PHP可以嵌入(X)HTML，所以学习起来并不困难。

🔍 **简单的语言**：PHP坚持以脚本语言为主，与Java和C++不同。

🔍 **效率高**：PHP消耗相当少的系统资源。

🔍 **图像处理**：使用PHP可以动态创建图像。

目前在国内应用PHP技术最为成熟的应该算是Discuz论坛了，国内的很多知名论坛都是使用Discuz论坛系统进行改版制作的，如图1-32所示。

图1-32　经典论坛使用的是Discuz论坛系统

1.3.2 Web标准化布局概述

CSS规则在互联网发展之初就已经产生了，但因为一直以来缺乏浏览器的支持，它的重要性和优势在很大程度上打了折扣。网页设计师们渴望通过改变Web的展示来为自己的网页加入创新的动力，于是(X)HTML功能就被无限扩展，而不是依靠功能更强大的CSS。这是很自然的，但也与W3C所倡导的Web设计理念越走越远，简单的问题被复杂化了。

Web标准化布局相比表格布局而言是有很多优势的，主要包括以下几点。

🔍 **表现和内容相分离**：将设计部分剥离出来放在一个独立样式文件中，(X)HTML文件中只存放文本信息。

🔍 **提高搜索引擎对网页的索引效率**：用只包含结构化内容的(X)HTML代替嵌套的标签，搜索引擎将更有效地搜索到你的网页内容，并可能给你一个较高的评价。

🔍 **提高页面浏览速度**：对于同一个页面视觉效果，采用DIV+CSS重构的页面容量要比表格编码的页面文件容量小得多，前者一般只有后者的1/2大小。

🔍 **易于维护和改版**：你只要简单地修改几个CSS文件就可以重新设计整个网站的页面。

 说明：中国雅虎网站就是一个完全用CSS布局的典型案例，如图1-33所示。但是，它用了数量惊人的CSS代码，需要的工作量也是惊人的。如果需要更加花哨的页面设计，又想要有合理的结构、良好的内容、便利的导航、友好的搜索引擎和合乎客户需要的界面，网页设计师所花的时间和成本可想而知。如果遇到大量返工的情况，那后果将是非常可怕的。

图1-33 中国雅虎网站首页

🔍 **浏览器将成为更友好的界面**：样式表的代码有很好的兼容性，也就是说，如果用户丢失了某个插件时不会发生中断，或者使用老版本的浏览器时代码不会出现杂乱无章的情况。只要是可以识别串接样式表的浏览器就可以应用它。

如何评价一个网页设计的好坏，也许没有一个统一的标准。但是，建立在一个良好结构基础上的网页代码，肯定也是最易于维护和扩展的。Table和CSS本身没有优劣之分，我们只要坚持和追求最基本的实用目标，即：

🔍 对于设计者易于设计。
🔍 对于编程者易于整合。
🔍 对于管理者易于维护。
🔍 对于浏览者易于阅读。

对于浏览者易于交互。

但是，到目前而言，还没有出现一个对Web标准化布局完美支持的所见即所得的网页设计工具，哪怕是Dreamweaver、FrontPage等软件，也仅仅局限于对表格布局可视化的支持，对于复杂结构的CSS的支持还远没有达到让人满意的地步。这也是阻碍CSS普及应用的一个重要因素，或者说是实现完全CSS布局的一个障碍。相比起基于图形界面的软件的学习，CSS代码的学习就显得有些困难和枯燥无味了。

这似乎与(X)HTML的早期应用有点类似。那时的人们还没有开发出很好用的(X)HTML编辑器，设计一个网页需要设计师一行一行手工输入代码，当然编写一个页面的价格也不菲，一个页面的开价甚至高达上万元，与现在设计一张漂亮的页面仅需百十元真是不能够同日而语，不过这也限制了当时网页设计的应用与普及。好在各种网页设计工具不断涌现，并且功能越来越强大，直到需要简单的操作就可以设计出很漂亮的页面，这加速了网页设计的普及与推广，但也使网页设计师的单位劳动价值快速贬值。

提示　虽然学习和使用Web标准化布局技术有各种各样的阻碍，但不可否认的是，随着技术的不断发展，全面应用Web标准化布局技术将不会需要太长的等待。现在已经有越来越多的浏览器实现了对CSS的支持，虽然为了显示某种网页效果会不断地需要加入更多的HTML结构标签是件很烦心的事，但CSS的优点变得更明显。最新版本的IE 8.0对CSS 3的进一步支持相信会促进CSS技术的大面积推广。

1. 什么是Web标准

Web标准是一个复杂的概念集合，它由一系列标准组成。这些标准大部分由W3C起草与发布，也有一些标准是由其他标准组织制定，如ECMA（European Computer Manufacturers Association，欧洲电脑厂商协会）的ECMAScript标准。

由于网页设计越来越趋向于整体结构化，因此网页设计也必须从三个方面入手：结构（Structure）、表现（Presentation）和行为（Behavior）。对应的标准也分为三个方面：结构化标准语言主要包括(X)HTML和XML；表现标准语言主要包括CSS；行为标准主要包括对象模型（如W3C DOM）、ECMAScript等。

2. Web标准化布局的核心技术

DIV是(X)HTML中的一个标签，我们可以把DIV看成一个盒子，在这个盒子中可以包含网页中的所有内容，甚至是DIV本身。在Dreamweaver软件中，也把它称为图层，使用过Dreamweaver的读者一定不会很陌生，图层从Dreamweaver 3开始一直到现在的Dreamweaver CS6中都存在着。在早期，我们使用图层做简单的页面布局并制作网页中的时间轴动画。但是图层的真正意义在于和CSS样式表的结合，从而实现一种全新的布局方式。

在样式表中可以使用浮动或者是定位的方法来对DIV标签进行定位，我们可以把网页看成是一个个矩形区域的组成部分，首先我们来看一个网页效果图，如图1-34所示。

这个页面可以划分为如图1-35所示的矩形区域。

每一个矩形区域都可以看成是一个DIV，那么整个页面结构就由6个基础DIV构成，当然考虑到内容的嵌套，具体的DIV数量可能会更多一些，然后通过样式表对每个DIV进行定位，页面布局也就制作出来了。

图1-34　新华保险网页效果图

图1-35　把页面划分为多个矩形区域

使用DIV+CSS的另外一个核心技术就是把页面的结构和表现分离，我们可以把网页的内容都制作在(X)HTML页面中，而把所有进的样式都写在外部的CSS文件中，一个网站中的多个网页都可以调用同一个样式表文件。如图1-36所示，闪客帝国就采用了图层和CSS的布局方式，每天大概会有上百万人访问这个Flash站点。是什么原因促使这样的大型商用网站选择了CSS样式布局呢？

图1-36　闪客帝国网站页面

- 使用图层结合样式布局，页面中不再有表格。
- 不需要使用重复的<font>标签。
- 使用了CSS样式，可以尽量少地使用(X)HTML标签，所以页面的文件量明显下降，能够有效地节约带宽。
- 对于所有的浏览器，只需要使用一个样式表，浏览的效果不会有太大的差别。

从技术层面而言，在使用图层加样式排版的网页中，你不会再看到<table>、<tr>、<td>这样的表格标签，取而代之的是<div>标签和CSS样式。页面中的所有内容都包含在<div>这个块级别元素之内，而通过一个外部的链接样式，就可以对这些块级别元素的位置、尺寸、颜色等效果进行控制。在记事本程序中打开闪客帝国网页的源文件，看到的是很多的DIV标签，如图1-37所示。

图1-37　查看网页源代码

综上所述，Web标准是一个不断发展、逐步深入的过程，并不要求一步到位。在现有阶段，我们可以根据实际的需求来选择所需要的布局技术，如果是简单的应用或者小型项目，使用表格来排版布局是你不二的选择，这样做的好处是任何低版本的浏览器都能够正常地访问你的网站。如果是商业化的大型项目，则应该使用Web标准化布局技术来制作，尽量节约网站的带宽，让更多的人能更快速地访问你的网站，同时节约你的成本。

结束语

本章重点介绍了Dreamweaver CS6的基本概念，以及Dreamweaver CS6软件所支持的文档类型。此外还着重介绍了Dreamweaver CS6的特色功能，以及网页布局的核心技术。本章所讲解的内容以概念居多，希望读者能够理解并且掌握。

Chapter 2

第2章
站点的创建与管理

本章要点

入门——基本概念与基本操作
- 站点的规划和定义
- 站点的其他操作

进阶——创建本地站点和站点结构
提高——设置页面属性

本章导读

网站是一系列具有链接文档的组合，这些文档都具有一些共性，比如相关的主题、相似的设计等。我们可以使用Dreamweaver创建独立的文档。但是，Dreamweaver更强大的功能在于对站点的创建与管理。

创建站点的第一步是计划，接下来是建立站点的基本结构。当然，如果已经拥有站点，可以使用Dreamweaver编辑它们。

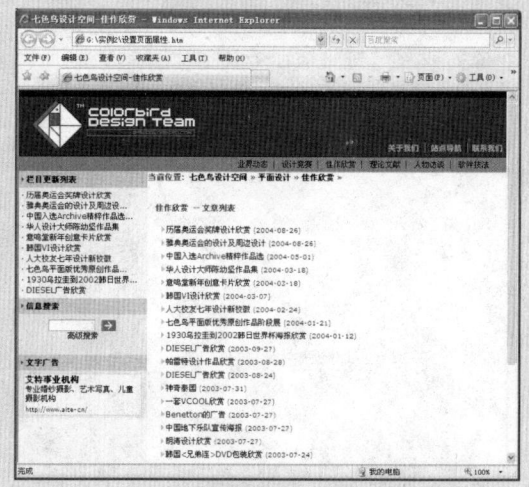

2.1 入门——基本概念与基本操作

要制作一个能够被公众浏览的网站，首先需要在本地磁盘上制作这个网站，然后把这个网站上传到Internet的Web服务器上。放置在本地磁盘上的网站被称作本地站点，处于Internet上Web服务器里的网站被称作远程站点。Dreamweaver CS6提供了对本地站点和远程站点强大的管理功能。

2.1.1 站点的规划和定义

在了解了Dreamweaver CS6的工作界面后，下面就要迈出制作网页的第一步了。无论是一个网页制作的新手，还是一个专业的网页设计师，都要从站点规划和定义本地站点开始。所谓本地站点，就是指本地硬盘中存放远程网站所有文档的文件夹。建立网站的通常办法是，在本地硬盘建立一个文件夹，用来存放网站的所有文件，以后就在该文件夹中创建和编辑文档。待网页设计和测试好后，再用远程上传工具，把它们上传发布到网站上，供浏览者查询浏览。

1. 站点结构

如果没有对整个网站站点的结构进行认真研究就匆匆上马，日后的维护工作量将会很大，网页的布局也会杂乱无章、风格各异。因此，一开始就要精心规划好整个站点，把站点资源分门别类，存于不同文件夹中，便于日后维护与管理。如图2-1所示是一个简单站点的结构。

在上述站点结构中，文件名一般用自己便于记忆的英文单词或缩写来命名，如Webpage文件夹用来存放与网站设计有关的网页，data文件夹则用来存放数据库方面的内容，这样便于查找和管理，在需要的情况下，也可以创建子文件夹。

图2-1　站点结构图

提示　设置站点结构时，本地和远程站点应该使用相同的结构。先用Dreamweaver CS6建好本地站点，然后设置好站点上传的参数，按一定的层次结构把所有的文档上传到远程站点，Dreamweaver CS6也能确保把本地结构精确地复制到远程站点。

2. 站点导航

做站点规划时，还要考虑站点导航系统的设计。浏览者进入网站的主要目的，就是要找到他所需要的信息。这就要求我们在网站设计时合理设置好导航栏，帮助浏览者找到他所需要的信息，而且也要让他清楚现在处在网站的什么位置以及怎样返回到顶层的页面。

此外，在规模较大的网站中，应该设置搜索功能和索引，让浏览者很快找到他们所需要的信息，还要提供一种反馈渠道，让浏览者能够与网站管理员或与本网站有关的其他人员联系。

3. 模板和库

使用Dreamweaver CS6的模板和库，可以在不同的文档中重用页面布局和页面元素，给网页的维护带来很大的方便。因此，在规划站点时也应该考虑模板和库的使用。

　　例如，如果网站中有很多网页使用相同的布局，最好使用Dreamweaver CS6的创建模板功能为这些布局相同的网页设计一个模板，然后以该模板为基础创建新的网页。当要修改这些网页的布局时，只要修改网页的模板就可以了。对模板的修改将反映到所有应用该模板的网页上，无须一页一页进行修改，这就大大方便了我们对网页的维护。

　　如果有某一元素（如一幅图像）将在网站的很多页面中使用，应该先设计好该元素，并把它存入库中，然后在网页中调用它。当要修改该元素时，只要修改库中的该元素即可，修改后的元素将出现在所有调用它的网页上，免除了逐页修改的麻烦。

4. 定义本地站点

　　规划好站点之后，就可以着手定义本地站点了。本地站点就是网站文件的本地存储区。定义本地站点要求给站点命名并指定一个计划用于存储所有网站文件的本地根文件夹。

> **提示** 定义站点时，不要使用驱动器作为站点的根，也不要使用Dreamweaver的文件夹。一个好的组织方法是创建一个新的文件夹，然后在这个文件夹中创建本地根文件夹。

　　定义本地站点的步骤说明如下。

1　选择菜单命令"站点"→"新建站点"，如图2-2所示。

2　在弹出的"站点设置对象"对话框中，选择左侧类型列表中的"站点"项，如图2-3所示，并进行如下设置。

图2-2　设置新站点　　　　　　　　　　图2-3　站点设置对象对话框

🔍 在"站点名称"文本框中输入一个站点名。该站点名出现在"站点"窗口和"站点"→"管理站点"中。站点名称可以是任何字符。

🔍 在"本地站点文件夹"文本框中，指定本地用于存放所有站点文件的文件夹。当Dreamweaver CS6解析相对根的链接时，就建立相对于此文件夹的链接。单击该文本框右边的文件夹图标，选择想要的文件夹，也可以在文本框中直接输入路径和文件名。

3　单击"保存"按钮，完成设置。

4　单击"保存"按钮后，即弹出"文件"面板，如图2-4所示。

　　使用"文件"面板中的按钮和命令，可以设置"文件"面板显示的内容和显示形式，实现对本地站点和远端站点中文件的控制和传输。"文件"面板中主要按钮的作用如表2-1所示。

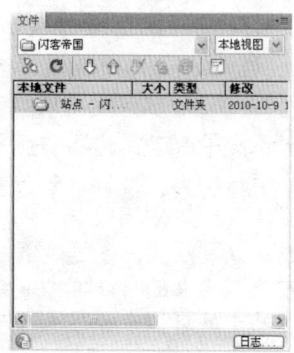

图2-4　"文件"面板

表2-1　"文件"面板中主要按钮的作用说明

按　钮	说　明
连接到远端主机	本地站点和远端站点之间建立连接
刷新	刷新当前站点中的内容，快捷键为"F5"
获取文件	把远端站点的文件下载到本地站点中
上传文件	把本地站点中的文件上传到远端站点中
取出文件	取出文件，对将被验证的文件进行登记操作，登记之后其他人可以对文件进行编辑
存回文件	对需要进行编辑的文件进行验证，从而使其他人不能修改该文件
扩展/重叠	单击该按钮，则"文件"面板会扩展到整个Dreamweaver CS6窗口，这时文档编辑窗口将不可见。"文件"面板变大可以方便用户进行编辑操作

在Dreamweaver CS6的"文件"面板中，还包括两个下拉列表：左侧的"站点"下拉列表中列出了在Dreamweaver CS6中定义的所有站点；右侧的"视图"下拉列表中显示了可以选择的站点视图的类型，本地视图、远程视图、测试服务器和地图视图。

2.1.2　站点的其他操作

选择要编辑的站点，鼠标单击如图2-5所示的"编辑"按钮，可以打开站点设置面板修改选中站点的属性。

面板中其他按钮的功能说明如下。

复制：复制站点。

删除：删除站点（只是从Dreamweaver的站点管理器中删除，文件还保留在硬盘中）。

导出：把选中站点的设置导出成为一个XML文件，在今后需要的时候还可以再次导入。

导入：把已导出站点设置的XML文件再次导入。

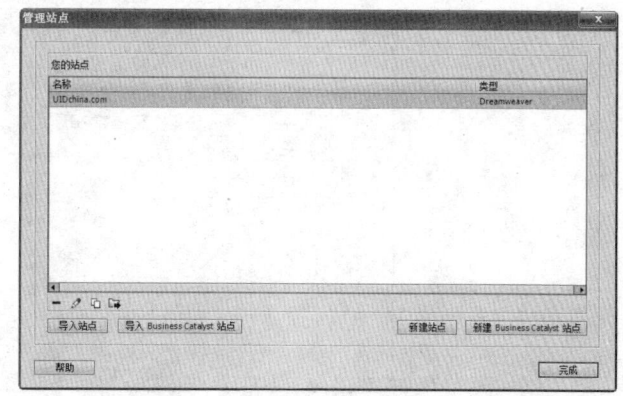

图2-5　编辑站点

当在本地站点中把整个网站制作完毕，需要上传到远端站点中时，我们就可以在

Dreamweaver CS6中定义远端站点了。在开始定义远端站点之前，必须要了解远端站点的FTP地址、用户名和密码。如果还没有网站空间和域名的话，可以到网络公司去付费申请一个。如果忘记用户名和密码，也可以打电话或者发邮件到申请空间和域名的网络公司去查询一下。在收集好这些信息后，就可以开始定义远端站点了。具体步骤说明如下。

1 展开"文件"面板上的"站点"下拉列表，选择"管理站点"选项，如图2-6所示。

提示 合理的站点设置对象和站点结构，是每一个网站制作前所必需的，尤其是内容很多的大型网站。可能在定义的时候工作量会大一些，但是有了好的站点结构，当我们查找和更新网站中的页面或者其他文件的时候将会非常方便和快捷。

2 在弹出的"管理站点"对话框中选择刚刚创建好的站点"我爱音乐网"，单击"编辑"按钮 ✏，如图2-7所示。

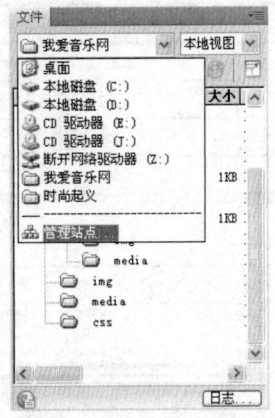
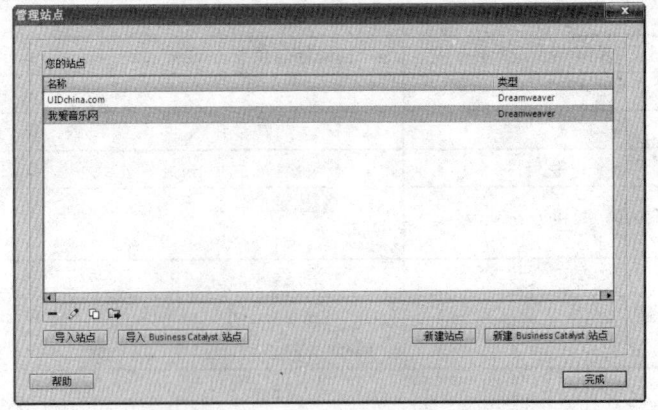

图2-6 管理站点命令   图2-7 "管理站点"对话框

3 在弹出的"站点设置对象"对话框中选择左侧的"服务器"项，然后单击窗口右侧的"+"按钮，如图2-8所示。

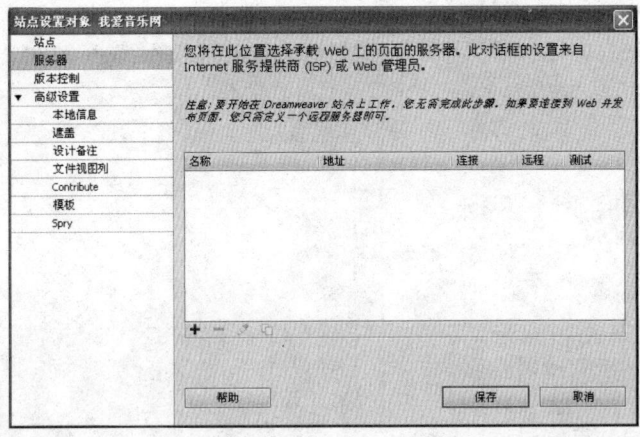

图2-8 单击"+"按钮

4 在弹出的面板中进行相应的设置，如图2-9所示。

5 该面板中的各项设置具体说明如表2-2所示。

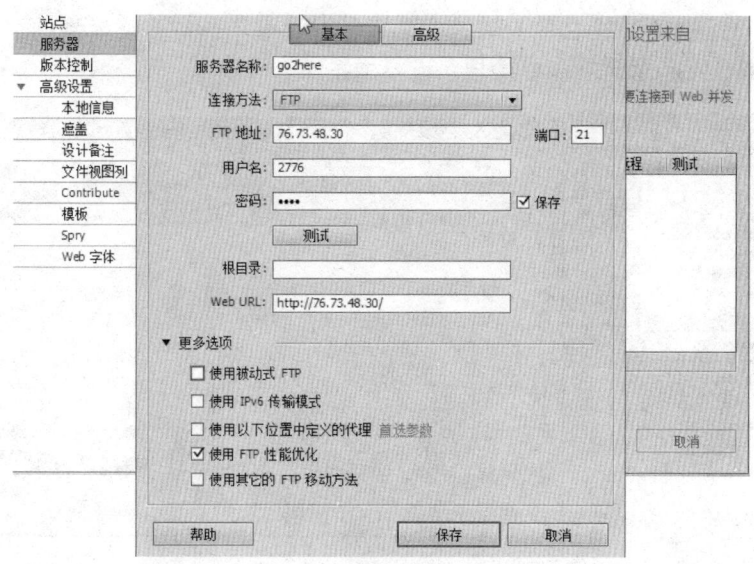

图2-9　弹出的设置面板

表2-2　远程站点设置中各个选项的作用说明

具体选项	说明
服务器名称	是远端站点，也就是服务器的主机地址（如www.go2here.net），或是IP地址（如202.106.0.20）
连接方法	从"连接方法"下拉菜单中选择"FTP"
FTP地址	输入要将网站文件上传到其中的 FTP 服务器地址。FTP地址是计算机系统的完整Internet名称，如ftp.mindspring.com。端口21是接收FTP连接的默认端口。可以通过编辑右侧的文本框来更改默认端口
用户名	输入登录到远端服务器的用户名
密码	输入登录到远端服务器的密码。如果勾选"保存"复选框，Dreamweaver CS6会自动保存输入的密码，否则用户在每次连接到远端服务器的时候都将显示输入密码的提示信息
根目录	输入远程服务器上用于存储公开显示的文档目录（文件夹）
Web URL	输入Web站点的URL（例如，http://www.mysite.com）。Dreamweaver使用Web URL创建站点根目录相对链接，并在使用链接检查器时验证这些链接

远端站点参数设置完毕后，就可以把本地站点中制作好的网站内容上传到远端的服务器中，这样别人就可以通过浏览器来进行访问了。

2.1.3　管理本地站点

通常Dreamweaver站点管理器要对多个网站进行管理，这就需要专门的工具完成站点的切换、添加、删除等操作。打开"文件"面板，展开"站点"下拉列表，选择"管理站点"，可以打开多站点管理窗口，如图2-10所示。多站点管理窗口可以实现如下功能。

用Dreamweaver CS6编辑网页或进行网站管理时，每次只能操作一个站点，在站点面板左侧的下拉列表框上选中某个已创建的站点，就可以切换到这个站点进行操作，如图2-10左侧的文件面板所示。

另外，也可以在图2-10右侧的"管理站点"对话框中选中要切换到的站点，单击"完成"按钮，这样在站点管理器中就会显示选择的站点。

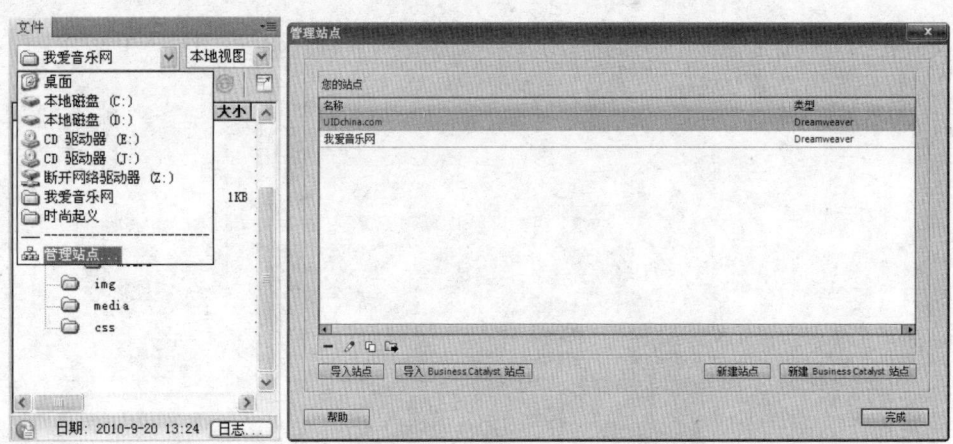

图2-10　站点的切换管理

2.2 进阶——创建本地站点和站点结构

下面利用Dreamweaver CS6中的向导功能搭建我们的第一个本地站点。

最终效果

本例的最终效果如图2-11所示。

解题思路

1 运行Dreamweaver CS6软件，并新建一个站点。
2 添加站点内容。

操作步骤

1 选择菜单命令"站点"→"新建站点"，如图2-12所示。

图2-11　最终效果

图2-12　单击"新建站点"菜单命令

2 在弹出的"站点设置对象"对话框的左侧选项栏中选择"站点"选项，然后在右侧为站点指定名称和文件夹，如图2-13所示。

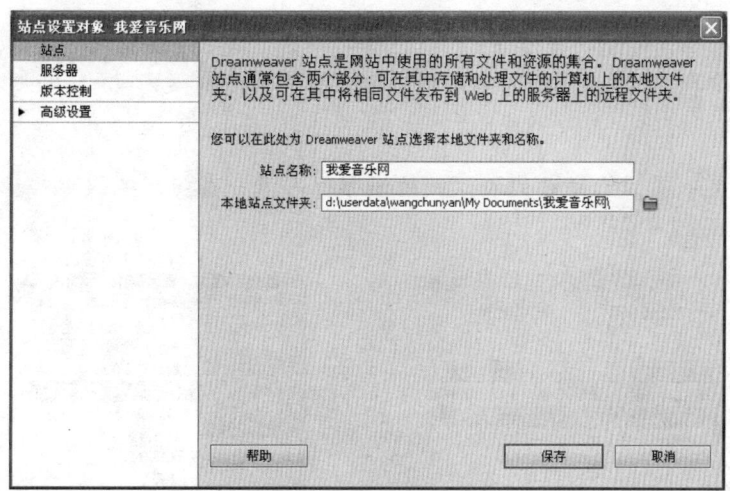

图2-13 新建站点

3 单击"保存"按钮，完成站点的设置。

4 选择"窗口"→"文件"命令（快捷键为"F8"），打开Dreamweaver CS6中的"文件"面板，在其中即可看到刚刚创建好的站点"我爱音乐网"了，如图2-14所示。

5 在"文件"面板的文件列表区域单击鼠标右键，在弹出的菜单中选择"新建文件"命令，如图2-15所示。

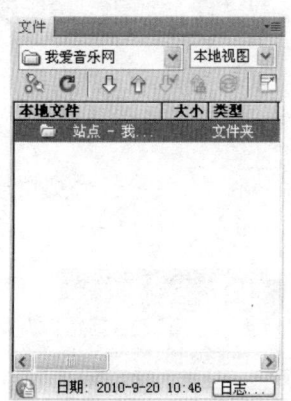

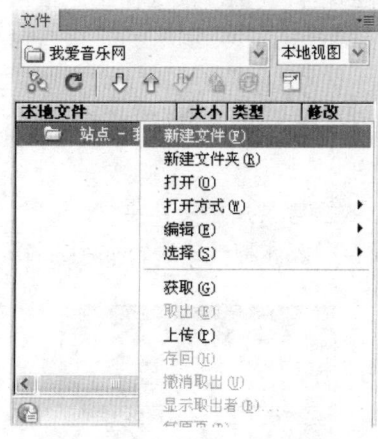

图2-14 Dreamweaver CS6的"文件"面板　　图2-15 "新建文件"命令

提示 创建站点的时候需要注意，站点文件夹的名称和网站中所有文件的名称都尽量使用英文小写字母加数字的组合，不要使用中文。这是因为现在很多服务器使用的都是Windows 2000或者UNIX操作系统，它们不能很好地识别中文。站点文件夹不要创建在C盘，因为一旦系统崩溃，C盘的内容很有可能丢失。站点文件夹的目录层次不要太深，一般在硬盘根目录的二、三级就足够了，否则有可能导致链接错误。

6 这时Dreamweaver CS6会在站点中建立一个名为"untitled.html"的网页文件，如图2-16所示。

7 修改这个文件的名称为"index.html"，这个文件即成为当前站点的首页。

> **提示** 任何一个网站都有首页，所有网站的首页默认文件名为"index.html"，这个页面只能存放在站点的根目录下，当我们输入网站网址的时候，打开的就是这个页面。

8 继续在"文件"面板的文件列表区域单击鼠标右键，在弹出的菜单中选择"新建文件夹"命令，如图2-17所示。

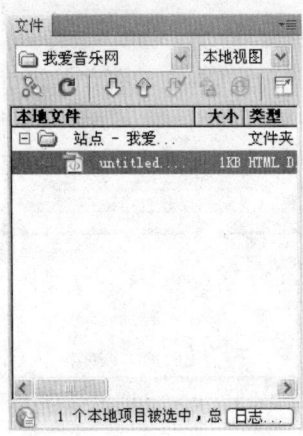

图2-16 新建的文件

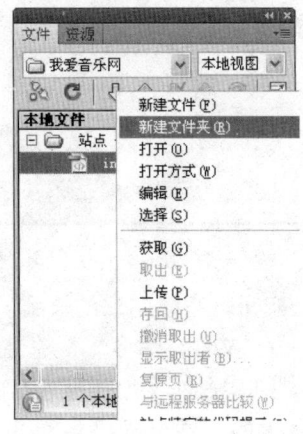

图2-17 "新建文件夹"命令

9 根据构思好的栏目设置，依次在站点根目录下创建三个文件夹，分别命名为"pop"、"old"和"down"，表示流行栏目、古典栏目和下载栏目，如图2-18所示。

> **提示** 根据栏目的设置来建立文件夹，因为每个栏目中都会包含很多内容，比如网页、图片、动画等。如果有多级栏目，依次建立二、三级文件夹即可。

10 继续在站点的根目录建立文件夹"img"、"media"和"css"，分别用来存放当前站点中的图像、多媒体和样式表，如图2-19所示。

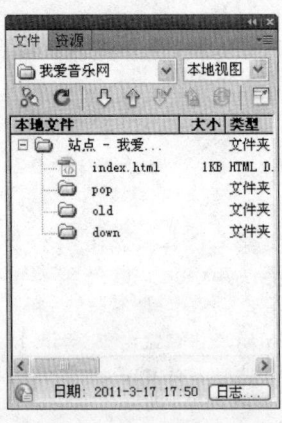

图2-18 新建文件夹

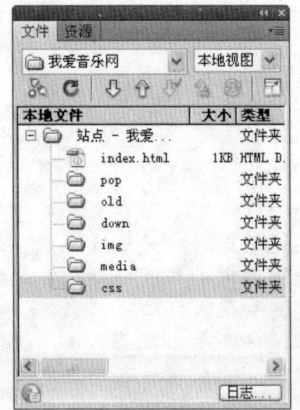

图2-19 新建文件夹

> **提示** 在站点的根目录下建立的图像、多媒体和样式表文件夹用于专门存放整个站点中所公用的图像、多媒体和样式表。

11 在"pop"文件夹上单击鼠标右键，在弹出的菜单中选择"新建文件"命令。在"pop"文件夹中创建一个新的网页文件，如图2-20所示。

12 修改"pop"文件夹中的网页名称为"index.html"。这个页面是流行栏目的首页面，如图2-21所示。

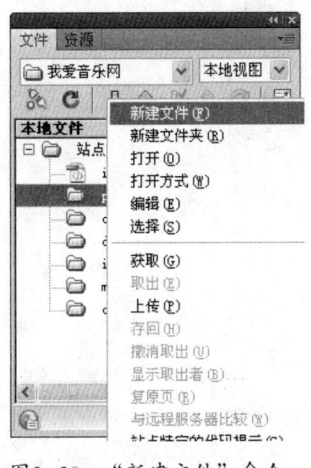
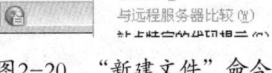
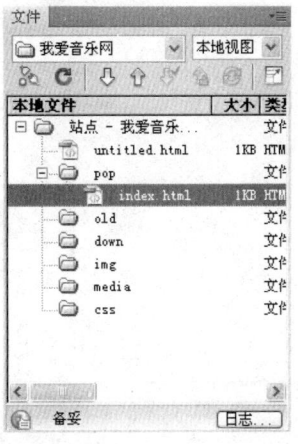

图2-20　"新建文件"命令　　　　图2-21　新建首页

提示　任何一个栏目也应该有自己的首页面，默认名称同样为"index.html"。

13 在"pop"文件夹上单击鼠标右键，在弹出的菜单中选择"新建文件夹"命令。在"pop"文件夹中创建新的文件夹，如图2-22所示。

14 在文件夹"pop"中创建两个新的文件夹，分别命名为"img"和"media"，如图2-23所示。

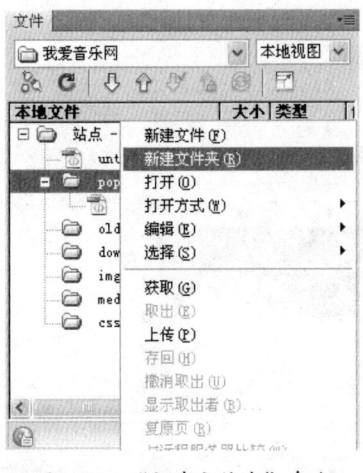
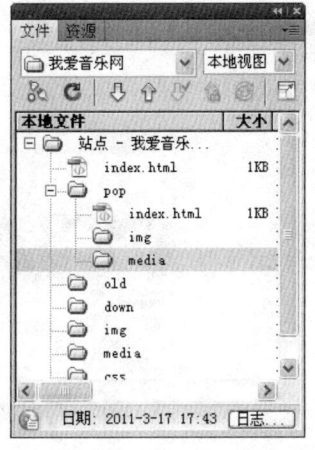

图2-22　"新建文件夹"命令　　　　图2-23　新建文件夹

提示　在站点的"pop"文件夹中建立的图像和多媒体文件夹是专门用来存放流行栏目中所私用的图像和多媒体文件。

15 用同样的方法，在"old"和"down"文件夹中创建相应的子目录，站点结构创建完毕，如图2-24所示。

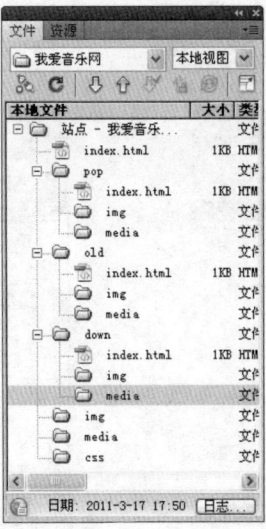

图2-24 "我爱音乐网"音乐网站站点结构

16 到此为止，站点结构定义完毕，可以开始制作当前网站中的每一个页面了。当把所有的页面都制作完毕并添加好超链接，网站也就制作完毕了。

2.3 提高——设置页面属性

当进行网页制作时，要在开始做具体页面之前就先对整个网站的页面属性进行设置，这样在制作过程中能够统一网站的风格，保证网页的协调性和整体性，给人以美的感觉。网站风格的统一能够给浏览者带来视觉上的享受。

最终效果

本例的最终效果如图2-25所示。

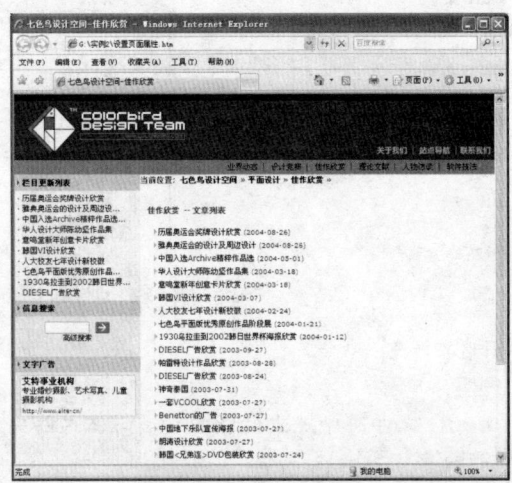

图2-25 最终效果

解题思路

1 确定网站或者网页的整体颜色和风格。

2 根据整体风格确定文字的颜色和大小。

3 制作完成后对页面的整体风格进行修饰。

操作提示

1 运行Dreamweaver CS6软件,选择菜单"文件"→"新建"命令。在弹出的"新建文档"对话框中,单击"页面类型"列表中的HTML,新建一个HTML网页,单击"创建"按钮,如图2-26所示。

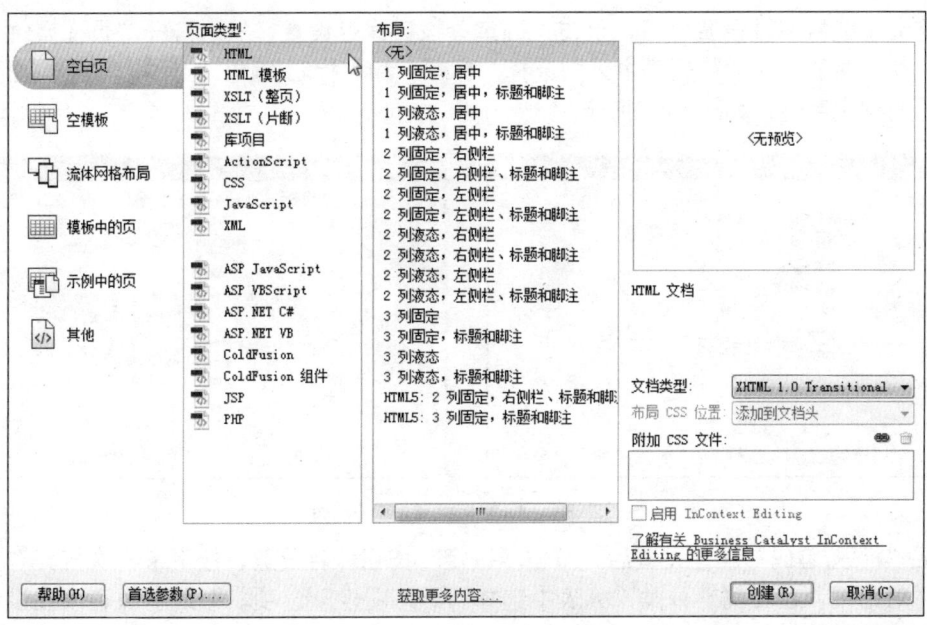

图2-26 "新建文档"对话框

2 选择菜单栏中的"修改"→"页面属性"命令,或单击属性面板中的"页面属性"按钮,如图2-27所示。

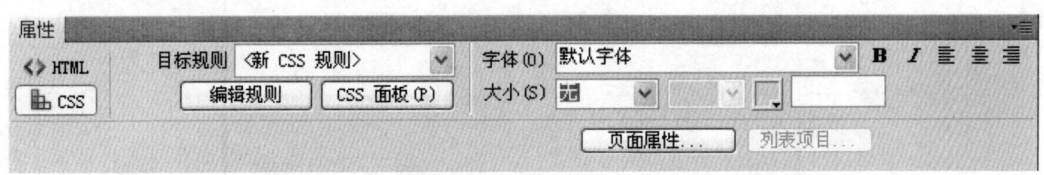

图2-27 属性面板

3 接下来设置网页"页面属性"中的"外观"参数。选择页面属性设置窗口左侧"分类"列表中的"外观"选项,在右侧可以设置具体的参数,如图2-28所示。

4 页面属性设置完成后,单击"确定"按钮保存设置,然后打开"页面属性"对话框,并选择左侧"分类"列表中的"链接"选项,在右侧可以对链接的样式进行详细设置,如图2-29所示。

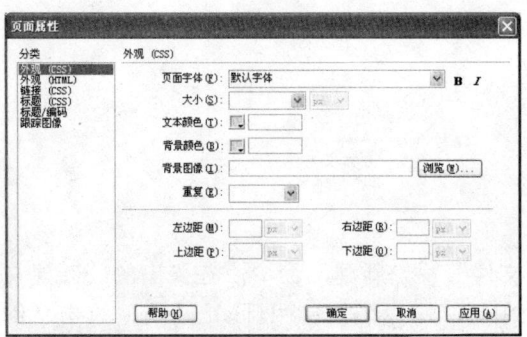
图2-28 外观属性

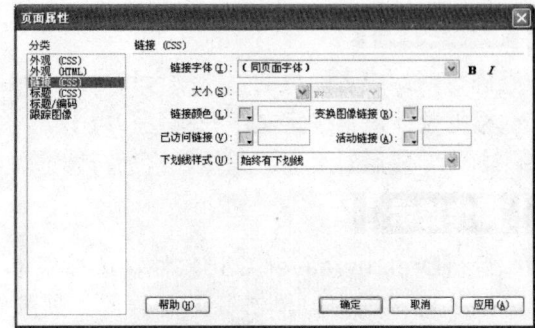
图2-29 链接属性

5 在完成了链接属性设置之后，单击"确定"按钮保存设置，然后打开"页面属性"对话框，在左侧的"分类"列表中分别选择"标题"和"标题/编码"选项，设置页面标题和编码的相关属性，如图2-30所示。

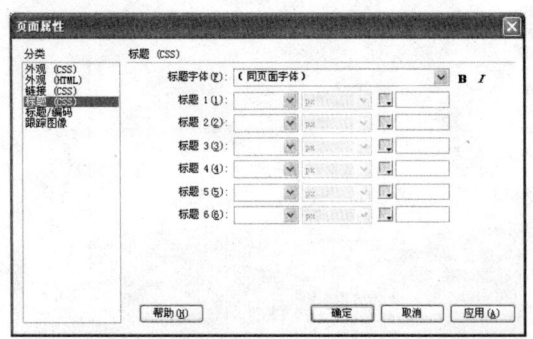

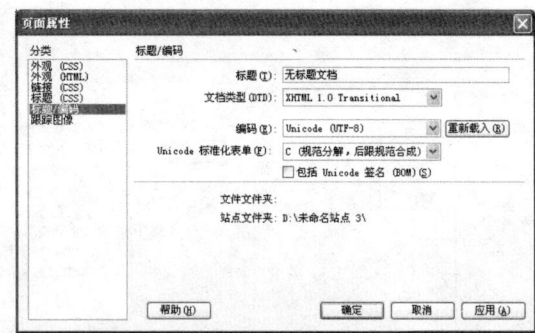

图2-30 标题及标题/编码属性

6 完成"标题/编码"属性设置后，单击"确定"按钮保存设置，接下来再次打开"页面属性"对话框，在左侧"分类"列表中选择"跟踪图像"选项。跟踪图像可以在设计页面时插入用来作为参考的图像文件，如图2-31所示。

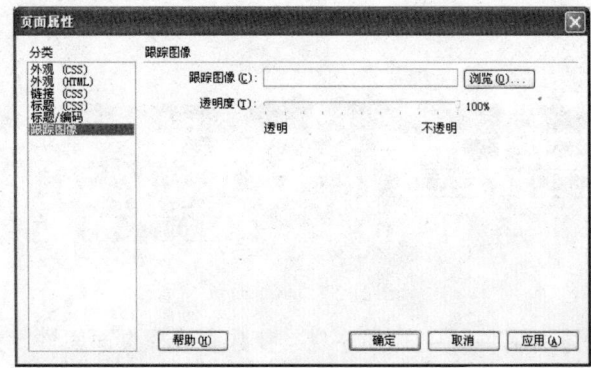

图2-31 跟踪图像

7 Dreamweaver CS6中使用CSS设置文本的格式。可以通过"首选参数"对话框设置首选参数改变HTML的页面格式。CSS在Dreamweaver CS6中是使用非常广泛的文本格式设置方式，设置完成的页面如图2-32所示。

图2-32　预览效果

2.4 答疑与技巧

问 在设计网站的时候如何能使网站的结构更加清晰？

答 首先，把站点划分为多个目录。也就是说，把网站中相关的、属于同种栏目、具有同种含义的文件放在各自的目录（子文件夹）中，正所谓"各行其道"。比如一般的公司网站，如ICP的网站，某些内容如"联系我们"、"公司简介"、"人才招聘"、"站点结构"等，均可以放在同一个文件夹下，而真正涉及网站具体内容的部分，再分各自的文件夹。

其次，不同种类的文件放在不同的文件夹中。正所谓"分门别类"，如今的多媒体网站，除了具有标准(X)HTML格式的文件外，还具有格式文件、Flash文件、mp3格式文件、rm格式文件等。这些不同种类的文件可以放在各自的文件夹中，便于管理和调用。最常见的就是把网站的所有图片或网站中某个栏目的所有图片放在一个叫"images"的文件夹下，而在国外众多网站的结构管理中，经常把非(X)HTML文件放在一个叫"Assets"的二级目录下，或者是在每个分类下再建立"Assets"目录。

最后，在本地站点和远端站点使用相同的目录结构。这很容易让人理解，只有远端同本地站点的结构相同，才会使在本地制作的站点原封不动地显示出来。在通过FTP上传文件时，我们需要这样做。如果使用Dreamweaver自身的上传功能，Dreamweaver会为我们做好这一切。

结束语

本章详细讲解了Dreamweaver CS6中站点的建立、导入和高级选项设置的方法。通过本章的学习，读者应重点掌握Dreamweaver CS6建立站点和导入站点的操作。

Chapter **3**

第3章
页面的总体设置

本章要点

入门——基本概念与基本操作
- 设置头信息
- 设置页面属性

进阶——设置页面的META信息
提高——为页面设置排版的图像参考

本章导读

　　头信息和网页属性的设置都属于页面总体设定的范畴，虽然大多数不能够在网页上直接看到效果，但从功能上来说，很多都是必不可少的。头信息为网页添加必要的信息，帮助网页实现功能。网页属性可以控制网页的背景颜色、文本颜色等，主要对外观进行总体上的控制。

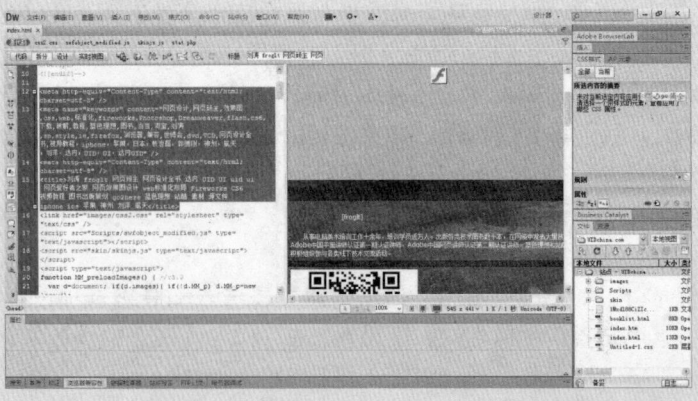

3.1 入门——基本概念与基本操作

3.1.1 设置头信息

前面介绍过，每一张网页都离不开HTML代码，或者说由HTML脚本所组成的*.htm、*.html文件就是网页文件。一个完整的HTML网页文件包含两个部分，即head部分和body部分。其中head部分包含许多不可见的信息（头信息），例如语言编码、搜索关键字、版权声明、作者信息、网页描述等。而body部分则包含的是网页中可见的内容，例如文字、图片、表格、表单等。

下面讲解如何插入头部内容。

1. 插入META

首先，在Dreamweaver CS6的工作区显示头部内容，步骤说明如下。

1 选择"查看"→"文件头内容"，命令Head的内容会显示在工作区的上部，如图3-1所示。

2 双击头部内容窗口的第一个图标，打开属性面板查看该元素的属性，如图3-2所示。

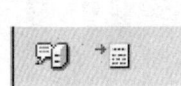

图3-1 查看头部内容

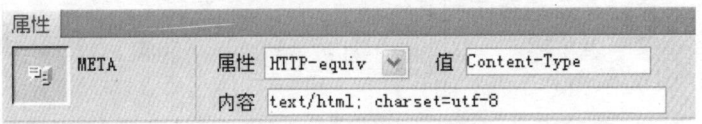

图3-2 查看属性

3 要插入某种元素，可以选择相应的内容，输入需要的信息，确认操作后，即可往文档的头部添加数据，如图3-3所示。

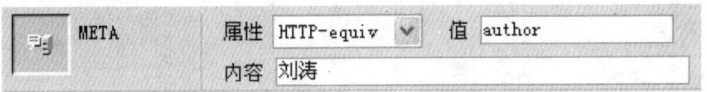

图3-3 插入作者信息

下面将介绍META属性的设置。

🔍 "属性"下拉列表框中有"HTTP-equivalent"和"名称"两个选项，分别对应HTTP-EQUIV变量和NAME变量。

🔍 "值"文本框中应输入HTTP-EQUIV变量或NAME变量的值。

🔍 "内容"文本框中应输入HTTP-EQUIV变量或NAME变量的内容。

在"属性"下拉列表框里选择"HTTP-equivalent"选项，则对应HTTP-EQUIV变量，此时可以有以下常见设置。

🔍 设置网页的文字编码。前面我们已经设置过网页的文字编码，这里是另外一种设置方法。例如，在"值"文本框中填入"Content-Type"，在"内容"文本框中填入"text/html; charset=gb2312"，则设置文字编码为简体中文，如图3-4所示。

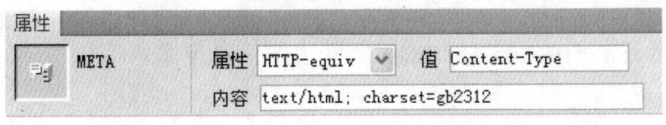

图3-4 设置网页的文字编码

设置网页的到期时间。例如在"值"文本框中填入"Expires"，在"内容"文本框中填入"Wed, 20 Jun 2003 08:20:00 GMT"，则网页在格林威治时间2003年6月20日8点20分过期，此时无法脱机浏览这个网页，必须联网重新浏览这个网页，如图3-5所示。

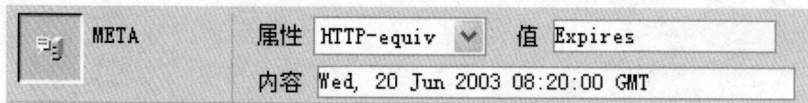

图3-5 设置网页的到期时间

禁止浏览器从本地缓存中调阅页面内容。例如在"值"文本框中填入"Pragma"，在"内容"文本框中填入"no-cache"，则禁止此页面保存在访问者缓存中。浏览器访问某个页面时会将它存在缓存中，再次访问时就可以从缓存中读取，以提高访问速度。当用户希望访问者每次访问都刷新网页广告的图标，或每次都刷新网页的计数器时，就要禁用缓存了，如图3-6所示。

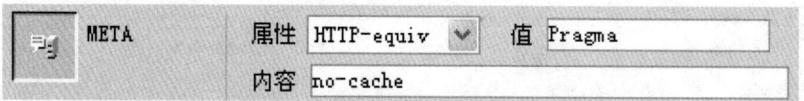

图3-6 禁止浏览器从本地缓存中调阅页面内容

定时让网页自动转向到其他网页。例如，在"值"文本框中填入"Refresh"，在"内容"文本框中填入"5;URL=http://www.yahoo.com"，则网页打开后5秒钟自动转向地址为http://www.yahoo.com的网页，如图3-7所示。

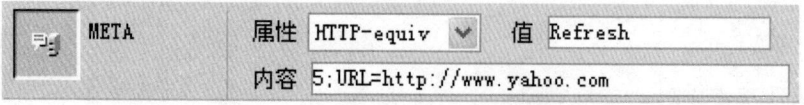

图3-7 定时让网页自动转向到其他网页

设置cookie过期。例如在"值"文本框中填入"set-cookie"，在"内容"文本框中填入"Wed, 20 Dec 2003 08:20:00 GMT"，则cookie在格林威治时间2003年12月20日8点20分过期，被自动删除，如图3-8所示。

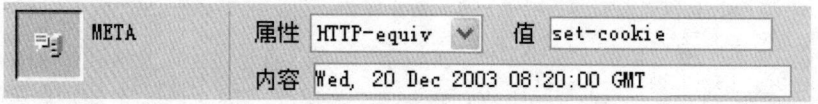

图3-8 设置cookie过期

提示 cookie是小的数据包，里面记录着关于用户网上冲浪习惯的信息，随后就为互联网上了解cookie的站点所知。cookie的主要用途是广告代理商用来追踪人口统计，查看某个站点吸引了哪种消费者。一些网站还用cookie来保存用户最近的账号信息。这样，当用户进入某个站点（如Amazon.com）而又在该站点有账号时，站点就会立刻知道此用户是谁，自动载入这个用户的个人参数选项。

强制页面在当前窗口以独立页面显示。在"值"文本框中填入"Window-target"，在"内容"文本框中填入"_top"，则可以防止这个网页被显示在其他网页的框架结构里，如图3-9所示。有关框架结构的说明和设置请参见本书相关章节的介绍。

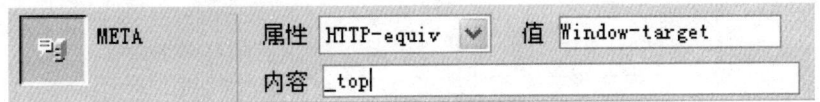

图3-9　强制页面在当前窗口以独立页面显示

设置网页打开时的效果。例如在"值"文本框中填入"Page-Enter"，在"内容"文本框中填入"revealTrans(duration=10, transition=50)"，如图3-10所示。

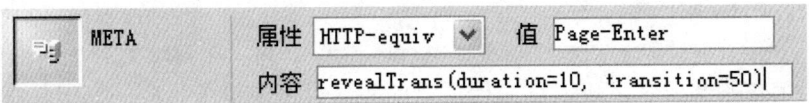

图3-10　设置网页打开时的效果

设置网页退出时的效果。例如在"值"文本框中填入"Page-Exit"，在"内容"文本框中填入"revealTrans(duration=20, transition=10)"，如图3-11所示。

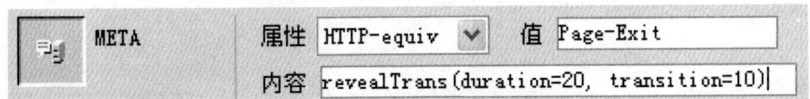

图3-11　设置网页退出时的效果

设置网页分级。例如在"值"文本框中填入"PICS—Label"，在"内容"文本框中填入"(PICS—1.1" http://www.rsac.org/ratingsv01.html" gen true comment" RSACi North America Server" for" http://www.rsac.org" on " 1996.04.16T08:15-0500" r (n 0 s 0 v 0 l 0))"。在浏览器Internet选项中有一个内容设置，它可以防止浏览一些受限制的网站。浏览器会自动识别某些网站是否受限制，在网站META标签中已经设置好了该网站的级别，该级别的评定是由美国RSAC，即娱乐委员会的评级机构评定的。如果需要评价自己的网站，可以访问http://www.rsac.org，按要求提交表格，RSAC会提供一段META代码，把这段代码复制到"内容"文本框里就可以了，如图3-12所示。

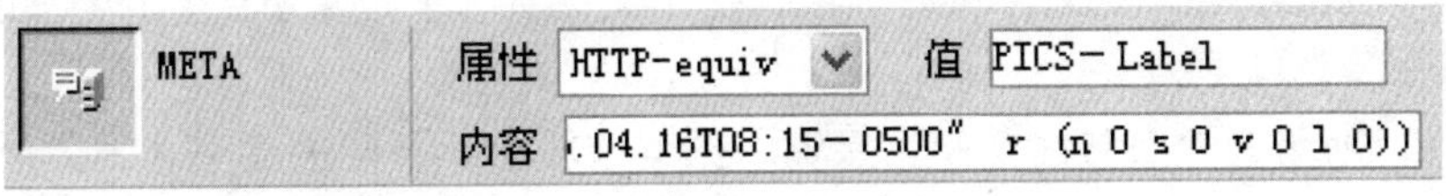

图3-12　设置网页分级

在"属性"下拉列表框里选择"名称"选项，则对应NAME变量，此时会有以下常见设置。

设置网页的搜索引擎关键词。在"值"文本框里填入"keywords"，在"内容"文本框里填入网页的关键词，各关键词用逗号隔开。这是告诉搜索引擎放出的机器人，把"内容"文本框里填入的内容作为网页的关键词添加到搜索引擎。许多搜索引擎都通过放出机器人搜索来登录网站，这些机器人要用到META元素的一些特性来决定怎样登录。如果网页上没有这些META元素，则不会被登录。

设置网页的搜索引擎说明。在"值"文本框里填入"description"，在"内容"文本框中填入网页的说明。这是告诉搜索引擎放出的机器人，把"内容"文本框里填入的内容作为网页的说明添加到搜索引擎。

告诉搜索机器人哪些页面需要索引，哪些页面不需要索引。在"值"文本框中填入"robots"，在"内容"文本框中可填入"all"、"index"、"noindex"、"follow"、"nofollow"或"none"。"all"是默认值，告诉搜索引擎放出的机器人登录此网页，而且可以顺此页的超链接进行检索。"index"是告诉搜索引擎放出的机器人登录此网页。"noindex"是不让搜索引擎放出的机器人登录此网页，但可以顺此页的超链接进行检索。"follow"是告诉搜索引擎放出的机器人顺此页的超链接进行检索。"nofollow"是不让搜索引擎放出的机器人顺此页的超链接进行检索，但可以登录此页。"none"是既不让搜索引擎放出的机器人登录此网页，也不让其顺此页的超链接进行检索。

🔍 设置网页编辑器的说明。在"值"文本框中填入"Generator"，在"内容"文本框中填入所用的网页编辑器。这是对使用的网页编辑器的说明。

🔍 设置网页作者说明。例如在"值"文本框中填入"Author"，在"内容"文本框中填入"刘涛"，则说明这个网页的作者是刘涛。

🔍 设置版权声明。在"值"文本框中填入"Copyright"，在"内容"文本框中填入版权声明。

4 如果希望编辑头部信息，可以在文档窗口的头部窗格中单击相应的标记，然后在属性面板上修改即可，如图3-13所示。

图3-13　编辑头部信息

2. 插入关键字

关键字的作用是协助网络上的搜索引擎寻找网页。网站的来访者在大多数情况下是由搜索引擎引导来的。

 提示　许多搜索引擎装置（自动浏览网页为搜索引擎收集信息以编入索引的程序）读取关键字META标签的内容，并使用该信息在数据库中将页面编入索引。因为有些搜索引擎限制索引的关键字或字符的数目，或者当超过了限制的数目时，它将忽略所有的关键字，所以最好只使用几个精选的关键字。

插入关键字的步骤说明如下。

1 在"插入"面板中选择"文件头"选项，在"文件头"下拉菜单中，选择如图3-14所示的"关键字"选项。

2 在如图3-15所示的弹出对话框中直接输入关键字即可，不同关键字之间用逗号分隔，单击"确定"按钮后，关键字的信息就设定好了。

图3-14　插入关键字

图3-15　设定关键字

3 要编辑关键字信息，可以从文档的头部窗口中，选中关键字标记，然后在属性面板上进行更改，如图3-16所示。

图3-16 编辑关键字

通过以上设置后，当有浏览者通过网络上的搜索引擎搜索"设计"这个关键字，查找相关信息时，这个网页的网址就可能被搜索到，同时说明文字会给浏览者更多的关于此网页的信息。

3. 插入说明

许多搜索引擎装置读取META标签的内容。有些使用该信息在数据库中将页面编入索引，而有些还在搜索结果页面中显示该信息。

插入说明的步骤说明如下：

1 在"插入"面板中选择"文件头"选项，在"文件头"下拉菜单中，选择如图3-17所示的"说明"选项。

2 在如图3-18所示的弹出对话框中直接写入对页面的说明语句，单击"确定"按钮后，说明的信息就设定好了。

图3-17 插入说明

图3-18 设置说明

3 要编辑描述信息，可以从文档的头部窗口中选中描述标记，然后在属性面板上更改，如图3-19所示。

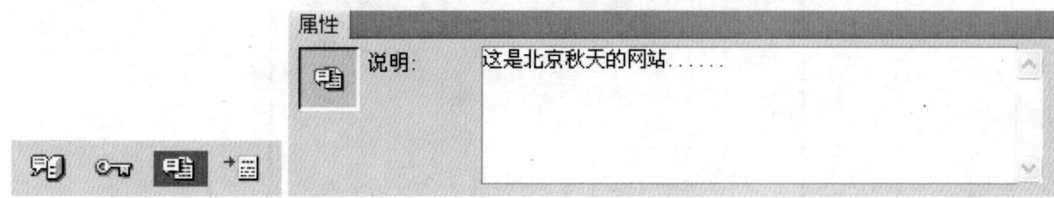

图3-19 编辑说明

4. 插入刷新

刷新主要适用于两种情况：一种情况是网页地址发生变化，可以在原地址的网页上使用刷新功能，规定在若干秒之后让浏览器自动跳转到新的网页；第二种情况是网页经常更新，可以让浏览器在若干秒之后自动刷新网页。

插入刷新的步骤说明如下。

1 在"插入"面板中选择"文件头"选项，在"文件头"下拉菜单中，选择如图3-20所示的"刷新"选项。

2 在弹出的如图3-21所示的"刷新"对话框中，进行下面的设定。

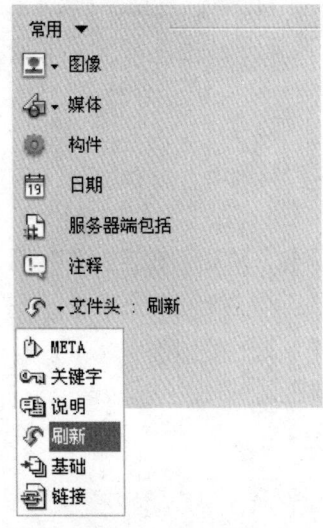

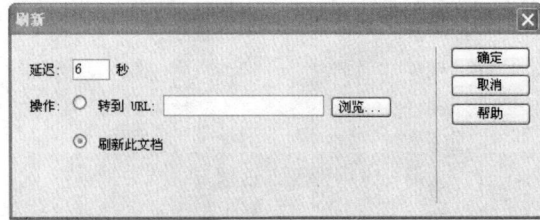

图3-20 插入刷新　　　　　　　　　图3-21 设定刷新

　在"刷新"对话框上，"延迟"后填入一个数值，这是页面延时的秒数。经过这个时间页面即可刷新或转到另外一个页面。

　在"刷新"对话框上，"操作"后有"转到URL"和"刷新此文档"两个选项。选择"转到URL"即是经过一段时间后转到另外一个网页。在后面的文本框里填入要转到的页面的地址，或单击"浏览"按钮弹出"选择文件"对话框直接选择。若选择"刷新此文档"，则网页经过一段时间后自动刷新。

例如，我们希望首页停留8秒钟后自动跳转到"猫儿时空"的网站，可以在"延迟"处输入8，在"操作"中选择"转到URL"，然后输入猫儿时空的网址"www.51vc.com"，如图3-22所示。

3 要编辑跳转信息，可以从文档的头部窗口中选中跳转标记，然后在属性面板上更改，如图3-23所示。

图3-22 设定自动跳转

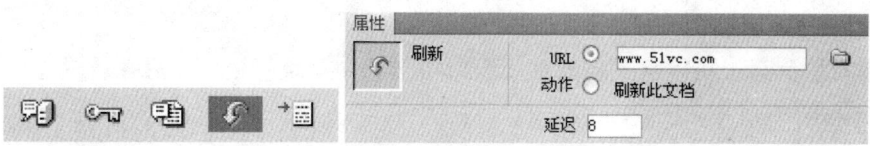

图3-23 编辑跳转

5. 设定基址

网站内部文件之间的链接都是以相对地址的形式出现，在默认情况下，都是相对于首页设置链接，这里称之为基础网页。可以通过头内容设置基础网页的地址，这里简称基址。

设定基址的步骤说明如下。

1 在"插入"面板中选择"常用"，在"文件头"下拉菜单中，选择如图3-24所示的"基础"。

2 在弹出的如图3-25所示的"基础"对话框中，进行下面的设定。

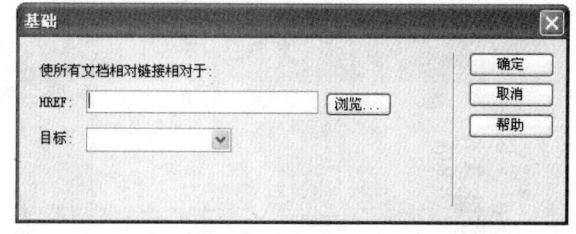

图3-24 插入基础 　　　　　　　　　　图3-25 设定基础

🔍 在HREF项填入基址网页路径，也可以通过旁边的浏览按钮打开浏览窗口，在本地网站中选取。

🔍 在"目标"项中填入打开链接的窗口。

_self是浏览器的默认值，会在当前网页所在的窗口或框架中打开链接的网页；_top会在完整的浏览器窗口中打开网页，去除所有的框架结构。有关框架等内容，请参考后面的章节；_blank在一个新的未命名浏览器窗口中打开链接的网页；_parent代表如果是嵌套的框架，链接会在父框架或窗口中打开，如果不是嵌套的框架，则等同于_top，在整个浏览器窗口中显示。

例如，有一个网页上大量的超链接都基于地址http://www.51vc.com，我们就可以把这个地址设置为基础。这样，假如页面有一个超链接本来要链接到http://www.51vc.com/test.htm，设置了这个基础以后，超链接只写作test.htm即可，方便多了。

又比如，一个网页上大量的超链接都需要在新窗口打开，每个超链接都设置新窗口打开将很麻烦，这时可在"基础"对话框上设置打开方式为新开窗口打开，设置后该网页所有的超链接都会在新窗口里打开。

3 要编辑基址信息，可以从文档的头部窗口中，选中基址标记，然后在属性面板上更改，如图3-26所示。

图3-26　编辑基础

6. 设定链接

"链接"设定可以定义当前网页和本地站点中的另一网页之间的关系，让这个另外的文件提供给当前网页文件相关的资源和信息。

设定链接的步骤说明如下。

1 在"插入"面板中选择"常用"，选择"文件头"选项，在"文件头"下拉菜单中，选择如图3-27所示的"链接"选项。

2 在弹出的如图3-28所示的"链接"对话框中，进行下面的设定。

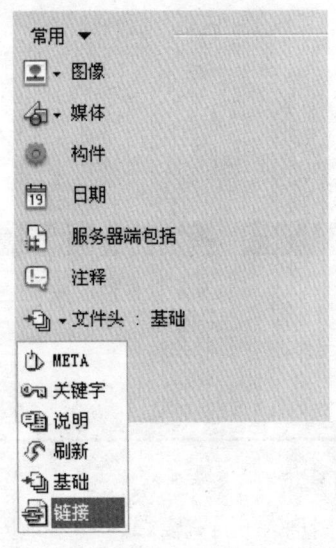

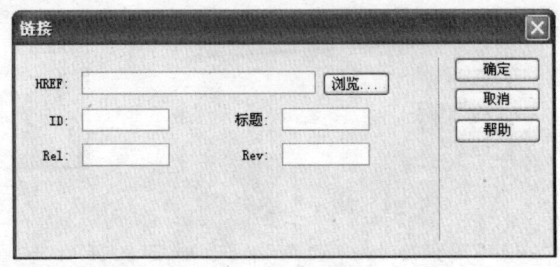

图3-27　插入链接　　　　　　图3-28　设定链接

🔍 在"链接"对话框中，"HREF"用来设置要建立链接关系的文件地址。可以在文本框里输入文件的路径，也可以单击"浏览"按钮弹出浏览框来选择这个文件。

🔍 "ID"文本框为链接指定一个唯一的标识符。

🔍 "标题"文本框用来描述这个链接的关系。

🔍 "Rel"文本框用来指定当前文档与"HREF"文本框中所设置文档之间的关系，可填的值有"Alternate"、"Stylesheet"、"Start"、"Next"、"Prev"、"Contents"、"Index"、"Glossary"、"Copyright"、"Chapter"、"Section"、"Subsection"、"Appendix"、"Help"和"Bookmark"等。"Alternate"表示替代关系；"Stylesheet"表示调用样式表；"Start"表示开始关系；"Next"表示下一步关系；"Prev"表示上一步关系；"Contents"表示内容关系；"Index"表示索引关系；"Glossary"表示术语表关系；"Copyright"表示版权关系；"Chapter"表示章关系；"Section"表示节关系；"Subsection"表示小节关系；"Appendix"表示附录关系；

"Help"表示帮助关系；"Bookmark"表示书签关系。如果要指定多个关系，需要用空格将各个值隔开。

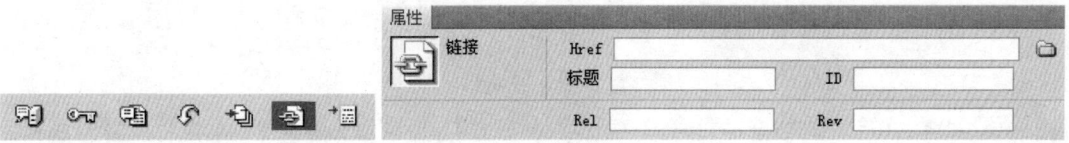 "Rev"文本框用来指定当前文档与"HREF"文本框中所设置文档之间的相反关系（与Rel相对），可填的值同"Rel"文本框一样，有"Alternate"、"Stylesheet"、"Start"、"Next"、"Prev"、"Contents"、"Index"、"Glossary"、"Copyright"、"Chapter"、"Section"、"Subsection"、"Appendix"、"Help"和"Bookmark"等。如果要指定多个关系，需要用空格将各个值隔开。

3 要编辑链接信息，可以从文档的头部窗口中选中链接标记，然后在属性面板上更改，如图3-29所示。

图3-29 编辑链接

3.1.2 设置页面属性

将网页编辑窗口切换到源代码视图，会看到一对<body></body>标记，网页的主体部分就位于这两个标记之间。body作为一个对象，会有许多相关的属性，本节就将围绕这些属性的设置展开。这其中将包括网页的标题、网页颜色、背景图片等设置。

在编辑窗口下，选择"修改→页面属性"命令，打开"页面属性"设置对话框，如图3-30所示，页面属性的设置包括以下方面。

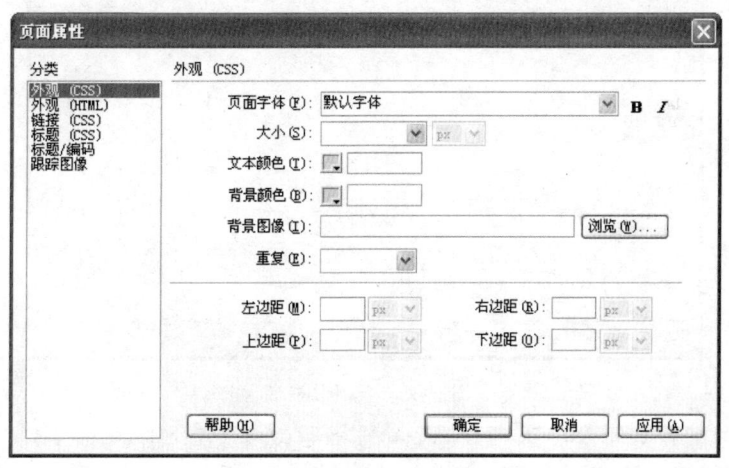

图3-30 页面属性设置对话框

1. 设置外观

Dreamweaver CS6将页面属性设置分为许多类别，其中"外观"是设置页面的一些基本属性，如图3-31所示。

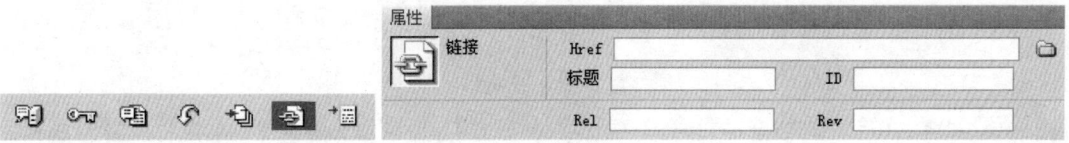 在"页面字体"后面的文本框中可以定义页面中默认文本的字体。

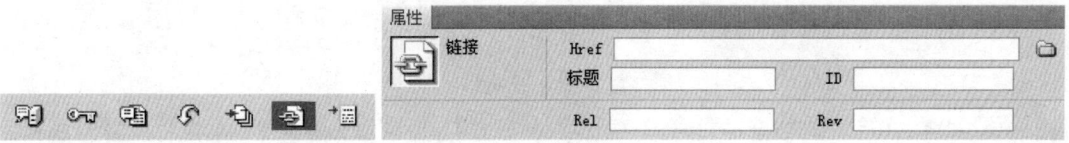 在"大小"后面的文本框中可以定义页面中默认文本的字号。

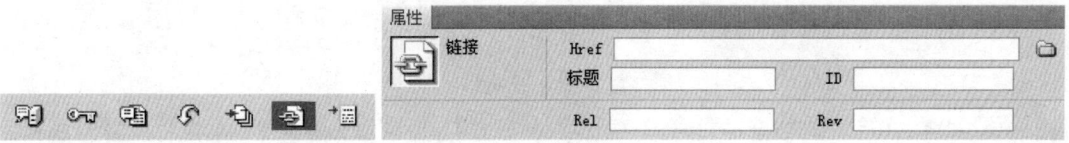 在"文本颜色"后面的文本框中可以设置网页文本的颜色。颜色设置的具体方法请参

见后面章节的介绍。

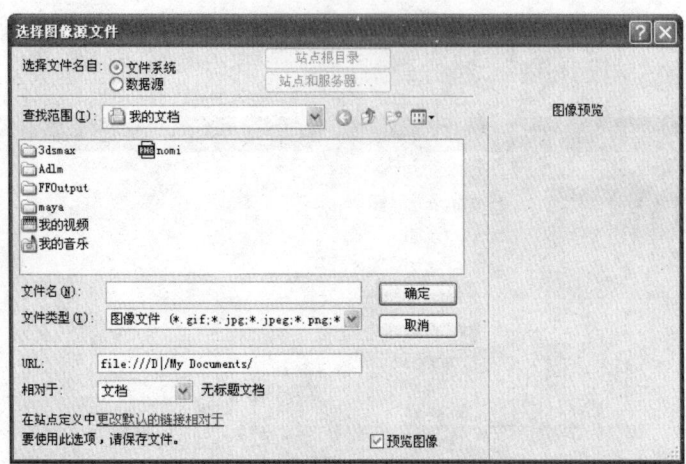

图3-31 外观选项

🔍 在"背景颜色"后面的文本框中可以设置网页的背景颜色。一般情况下,背景颜色都设置成白色,在文本框里输入"#ffffff"。如果在这里不设置颜色,常用的浏览器也会默认网页的背景色是白色,但低版本的浏览器会显示网页的背景色为灰色。为了增强网页的通用性,这里还是需要对背景色进行设置。

🔍 在"背景图像"后面的文本框中可以填入网页背景图像的路径,给网页添加背景图像。注意,为避免出现问题,此时应填入相对路径,而不要使用绝对路径。相对路径和绝对路径将在稍后介绍。也可以单击文本框后的"浏览"按钮,弹出"选择图像源文件"对话框,如图3-32所示。

图3-32 选择图像源

在"选择图像源文件"对话框中定位并选择要设置为背景的图像文件,单击"确定"按钮即可使用这个图像作为背景图像。

 **提示** 如果背景图像没有填满整个窗口,Dreamweaver CS6会平铺背景图像,若要防止背景图像平铺,请使用CSS样式表禁用图像平铺(详见后面的章节)。

🔍 在"左边距"后面的文本框中可以设置网页左边空白的宽度。比如,设置为8,则网页左边界距浏览器左边框为8个像素。只有 Internet Explorer浏览器支持。

🔍 在"上边距"后面的文本框中可以设置网页顶部空白的高度。比如,设置为8,则网页上边界距浏览器顶部边框为8个像素。只有 Internet Explorer浏览器支持。

🔍 在"右边距"后面的文本框中可以设置网页右边空白的宽度。比如，设置为8，则网页右边界距浏览器右边框为8个像素。只有 Internet Explorer浏览器支持。

🔍 在"下边距"后面的文本框中可以设置网页底部空白的高度。比如，设置为8，则网页下边界距浏览器底部边框为8个像素。只有 Internet Explorer浏览器支持。

2. 设置链接

🔍 在"链接"选项中设置和页面链接相关的项目，如图3-33所示。

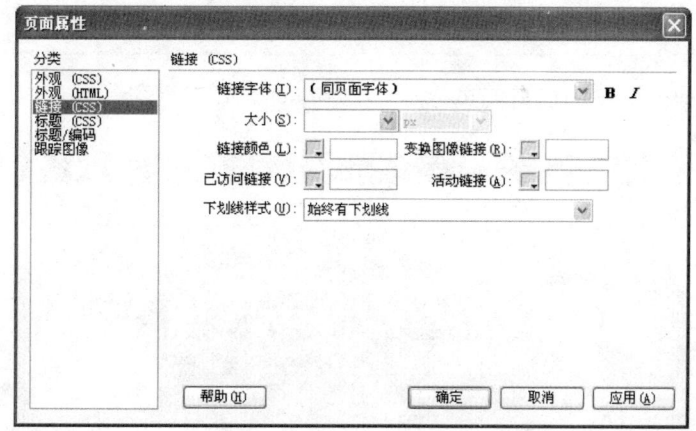

图3-33　链接选项

🔍 在"链接字体"后面的文本框内定义页面超链接文本在默认状态下的字体。

🔍 在"大小"后面的文本框内定义超链接文本的字体大小。

🔍 在"链接颜色"后面的文本框中可以设置网页里超链接的颜色。

🔍 在"已访问链接"后面的文本框中可以设置网页里访问过的超链接的颜色。

🔍 在"活动链接"后面的文本框中可以设置网页里激活的超链接的颜色。

🔍 在"变换图像链接"指定光标移动到文本链接上方时文本字体改变为何种颜色。

🔍 在"下画线样式"后面的文本框中可以设置网页里鼠标上滚时采用何种下画线。

3. 设置标题

在"标题"选项中设置标题字体的一些属性，如图3-34所示。

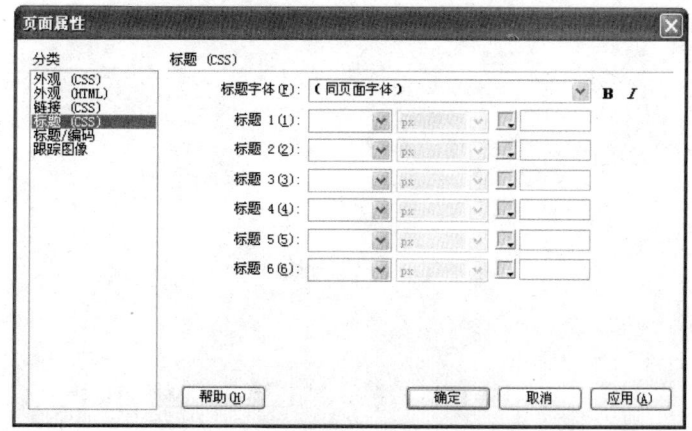

图3-34　标题选项

标题字体：定义标题的字体。

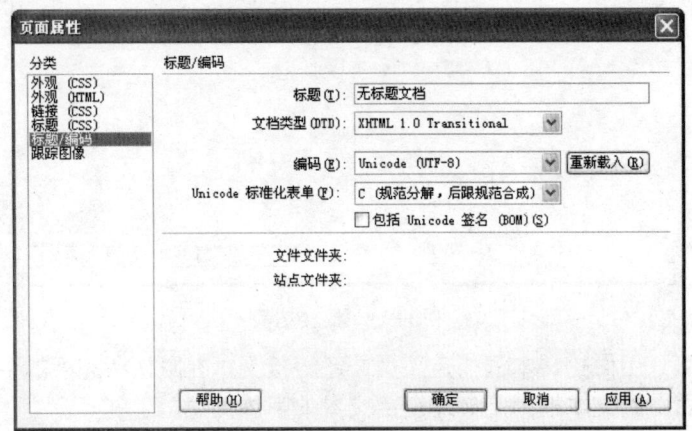 标题1：定义一级标题的字号和颜色。

标题2：定义二级标题的字号和颜色。

标题3：定义三级标题的字号和颜色。

标题4：定义四级标题的字号和颜色。

标题5：定义五级标题的字号和颜色。

标题6：定义六级标题的字号和颜色。

4. 设置标题和编码

在"标题/编码"选项中设置网页标题与文字编码，如图3-35所示。

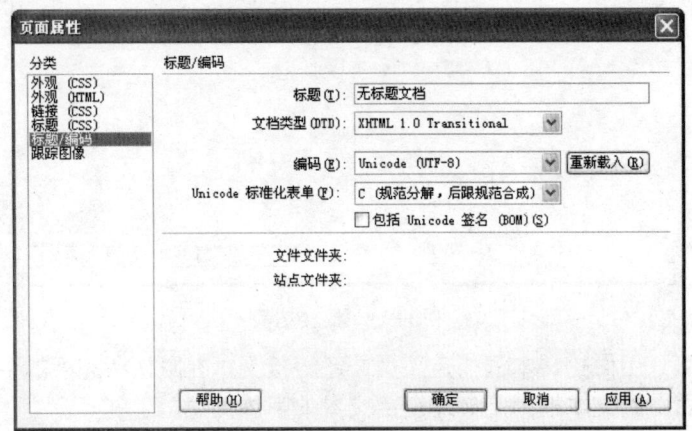

图3-35 标题/编码选项

在"标题"文本框中可以填入网页标题。

在"编码"后面的下拉列表中可以设置网页的文字编码。一般把这里设置成中文，应选择简体中文（GB2312）。

5. 设置跟踪图像

在"跟踪图像"选项中设置跟踪图像的属性，如图3-36所示。

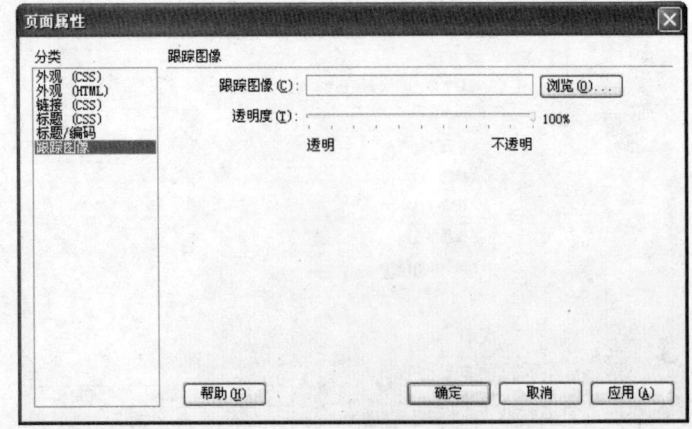

图3-36 跟踪图像选项

3.2 进阶——设置页面META信息

本例将完成网页头部META设置，为页面添加关键字、说明、作者等信息，使页面更加规范，源代码中会体现出这些内容。

最终效果

本例的最终效果如图3-37所示。

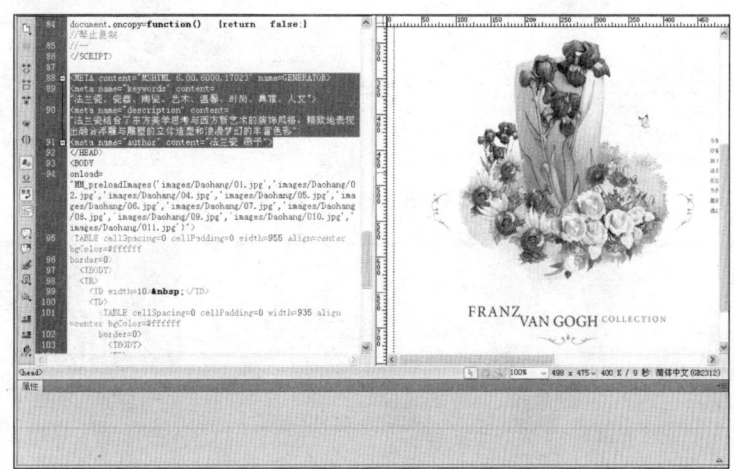

图3-37 最终效果

解题思路

1 在打开的.htm文件中插入"关键字"。

2 在打开的.htm文件中插入"说明"。

3 在打开的.htm文件中插入"META"。

操作步骤

1 执行"查看"→"文件头内容"命令打开头内容窗口，在插入面板"常用"分类的"文件头"下拉列表中选择"关键字"选项。在弹出的"关键字"对话框中输入"法兰瓷、瓷器、陶瓷、艺术、温馨、时尚、典雅、人文"，然后单击"确定"按钮，如图3-38所示。

2 在"插入"面板"常用"分类的"文件头"下拉列表中选择"说明"选项，在弹出的"说明"对话框中输入"法兰瓷结合了东方美学思考与西方新艺术的装饰风格，精致地表现出融合浮雕与雕塑的立体造型和浪漫梦幻的丰富色彩"，然后单击"确定"按钮，如图3-39所示。

3 单击"插入"面板"常用"分类的"文件头"下拉列表中选择"META"选项，弹出"META"对话框。在"属性"下拉列表中选择"名称"选项，在"值"文本框中输入"author"，在"内容"文本框中输入"法兰瓷 燕子"，即作者信息，单击"确定"按钮，如图3-40所示。

4 至此，页面头内容就设置完成了。由于在浏览器中不会看到发生的变化，因此请读者通过Dreamweaver CS6查看源代码，观察页面代码发生的变化，如图3-41所示。

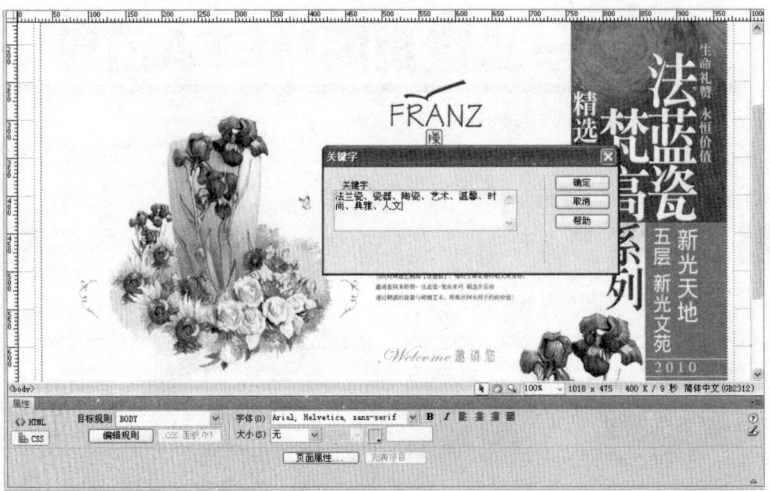

图3-38　插入关键字

图3-39　插入说明

图3-40　插入作者信息

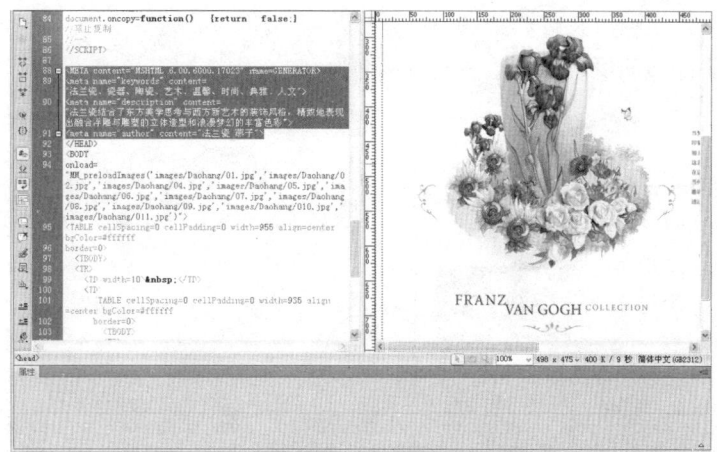

图3-41　查看源代码

3.3 提高——为页面设置排版的图像参考

在策划网页时，通常会用Photoshop等绘图软件来大概设计网页草图，并保存为gif或jpg格式。在Dreamweaver中可以将这些图像文件作为跟踪图像使用。

最终效果

本例就将预先制作好的网页文件作为跟踪图像来制作出网页文件的布局，最终效果如图3-42所示。

图3-42　最终效果

解题思路

1 在.htm文件中插入跟踪图像。

2 调整文档空白。

操作提示

1 在属性面板中单击"页面属性"按钮。在打开的"页面属性"对话框中，插入文件名为

"tracimg.jpg"的图像文件，如图3-43所示。

2 调整跟踪图像的透明度为50%，如图3-44所示。

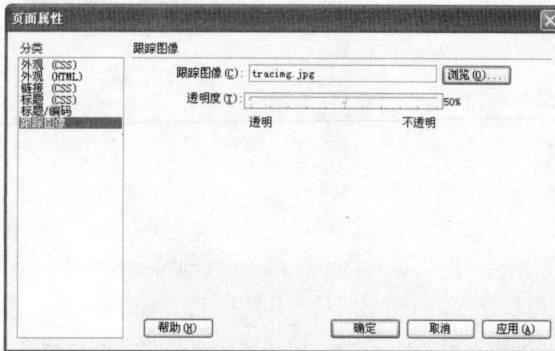

图3-43　插入"跟踪图像"　　　　　　　　　　图3-44　调节跟踪图像的透明度

3 通过"外观（CSS）"中的"左边距"和"上边距"数值来调整文档空白，如图3-45所示。

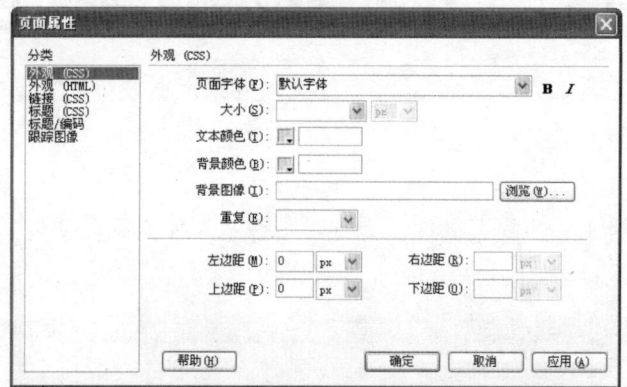

图3-45　调整文档的空白

4 完成设置后的页面效果如图3-46所示。

图3-46　设置完成后的效果

3.4 答疑与技巧

问 打开"页面属性"对话框的方法有哪些?

答 执行"修改"→"页面属性"命令;按下"Ctrl+J"组合键;在文档窗口的页面空白处单击鼠标右键,在快捷菜单中执行"页面属性"命令;打开页面之后,在属性面板中单击"页面属性"按钮。

问 在页面设置中,可以设置哪些头部内容?

答 可以设置的头部内容包括META、关键字、说明、刷新、基础、链接等。

问 作为静态页面,主要使用的源代码包括哪几方面的内容?

答 包括HTML、CSS、JavaScript语言等,它们是任何高级网页制作技术的核心与基础。

问 在Dreamweaver CS6中,怎样编辑源代码?

答 用户可以通过代码视图和快速标签编辑器编辑代码,使用"代码片段"面板收集代码,并可对代码进行优化处理。

结束语

　　头信息和网页属性的设置都属于页面总体设定的范畴,虽然大多数不能够在网页上直接看到效果,但从功能上来说,很多都是必不可少的。头信息为网页添加必要的信息,帮助网页实现功能。网页属性可以控制网页的背景颜色、文本颜色等,主要对外观进行总体上的控制。

　　网页属性和头内容是常常被忽略的。经常会在网上看到,一个制作得很不错的网页,标题栏显示的却是"未命名文档"。至于那些看不到的头内容,如关键字、描述文字等,可能更不被重视。网页制作达到一定水平之后,又该如何提高?重要的一点就是提高在这些细枝末节问题上的"修为"。

Chapter 4

第4章
创建简洁的文本页面

本章要点

入门——基本概念与基本操作

- 插入文本
- 文字的其他设定
- 插入水平线
- 插入时间

进阶——制作页面的滚动文字与列表效果
提高——更改页面文字样式

本章导读

　　文本是网页中不可缺少的内容，对文本进行格式化可以充分体现文档所要表达的重点。如果掌握了网页中文本的相关设置，就可以简便地创建出漂亮的网页。本章就从这些最基本的操作开始，通过学习网页中文本、图像的插入和设置，学会基本的文本图像网页的制作。

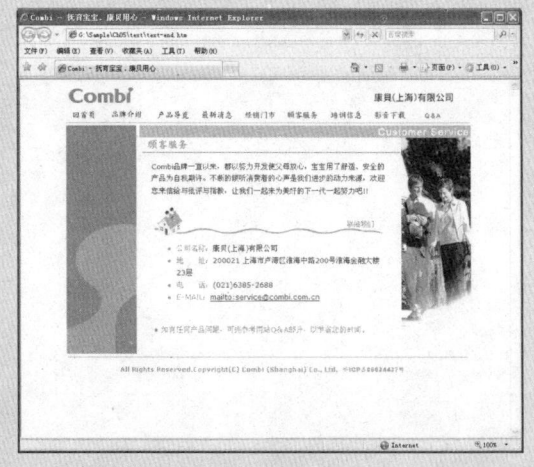

4.1 入门——基本概念与基本操作

文本是在页面里不可缺少的东西，文本的格式化可以充分体现文档所要表达的重点，比如：在页面里制作一些段落的格式；在文档中构建丰富的字体；让文本达到赏心悦目的效果。这些对于专业网站来说，是不可缺少的要求。

4.1.1 插入文本

输入文本的步骤说明如下。

1 在网页编辑窗口的空白区域单击鼠标，窗口中出现闪动的光标，标示输入文字的起始位置。

2 选择适当的输入法并输入文字。

在编辑窗口下，选择"窗口"→"属性"命令，打开属性面板。用鼠标选中要修饰的文字，属性面板上显示的就是当前文字的属性。选中文字时属性面板的外观如图4-1所示。

图4-1 文字属性

网页的文本分为段落和标题两种格式。

在Dreamweaver CS6主窗口中选中一段文本，在属性面板"格式"后的下拉列表框中选择"段落"，即把选中的文本设置成段落格式。段落格式在Dreamweaver CS6主窗口中的效果如图4-2所示。

段落格式在浏览器中的效果如图4-3所示。

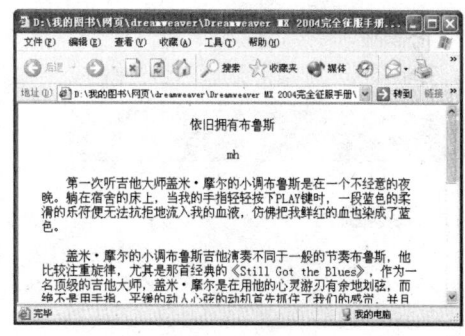

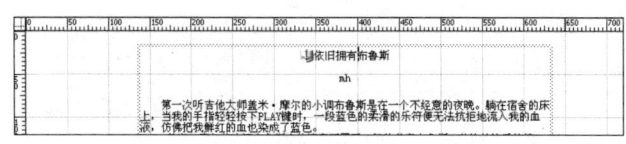

图4-2 段落

图4-3 段落在浏览器中的效果

"标题1"到"标题6"分别表示各级标题，应用于网页的标题部分。对应字体由大到小，同时文字全部加粗（如图4-4所示）。打开源代码编辑窗口，当使用"标题1"时，文字两端应用<h1></h1>标记，使用"标题2"时，文字两端应用<h2></h2>，以下依次类推。手工删除这些标记，文字的样式会消失。

在浏览器中查看文本的"标题1"、"标题2"、"标题3"、"标题4"、"标题5"和"标题6"格式，效果如图4-5所示。

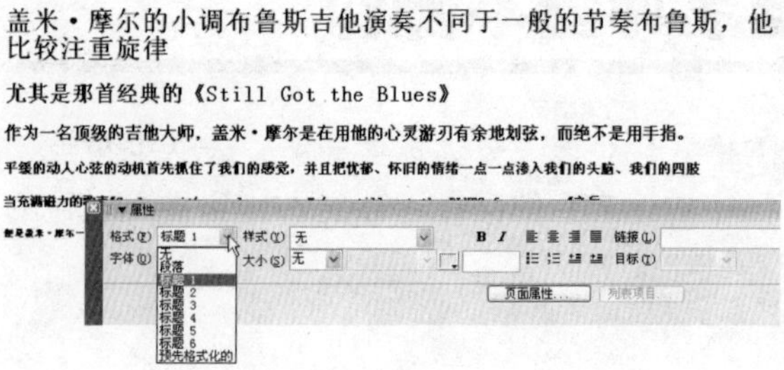

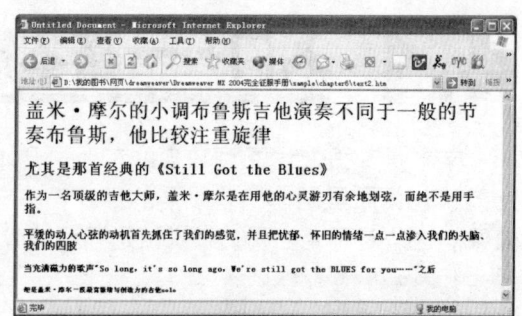

盖米·摩尔的小调布鲁斯吉他演奏不同于一般的节奏布鲁斯，他比较注重旋律

尤其是那首经典的《Still Got the Blues》

作为一名顶级的吉他大师，盖米·摩尔是在用他的心灵游刃有余地划弦，而绝不是用手指。

平缓的动人心弦的动机首先抓住了我们的感觉，并且把忧郁、怀旧的情绪一点一点渗入我们的头脑、我们的四肢

当充满魔力的歌声

图4-4　标题字

图4-5　标题字在浏览器中的效果

设置完文本格式后，可以设置文本的字体。使用属性面板"字体"下拉列表框可以给文本设置字体组合。

Dreamweaver CS6默认的字体设置是"默认字体"，如果选择"默认字体"，则网页在被浏览时，文本字体显示为浏览器默认的字体。Dreamweaver CS6预设的可供选择的字体组合都是英文字体（如图4-6所示）要想使用中文字体，必须重新编辑新的字体组合。在"字体"后的下拉列表框中选择"编辑字体列表…"，弹出"编辑字体列表"对话框，如图4-7所示。

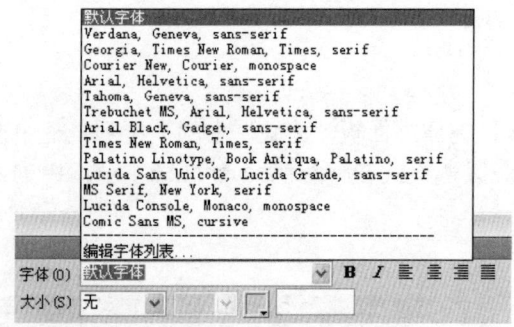

图4-6　选择字体

图4-7　编辑字体列表

4.1.2　文字的其他设定

1. 文本换行

要使文本换行，可以用键盘操作。按"Enter"键或"Enter+Shift"组合键可实现文本换行。按"Enter"键，换行的行距较大，如图4-8所示。按"Enter+Shift"组合键，换行的行距比较小，如图4-8所示。

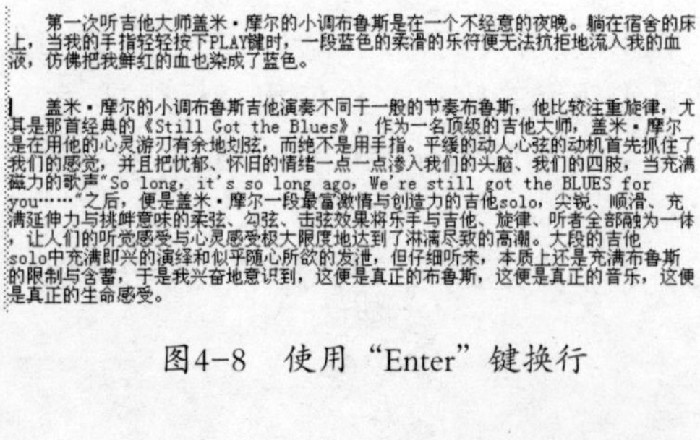

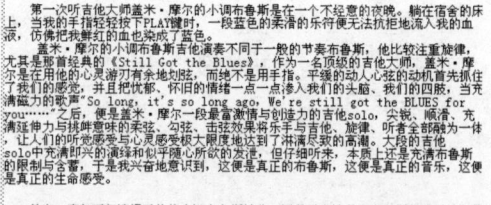

图4-8　使用"Enter"键换行

图4-9　使用"Enter+Shift"组合键换行

2. 文本空格

要实现文本的空格，可以按键盘上的空格键，这和很多文本编辑软件都一样。但在 Dreamweaver CS6里，每个位置空格键只能使用一次，否则没有效果，也就是说，每个位置只能有一个空格。

要使每个位置能有一个以上的空格，需要采用另外的方法。调出任意一种输入法，切换到全角设置，然后键入空格就可以了。

3. 特殊字符

即使在文本中使用多种字体，有时候访问者也会看不到其中的一些字体，这时因为在访问者的计算机上没有安装网页中使用的字体，而这些字体会显示成Windows自带的基本字体。因此，为了正确体现这些与网页气氛融合的字体，有时会将这些文字制作成图像形式表现出来，这种情况就需要更多的网页载入时间。

普通的文字直接输入即可，有些特殊的符号以及空格需要使用HTML单独进行定义。

如果想要向网页中插入特殊字符，可以在"插入"面板"文本"分类中的"字符"下拉列表中选择要向网页中插入的特殊字符。

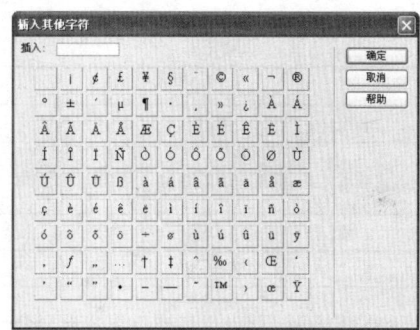

如果需要插入更多的特殊字符，在该下拉列表中选择"其他字符"选项，打开"插入其他字符"对话框。在该对话框中，单击相关字符，或者在"插入"文本框中输入特殊字符的编码，然后单击"确定"按钮，即可在网页中插入相应的特殊字符，如图4-10所示。

图4-10 插入其他字符

 **说明** 特殊字符的编码是以"&"开头，以";"结尾的特定数字或英文字母。例如，版权标志符©的编码是"©"或"©"。

表4-1列出了所有特殊字符的数字编码和字母编码。

表4-1 特殊字符的编码

字母编码	数字编码	字 符	说 明	字母编码	数字编码	字 符	说 明
	&#00;-&#08;		未被使用		&#130;	,	
	&#09;		水平空格		&#131;	ƒ	
	&#10;		线距		&#132;	„	
	&#11;		未被使用		&#133;	…	
	&#32;		空格		&#134;	†	
	&#33;	!			&#135;	‡	
&quot;	&#34;	"			&#136;	^	
	&#35;	#			&#137;	‰	
	&#36;	$			&#138;	Š	
	&#37;	%			&#139;	‹	
&amp;	&#38;	&			&#140;	Œ	

（续表）

字母编码	数字编码	字 符	说 明	字母编码	数字编码	字 符	说 明
	&#39;	'			-		未被使用
	&#40;	(			&#145;	'	
	&#41;	)			&#146;	'	
	&#42;	*			&#147;	"	
	&#43;	+			&#148;	"	
	&#44;	,			&#149;	•	
	&#45;	−			&#150;	–	
	&#46;	.			&#151;	—	
	&#47;	/			&#152;	~	
	0-9		数字从0到9		&#153;	™	
	&#58;	:			&#154;	š	
	&#59;	;			&#155;	›	
&lt;	&#60;	<			&#156	œ	
	&#61;	=			-ž		未被使用
&gt;	&#62;	>			&#159;	Ÿ	
	&#63;	?					不换行空格
	&#64;	@			&#161;	¡	
	A-Z		字母从A到Z		&#162;	¢	
	&#91;	[			&#163;	£	
	&#92;	\			&#164;	¤	
	&#93;	]			&#165;	¥	
	&#94;	^			&#166;	¦	
	&#95;	_			&#167;	§	
	&#96;	`			&#168;	¨	
	a-z		字母从a到z	&copy;	&#169;	©	
	&#123;	{			&#170;	ª	
	&#124;					&#171;	«	
	&#125;	}			&#172;	¬	
	&#126;	~			&#173;		未被使用
	&#127;			&reg;	&#174;	®	
	€-		未被使用		&#175;	¯	
	&#176;	°		&Uacute;	&#218;	Ú	
	&#177;	±		&Ucirc;	&#219;	Û	
	&#178;	²		&Uuml;	&#220;	Ü	
	&#179;	³		&Yacute;	&#221;	Ý	
	&#180;	´		&THORN;	&#222;	Þ	

（续表）

字母编码	数字编码	字　符	说　明	字母编码	数字编码	字　符	说　明
	&#181;	µ		&szlig;	&#223;	ß	
	&#182;	¶		&agrave;	&#224;	à	
	&#183;	·		&aacute;	&#225;	á	
	&#184;	‚		&acirc;	&#226;	â	
	&#185;	¹		&atilde;	&#27;	ã	
	&#186;	º		&auml;	&228;	ä	
	&#187;	»		&aring;	#229;	å	
	&#188;	¼		&aelig;	&#230;	æ	
	&#189;	½		&ccedil;	&#231	ç	
	&#190;	¾		&egrave;	&#232;	è	
	&#191;	¿		&eacute;	&#233;	é	
&Agrave;	&#192;	À		&ecirc;	&#234;	ê	
&Aacute;	&#193;	Á		&euml;	&#235;	ë	
&Acirc;	&#194;	Â		&igrave;	&#236;	ì	
&Atilde;	&#195;	Ã		&iacute;	&#237;	í	
&Auml;	&#196;	Ä		&icirc;	&#238;	î	
&Aring;	&#197;	Å		&iuml;	&#239;	ï	
&AElig;	&#198;	Æ		&eth;	&#240;	ð	
&Ccedil;	&#199;	Ç		&ntilde;	&#241;	ñ	
&Egrave;	&#200;	È		&ograve;	&#242;	ò	
&Eacute;	&#201;	É		&oacute;	&#243;	ó	
&Ecirc;	&#202;	Ê		&ocirc;	&#244;	ô	
&Euml;	&#203;	Ë		&otilde;	&#245;	õ	
&Igrave;	&#204;	Ì		&ouml;	&#246;	ö	
&Iacute;	&#205;	Í			&#247;	÷	
&Icirc;	&#206;	Î		&oslash;	&#248;	ø	
&Iuml;	&#207;	Ï		&ugrave;	&#249;	ù	
&ETH;	&#208;	Ð		&uacute;	&#250;	ú	
&Ntilde;	&#209;	Ñ		&ucirc;	&#251;	û	
&Ograve;	&#210;	Ò		&uuml;	&#252;	ü	
&Oacute;	&#211;	Ó		&yacute;	&#253;	ý	
&Ocirc;	&#212;	Ô		&thorn;	&#254;	þ	
&Otilde;	&#213;	Õ		&yuml;	&#255;	ÿ	
&Ouml;	&#214;	Ö			&#8217;	'	
	&#215;	×			&#8220;	"	
&Oslash;	&#216;	Ø			&#8221;	"	
&Ugrave;	&#217;	Ù		&euro;	&#8364;	€	

4. 检查拼写

　　一个页面完成之后难免会有单词拼写错误，Dreamweaver CS6对文档中的英文内容提供了简单的拼写检查功能。

　　执行"命令"→"检查拼写"命令，即可对文档进行检查。如文档中有出错单词的话,即会弹出如图4-11所示的对话框。

🔍 在"字典中找不到单词"文本框中,显示当前文档中查找到的可能存在拼写错误的单词。

🔍 在"建议"列表框中,显示可能正确的几种单词拼写。

🔍 在"更改为"文本框中,显示Dreamweaver CS6建议将该单词修改为某个单词,你也可以在"建议"列表框中选择其他单词,或是自行在该文本框中输入修正的单词。

要修正出现拼写错误的单词,可以单击"更改"按钮,这时当前的单词就被修改为"更改为"文本框中的单词。如果希望对文档中所有的该单词都进行修正,可以单击"全部更改"按钮。

如果希望忽略该可能存在拼写错误的单词,不对其进行修正,可以单击"忽略"按钮;如果希望忽略文档中所有该单词,不再检查其拼写,可以单击"忽略全部"按钮。

最后,Dreamweaver CS6会显示检查拼写完成,如图4-12所示。

图4-11 "检查拼写"对话框

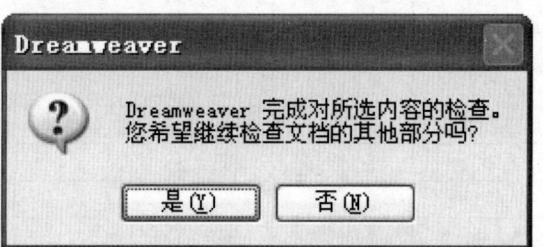

图4-12 检查拼写完成

4.1.3 插入水平线

水平线起到分隔文本的排版作用,在页面上,可以使用一条或多条水平线以可视方式分隔文本和对象。单击Dreamweaver CS6"插入"面板"常用"分类下的"水平线"按钮,即可向网页中插入水平线,如图4-13所示。

在Dreamweaver CS6主窗口中选中某条水平线,可以用"属性"面板对这个水平线的属性进行设置,如图4-14所示。

在"水平线"下的文本框中可填入这个水平线的ID,一般来说都不填。

图4-13 插入水平线

图4-14 设定水平线属性

"宽"用来设置该水平线的宽度,可填入数值。紧跟其后的下拉列表框用来设置宽度的单位,有"像素"和"%"两个选项。"像素"是像素单位,"%"是百分比单位。例如,50像素表示宽度为50个像素,50%表示宽度占打开浏览器窗口的50%,宽度的默认值为100%。

"高"文本框用来设置该水平线的高度,可填入数值,单位是像素。

"对齐"下拉列表框用来设置水平线的对齐方式共有4个选项——"默认"、"左对齐"、"居中对齐"和"右对齐"。

选中"阴影"前的复选框，则给水平线设置阴影效果。水平线设置阴影前后的效果对比如图4-15所示。在图4-15中，左图的水平线有阴影效果，右图的水平线没有阴影效果。

图4-15 水平线设置阴影前后的效果对比

4.1.4 插入时间

一般对网页进行了更新后都会加上更新日期。Dreamweaver CS6使插入日期的步骤大为简化，只需选择日期显示的格式，即可向网页中加入当前的日期和时间。而且通过设置，每次保存网页时都能自动更新该日期。

在Dreamweaver CS6主窗口中，将光标移动到要插入日期的位置，单击"插入"面板"常用"分类中的"日期"按钮（如图4-16所示），弹出"插入日期"对话框，如图4-17所示。

图4-16 插入日期

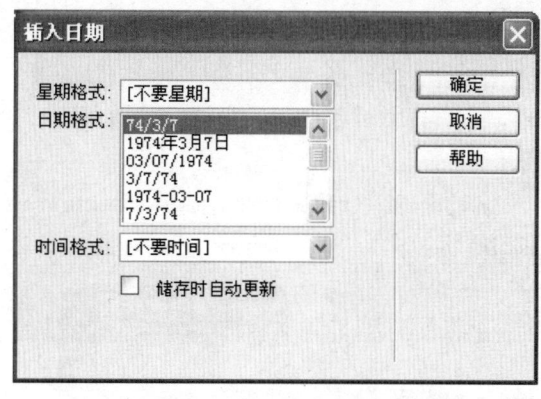

图4-17 "插入日期"对话框

在"插入日期"对话框中，"星期格式"下拉列表框用来设置星期的格式，有7个选项——"[不要星期]"、"星期四"、"星期四，"、"Thu"、"Thu,"、"thu"和"thu,"。选中其中一个选项，则星期的格式依照所选项的格式插入到网页中。因为星期格式对中文的支持不是很好，一般情况下在这里都选择"[不要星期]"，这样在插入的日期里不显示当前是星期几。

在"插入日期"对话框中，"日期格式"选框用来设置日期的格式，有13个选项。选中其中一个选项，则日期的格式依照所选项的格式插入到网页中。

在"插入日期"对话框中，"时间格式"下拉列表框用来设置时间的格式，有3个选项——"[不要时间]"、"10:18 PM"和"22:18"。选中其中一个选项，则时间的格式依照所选项的格式插入到网页中，如果选择"[不要时间]"，则插入到网页的日期中不包含时间。

如果选中"储存时自动更新"复选框，则插入的日期将在网页每次保存时自动更新为最新的日期。

4.2 进阶——经典案例

下面通过几个经典案例来巩固一下前面所学的知识。

4.2.1 制作页面的滚动文字与列表效果

滚动文本可以利用<marqee>标签来创建，而它是IE浏览器的专用标签。在本例中罗列公司的联系信息时，由于各项的顺序并不是很重要，因此采用插入<marqee>标签和无序列表的方法。

最终效果

本例的最终效果如图4-18所示。

解题思路

1 制作滚动文字。

2 制作列表。

3 浏览器中确认文本效果。

操作步骤

1 打开text.htm文件，单击"拆分"按钮切换到拆分视图，选中页面中的一段文字，如图4-19所示。

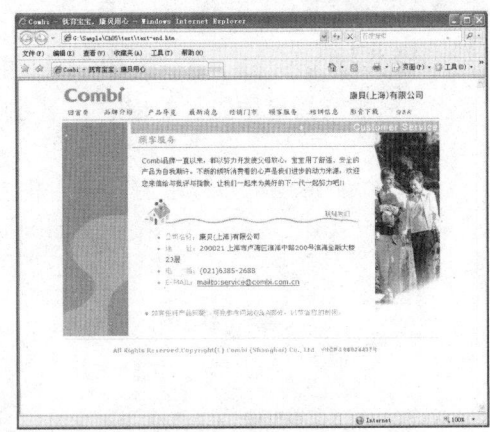

图4-18　最终效果

2 在这段文字前面输入代码：<marquee direction="up"height="40'""scrollamount="2">，如图4-20所示。

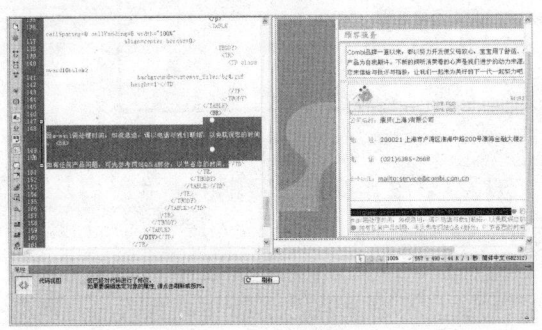

图4-19　选择页面文字

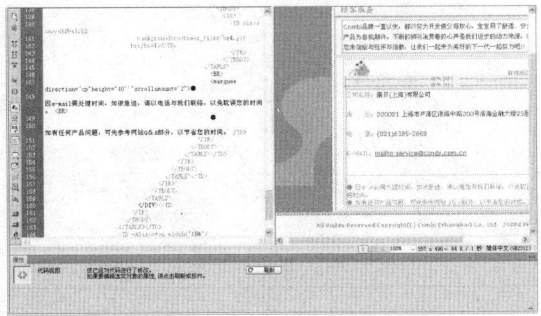

图4-20　输入代码

3 在这段文字后面输入</marquee>，结束滚动文字标记，如图4-21所示。

4 单击"设计"按钮切换到设计视图。选择文本后，在属性面板中单击"项目列表"按钮，效果如图4-22所示。

5 按下"F12"键，运行浏览器以后，可以看到页面中由下至上的滚动文字效果以及页面中间的无序列表，如图4-23所示。

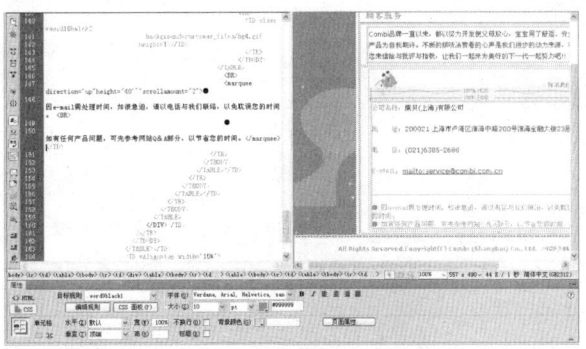

图4-21 输入代码

图4-22 添加项目列表后的效果

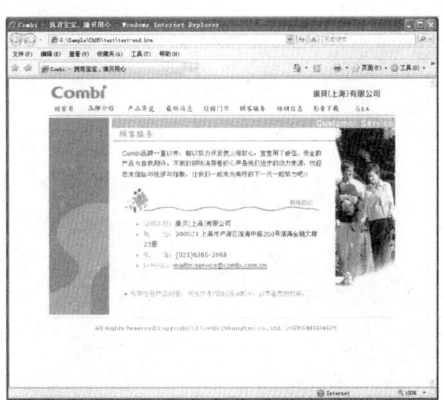

图4-23 滚动文字和无序列表效果

4.2.2 巧妙使用上下标

在制作网页的过程中，我们经常会用到文字。文字是网页中非常重要的组成部分。而有时候一些特殊的文字和字符在制作网页的过程中会给我们带来不小的麻烦，下面就向大家介绍在网页中如何巧妙地使用上标和下标。

最终效果

本例的最终效果如图4-24所示。

图4-24 最终效果

┃ 解题思路 ┃

1 选择需要制作上下标的位置。
2 巧妙地根据文字的效果对上下标进行设置。

┃ 操作步骤 ┃

1 启动Dreamweaver CS6软件，新建一个普通的HTML网页文件，或者打开一个已经制作好的网页。然后在网页中输入需要的文字（如500，如图4-25所示），并把光标放置在需要插入上标和下标的位置。
2 在"插入"面板的"常用"分类中，单击"标签选择器"按钮，如图4-26所示。

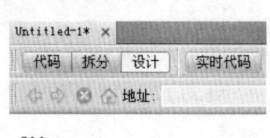

图4-25　新建网页并输入文字　　　　　图4-26　"标签选择器"按钮

3 打开的"标签选择器"如图4-27所示。
4 在"标签选择器"中选择"HTML标签"后，在右侧表中选择sup标签，单击"插入"按钮，如图4-28所示。

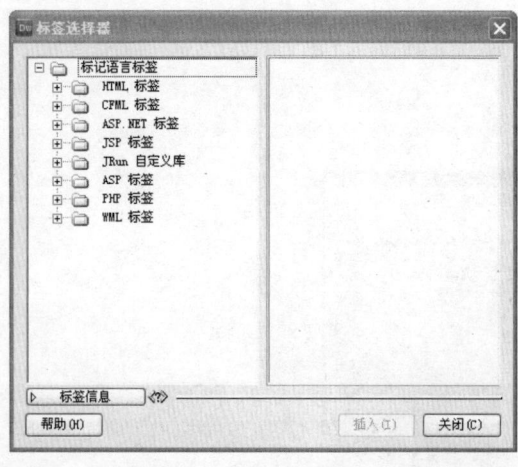
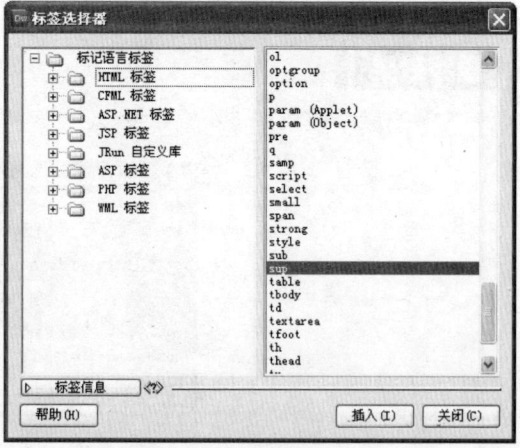

图4-27　"标签选择器"　　　　　　　图4-28　选择sup标签

5 在"标签编辑器"中输入上标的内容（例如输入2），然后单击"确定"按钮，如图4-29所示。
6 回到设计视图，看一下输入标签后的效果，如图4-30所示。

7 按照输入上标的方法，在"标签选择器"中选择"HTML标签"后，在右侧列表中选择sub标签，然后单击"插入"按钮，如图4-31所示。

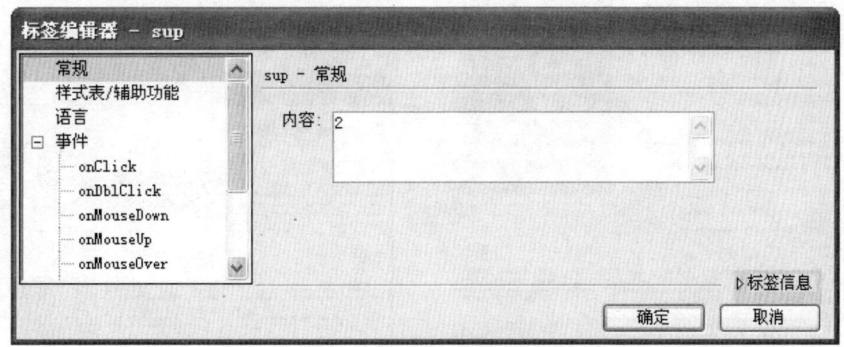

图4-29 标签编辑器

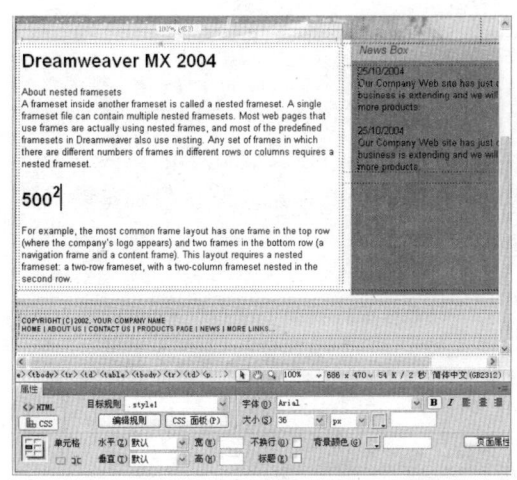

图4-30 输入上标的效果

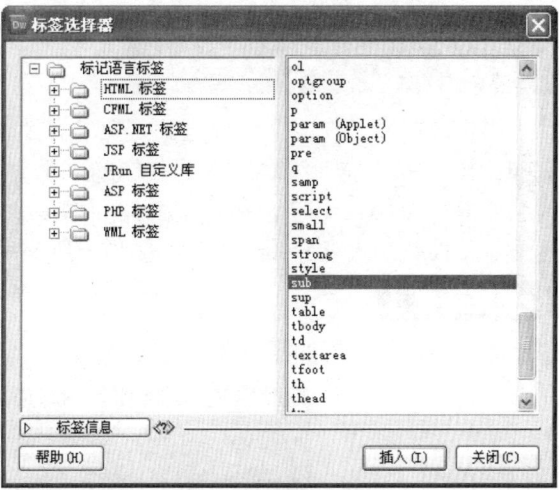

图4-31 标签选择器

8 在"标签编辑器"中输入下标内容（例如输入108），如图4-32所示。

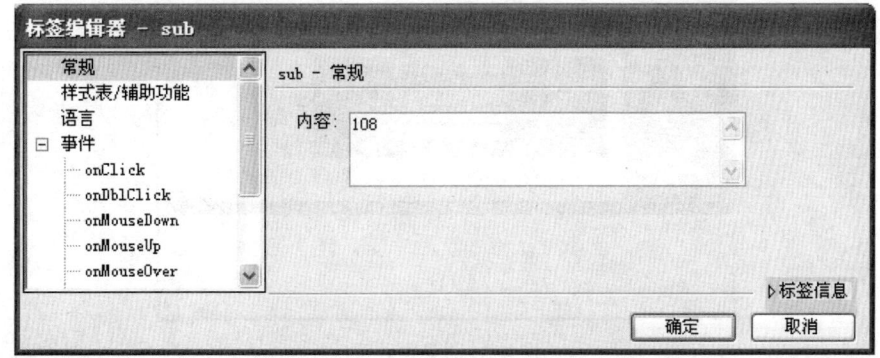

图4-32 在标签编辑器中输入108

9 设置完成后，单击"确定"按钮，回到设计窗口，可以看到最终的效果，如图4-33所示。

10 按下"F12"键，预览调整后的网页效果，如图4-34所示。

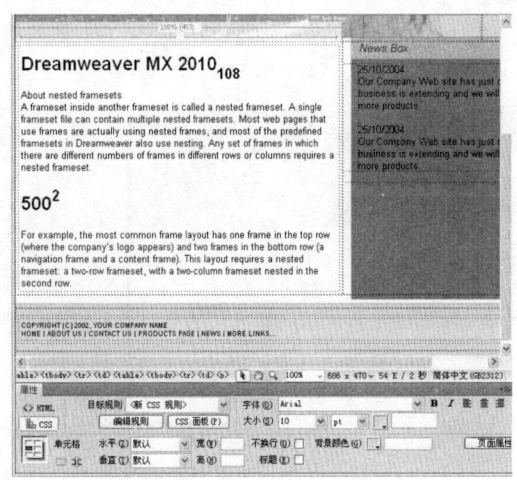

图4-33　制作下标的最终效果　　　　　　　　图4-34　预览效果

4.2.3　制作三维效果文字

　　很多时候我们在对文字处理时经常会用到Photoshop等绘图软件，对文字进行处理后，输出为图片的格式，然后插入到制作的网页中。这种方法的确可以美化我们的页面，但同时会带来一个负面影响，那就是图片的增多会增大网页所占空间，影响浏览者浏览网页的速度，下面就向大家介绍一下怎样制作三维文字。

最终效果

　　本例的最终效果如图4-35所示。

图4-35　最终效果

解题思路

1　在网页中设置文字的位置和大小。
2　建立CSS样式，根据三维文字格式对具体参数进行设置。

3 调整文字颜色或位置。

操作步骤

1 运行Dreamweaver CS6软件，新建一个普通的HTML网页文件。在新文档中插入一个1×1的表格，边框设置为0，如图4-36所示。

2 在建立好的表格中输入需要修饰的文字，这里输入"三维文字"，如图4-37所示。

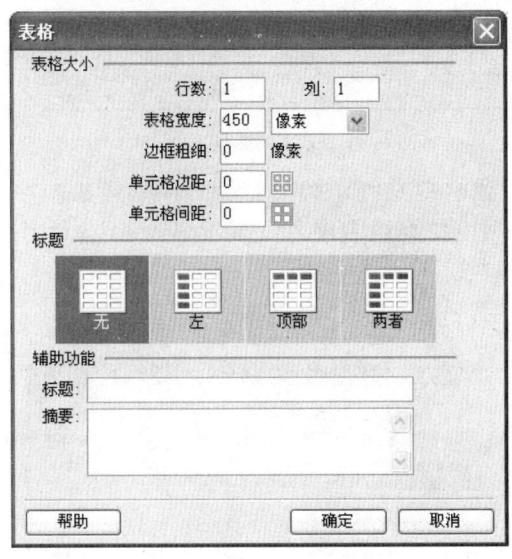

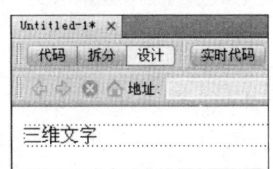

图4-36　插入一个表格　　　　　　　　　　　　　　图4-37　在表格中输入文字

3 在"CSS样式"面板中单击"新建CSS规则"按钮，并进行参数设置，如图4-38所示。

4 设置好上述参数后，单击"确定"按钮，弹出"CSS规则定义"对话框，在"类型"设置区域中可以设置字体、字号、颜色等属性，如图4-39所示。

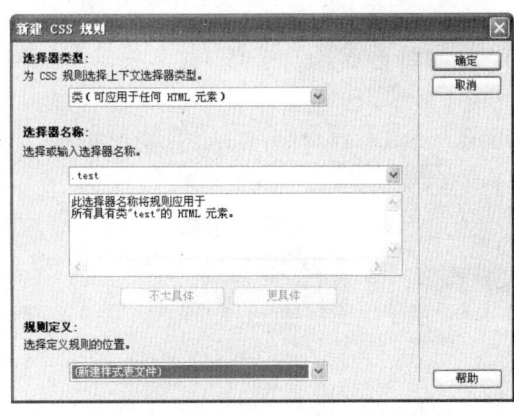

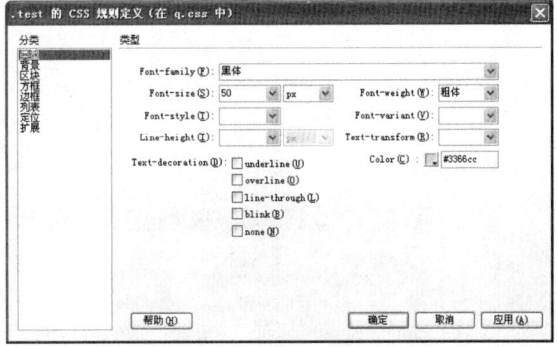

图4-38　"新建CSS规则"对话框　　　　　　　　图4-39　"CSS规则定义"对话框

5 单击"确定"按钮，按照步骤3和步骤4再次新建CSS样式，如图4-40所示。

6 如图4-41所示，选择设置窗口左侧"分类"列表中的"定位"选项，在右侧的"定位"设置区域的"Position"下拉列表中选择"相对"，在"Width"文本框中填入100，在后面的单位下拉列表中选择%，单击"确定"按钮。

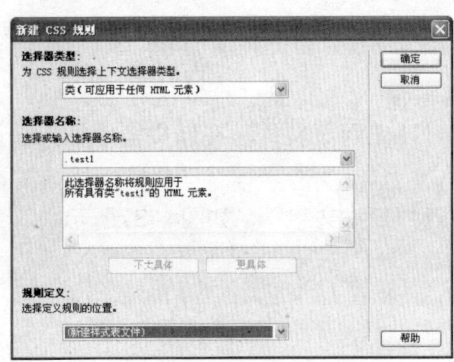
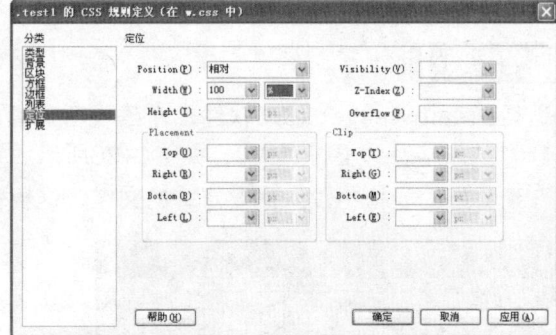

图4-40 再次新建一个CSS规则　　　　　　图4-41 设置CSS规则

7 再次新建CSS规则，如图4-42所示，选择设置窗口左侧"分类"列表中的"扩展"选项，在右侧的"扩展"设置区域的"Filter"下拉列表中填入"glow（color=ffffff，strength=1）shadow(color=dedede,direction=100)"。

8 单击"新建CSS规则"按钮，再次新建一个CSS规则，如图4-43所示。

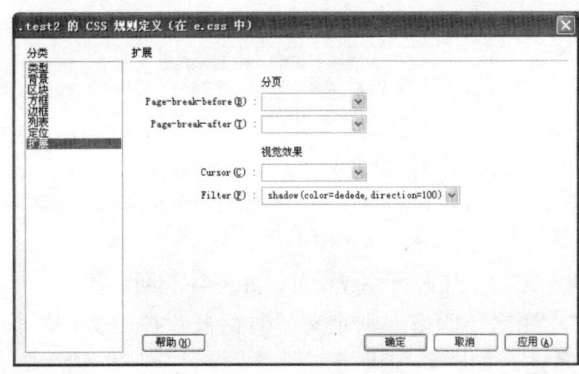

图4-42 设置CSS规则　　　　　　图4-43 再次新建一个CSS规则

9 设置好上述参数后，单击"确定"按钮，弹出"CSS样式定义"对话框，在"类型"设置区域中可以设置字体、字号、颜色等属性，如图4-44所示。

10 在完成上述几个CSS规则的设置后，在CSS面板中选中每个CSS规则，然后单击鼠标右键，从弹出菜单中选择"套用"命令，把这些CSS样式都应用到所选文字上，如图4-45所示。

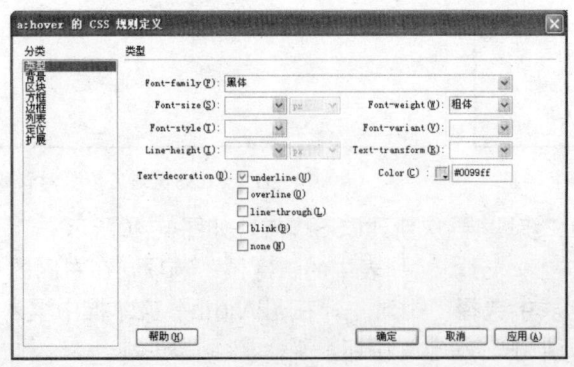
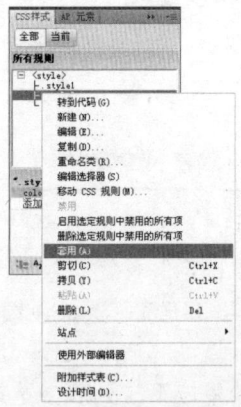

图4-44 设置CSS规则的属性　　　　　　图4-45 设置CSS规则的属性

11 若多个页面都使用该方法，则可以把以上定义的几个样式综合起来，保存为一个CSS样式。即将前面操作中的代码片段"<style>…</style>"另存为一个CSS文件，如另存为3dfont.css。

将这个CSS文件与页面保存在同一目录下，然后使用如下方法调用：

```
<HTML>
<HEAD>
<LINK REL=StyleSheet HREF="85time.css" TYPE="text/cssMEDIA=all">
</hesd>s
<body>
<p class=3dfont>应聘调查表</p>
<p>应聘调查表</p>
</body>
```

12 按"F12"键，预览最终效果，如图4-46所示。

图4-46　预览效果

4.3 提高——更改页面文字样式

在文档中输入文字或粘贴内容以后，整个文档操作并没有完成。与文档的其他因素相互比较，并设置字体或颜色等参数后才可以完成整个文档操作。

最终效果

本例的最终效果如图4-47所示。

解题思路

1 调节字体大小。

2 更改字体样式。

3 在浏览器中确认。

操作提示

1 预览当前的页面，会发现字体过小。下面我们将字体大小更改为适合浏览器预览的12像素，如图

图4-47　最终效果

4-48所示。

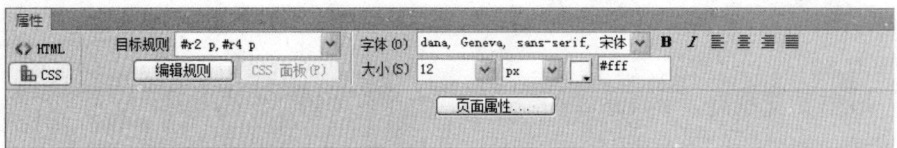

图4-48　选择字体大小为12

2 更改标题字体大小为14像素，如图4-49所示。

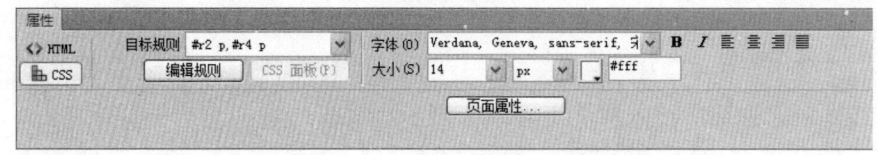

图4-49　设置字体大小

3 拖动鼠标选择文本后，在属性面板中将文字样式设置为"粗体"，如图4-50所示。

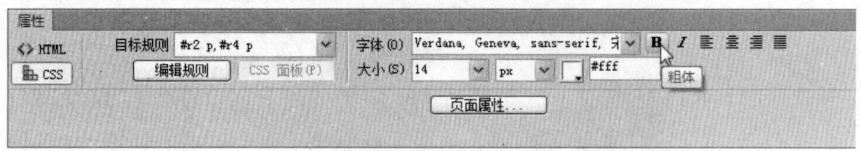

图4-50　设置文字样式为粗体

4 将标题下方的文本设置为"斜体"，如图4-51所示。

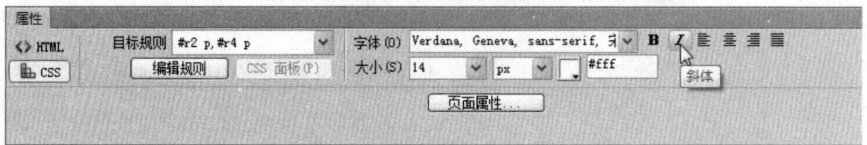

图4-51　设置文字样式为斜体

5 按下"F12"键，在浏览器中预览页面，可以看到设置文字样式后的效果，如图4-52所示。

图4-52　预览效果

4.4 答疑与技巧

问 除了普通文本，还可以在页面中插入哪些和文本相关的元素？

答 可以插入日期时间、列表、水平线、滚动文字等。

问 怎么设置滚动文字的不同效果？

答 通过<marquee>标签的Behavior属性能够设置不同方式的滚动文字效果，如滚动的循环往复、交替滚动、单次滚动等。

结束语

Dreamweaver CS6使用户能够迅速、方便地给网页添加声音、影片等多媒体内容，使网页更生动。

用户可以插入和编辑多媒体文件和对象，例如Macromedia Flash和Shockwave影片及其他多媒体，多媒体文件是以插件或ActiveX控件的方式插入到网页中的。插件可以增强Netscape Communicator浏览器的功能，提供以多种格式查看媒体内容的方式，但不能在Internet Explorer浏览器中运行。ActiveX控件在Windows系统上的Internet Explorer中运行，但它们不在苹果机系统上或Netscape Communicator中运行。对于激动人心的Flash多媒体效果，Dreamweaver甚至可以抛开Flash软件，独立创建Flash的文字和按钮以及最新的Flash元素。

Chapter 5

第5章
使用图像丰富页面内容

本章要点

入门——基本概念与基本操作

- 插入图像
- 设置图像属性
- 插入鼠标经过图像
- 插入图像占位符
- 图像的相对路径与绝对路径

进阶——在页面中插入图像

提高——自己动手练

- 在页面中制作图文混排效果并修剪图像
- 在页面中制作动态轮换图像效果

本章导读

在网页中插入图像可以起到美化页面的作用，页面常用的图像格式有JPEG和GIF两种。在网页中适当加入图像可为网页增色，但图像文件过大会影响网页的下载速度，因此图像要用得少而精，必要的图像应使用图像软件在不失真的情况下尽量压缩。

5.1 入门——基本概念与基本操作

在Dreamweaver CS6中，可以直接插入图像，也可以将图像作为页面的背景。另外，如果想创建图像交叠的效果，也可以把图像插入到层中。如果在制作网页的过程中，想直接修改图像，可以调出外部图像编辑器。

一般来说，JPEG格式的图像文件用于照片或色彩位数高的图像，而GIF格式更利于表现图形文件或是色彩位数低的图像。如果一幅图像只是由几个大的颜色块组成，那么使用GIF格式是最佳的选择，这样的GIF图像尺寸会很小。而且，如果处理得当，丝毫不会影响图像的质量。对于PNG格式，它是Macromedia Fireworks的标准格式，这种格式也同样提供Alpha通道和透明度的支持。

5.1.1　插入图像

在Dreamweaver CS6"插入"面板"常用"分类的"图像"下拉列表中选择"图像"选项，弹出"选择图像源文件"对话框。在该对话框中选中合适的图像文件，单击"确定"按钮即可在页面中插入图像，如图5-1所示。

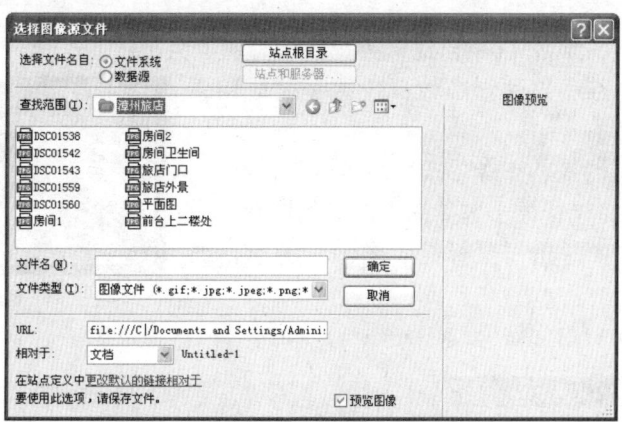

图5-1　"选择图像源文件"对话框

 **提示** 插入图像的大部分文档都是先读取图像后再显示文档。但使用"交错"的GIF图像在读取的过程中先用模糊的效果来显示，等读取完后再变得更加清晰。这种格式在读取图像较多的文档时，可以在一定程度上缩短网页的读取时间。

5.1.2　设置图像属性

选中图像后，在属性面板中显示出了图像的属性，如图5-2所示。

图5-2　图像属性

🔍 "ID"文本框用来设置图像的ID，一般情况下不填。

🔍 "宽"文本框用来设置图像的宽度，可填入数值，单位是像素。

🔍 "高"文本框用来设置图像的高度，可填入数值，单位是像素。

🔍 "源文件"用来设置图像的路径。

🔍 "链接"用来设置图像的超链接，"目标"用来设置超链接的打开方式，有关超链接的详细说明请参见后面章节的介绍。

🔍 "替换"文本框用来设置图像的替代文本，可输入一段文字，当图像无法显示时，将显示这段文字。例如，在这里输入"达内UID"，预览页面的时候，图片上方会显示鼠标的提示信息。

🔍 "垂直边距"文本框用来设置图像与其上方其他页面元素及下方其他页面元素的距离。

🔍 "水平边距"文本框是用来设置图像与其左方其他页面元素及右方其他页面元素的距离。

🔍 "边框"文本框用来设置图像边框的宽度，可输入数值，单位是像素。Dreamweaver 默认图像边框宽度为"0"，也就是没有图像边框。

5.1.3 插入鼠标经过图像

鼠标经过图像是一种在浏览器中查看并使用鼠标指针移过它时发生变化的图像。鼠标经过图像实际上由两个图像组成：主图像（当首次载入页时显示的图像）和次图像（当鼠标指针移过主图像时显示的图像）。鼠标经过图像中的这两个图像应大小相等；如果这两个图像大小不同，Dreamweaver将自动调整第二个图像的大小以匹配第一个图像的属性。

如图5-3所示，准备好两张图像，效果有纹理和亮度的区别。

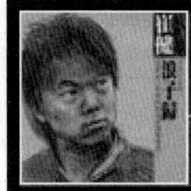

要创建鼠标经过时显示图像可按如下步骤进行。

1 在文档窗口中，将光标置于需要插入图像的位置。

2 在插入工具栏的中单击"鼠标经过图像"图标，如图5-4所示。

图5-3　两张不同效果的图像

接下来弹出"插入鼠标经过图像"对话框，如图5-5所示。

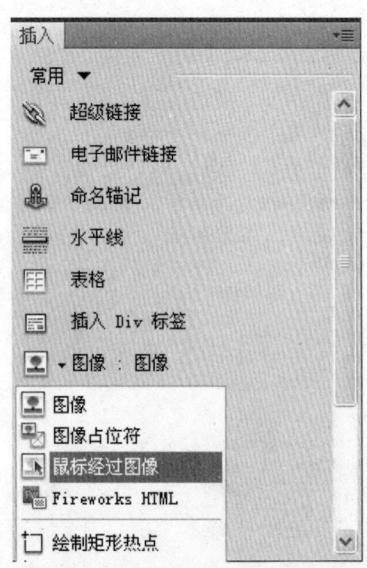

图5-4　插入鼠标经过图像

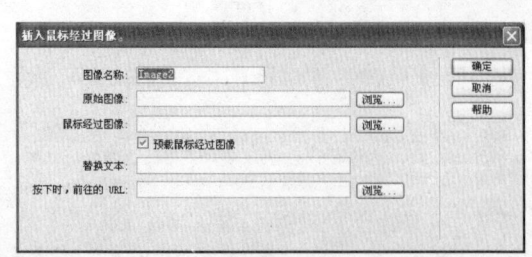

图5-5　插入鼠标经过图像设置

- "图像名称"文本框用来设置这个轮换图像的命名。
- "原始图像"是轮换图像的原始图像，在其后的文本框中可以输入这个原始图像的路径，或者单击"浏览"按钮打开"原始图像"对话框，在"原始图像"对话框中可选择这个图像。
- "鼠标经过图像"用来设置当移动鼠标到轮换图像时，原始图像替换成的图像。在其后的文本框中可输入这个替换图像的路径，或者单击紧跟其后的"浏览"按钮打开"鼠标经过图像"对话框，在"鼠标经过图像"对话框中可选择这个图像。
- 如果选中"预载鼠标经过图像"复选框，则网页一打开即预下载替换图像到本地，当移动鼠标到轮换图像时，能迅速切换到替换图像。如果取消对"预载鼠标经过图像"复选框的选择，则当移动鼠标到轮换图像时才下载这个替换图像，替换的时候可能有画面不连贯的情况出现。
- "替换文本"文本框用来设置这个轮换图像的替换文本，当图像无法显示时，将显示这个替换文本。
- "按下时，前往的URL"用来设置这个轮换图像上应用的超链接。

5.1.4　插入图像占位符

有时因为布局的需要，要在网页中插入一幅图片。此时可以先不制作图片，而使用占位符来代替图片的位置，布局好网页以后再使用占位符来启动Fireworks创建图片，操作步骤说明如下。

1. 在Dreamweaver CS6的"插入"面板"常用"分类的"图像"下拉列表中选择"图像占位符"，如图5-6所示。
2. 在弹出的"图像占位符"对话框中设置占位符的属性。

"名称"栏填入此处要插入图片的名称；"宽度"栏填入图片宽度；"高度"栏填入图片高度。在对话框中还可以选择占位符的颜色。在最后一个"替换文本"文本框中，输入图片的替代文字，如图5-7所示。

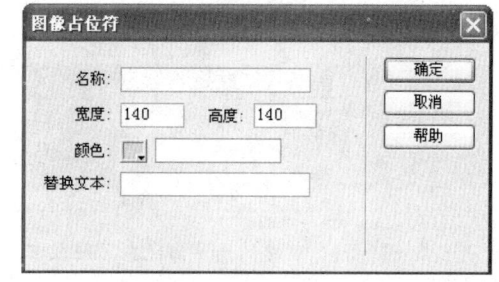

图5-6　插入图像占位符　　　　图5-7　插入图像占位符设定

3. 设置完成单击"确定"按钮，可以看到网页中出现了占位符替代图片的位置，如图5-8所示。

如果要制作占位符处的图片，可以按住Ctrl键双击占位符，Fireworks CS5会被启动，窗口中出现"编辑自Dreamweaver"的字样，如图5-9所示。

4. 编辑完图像后单击窗口中的"完成"按钮，Fireworks CS5会弹出保存和导出的对话框，如图5-10所示。
5. 导出完成后，回到Dreamweaver，可以看到创建的图片出现在了网页中原占位符所在的位置，如图5-11所示。

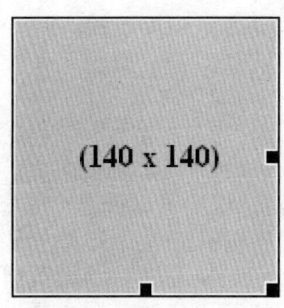

图5-8　图像占位符　　　　　　　图5-9　使用Fireworks编辑图像占位符

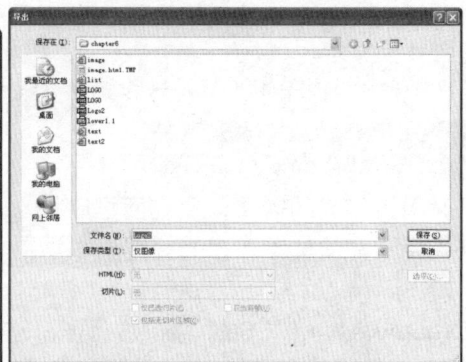

图5-10　保存和导出

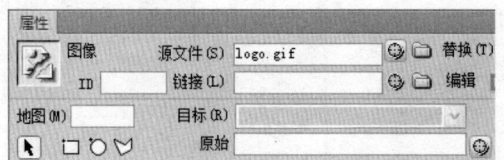

图5-11　创建的图片出现在了网页中原占位符所在的位置

5.1.5　图像的相对路径与绝对路径

　　在网页文件中插入图像后，在浏览器上预览时经常会出现看不到这些插入图像的现象，这都是由于文件的路径输入错误而导致的。路径是指从当前HTML文件如何找到图像文件地址。如果要正确管理这些路径，最好将HTML文件和图像文件进行分离后，另外创建保存图像文件的文件夹。

1.　相对路径

　　仔细观察如图5-12所示的文件夹结构。在sample1文件夹下面有work1文件夹，在work1文件夹下面有images文件夹。如果将sample1文件夹称为父文件夹，则work1文件夹为子文件夹。以images文件夹为基准的时候，work1文件夹为父文件夹，则images文件夹为子文件夹。背景图像back08.gif文件在work1文件夹中，而图像ch_cook1.gif、ch_cook2.gif文件在work1子文件夹的images文件夹中。

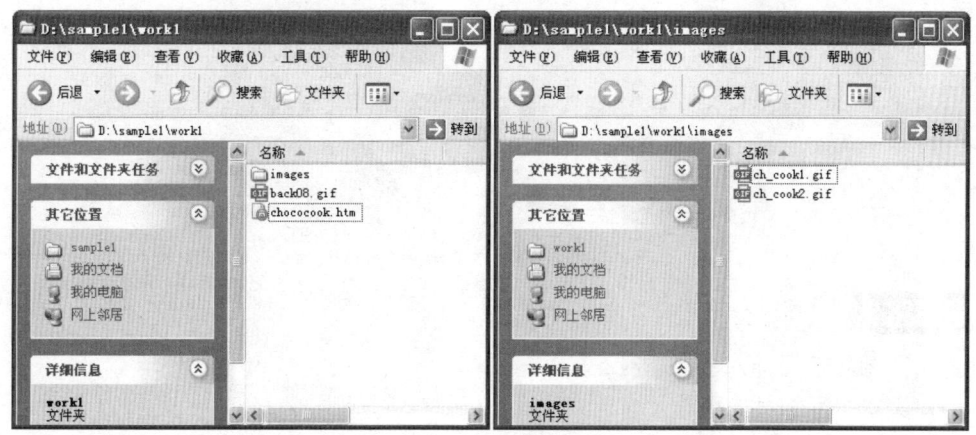

图5-12　文件夹结构

在这种情况下，将图像路径表示为相对路径的时候，重要的是网页文件的位置。网页文件（chococook.htm）在Work1文件夹中，而背景图像也在同样的文件夹中，因此背景图像只要输入文件名称back08.gif即可。

但是，其他两个图像在子文件夹的images文件夹中，应该应用"文件夹名称→文件名称"的规则，像images/ch_cook1.gif、images/ch_cook2.gif一样要同时输入子文件夹的名称和文件名称。

多个文件呈现台阶结构时，参考其他层文件的规则如下。

🔍 **同一层上的文件**：文件名称

🔍 **上一层的文件**：../文件名称

🔍 **下一层的文件**：文件夹名称/文件名称

2. 绝对路径

一般在导入主页以外的其他网页中的图像时使用绝对路径。如果在其他网页中找到需要的图像，右键单击该图像，在弹出的快捷菜单中执行"属性"命令。打开"属性"对话框，在"地址（URL）"选项后会显示选择图像的地址。将图像所在的位置用主页的整体地址来表示的方式叫做绝对路径。显示公告栏图像时主要使用绝对路径。

5.2 进阶——在页面中插入图像

丰富网页文件最容易的方法就是插入图像。在Dreamweaver CS6中可以利用多种方法为文档插入图像。本例将为大家介绍利用"插入"面板的"图像"按钮和"文件"面板来插入图像的方法。

┃最终效果┃

本例的最终效果如图5-13所示。

图5-13　最终效果

解题思路

1　利用"图像"按钮插入图像。

2　利用"文本"面板插入图像。

3　预览页面。

操作步骤

1　打开文档，单击上方的单元格，使插入点位于单元格内，然后在"插入"面板"常用"分类的"图像"下拉列表中选择"图像"选项，如图5-14所示。

2　弹出"选择图像源文件"对话框，确认"相对于"是否指定为"文档"，然后在img_files文件夹中选择comingsoon_03.jpg文件，单击"确定"按钮，如图5-15所示。

图5-14　插入图像

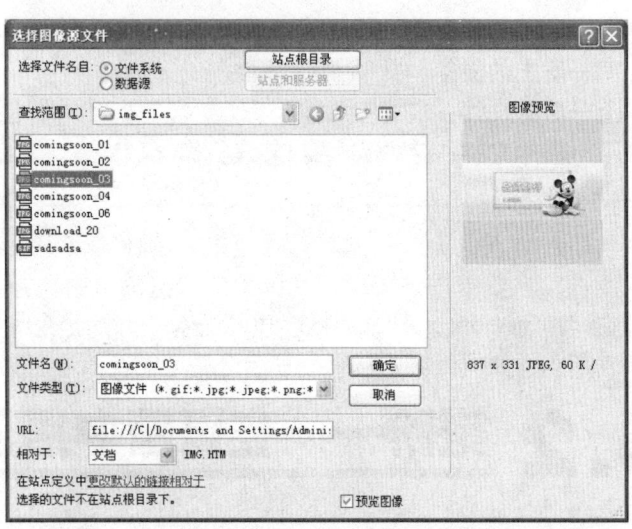

图5-15　选择要插入的图像

3　此时可以看到，在页面中插入了选择的图像。该图像将会插入到事先设置的位置上，因此不需要另外设置属性，如图5-16所示。

4.　在文件面板中单击img_files文件夹前面展开按钮，选择comingsoon_01.jpg文件并将其拖曳到右侧的单元格中，如图5-17所示。

图5-16　插入了选择的图像

图5-17　选择图像后拖曳到需要的位置

5 在文件面板中选择comingsoon_03.jpg文件并将其拖曳到右侧的单元格中，如图5-18所示。

6 按下"F12"键预览页面，效果如图5-19所示。

图5-18　插入了选择的图像

图5-19　预览效果

5.3 提高——自己动手练

5.3.1　在页面中制作图文混排效果并修剪图像

文档插入图像后，要使图像与文本协调，还要调节一下图像与文本之间的排列方式。在这里选择适合文本的图像对齐方式，制作图文混排效果。另外在Dreamweaver中要想修改文档中插入的图像大小，可以在文档窗口中借助工具删除图片中不需要的部分。

│最终效果│

本例的最终效果如图5-20所示。

│解题思路│

1 适合文本的图像对齐方式。

2 在图像周围指定边框。

3 应用裁剪功能。

│操作提示│

1 打开imgaling.htm文档，可以看到页面中的图像是在文字下面排列的，如图5-21所示，因此需要选择一个适合的

图5-20　最终效果

图像对齐方式。

图5-21 查看文档

2 选择图像后，调整图像的对齐方式，如图5-22所示。

图5-22 选择图像的对齐方式

3 将图像左侧的空行删除，并设置图像的垂直边距，如图5-23所示。

图5-23 在图像周围设置边距

4 单击选中图像，对图像进行剪裁，最终的效果如图5-24所示。

图5-24 剪裁图像后的效果

> **提示**　在对图像进行剪裁的同时，修剪后的图像令代替第一次插入的图像自动进行保存。若想返回到原来的图像大小，可以按"Ctrl+Z"组合键或执行"编辑"→"撤销剪切"命令。另外在Dreamweaver CS6中，单击属性面板中的"重新取样"按钮，可以在改变了图像属性后，重新读取图片文件的信息。这个功能对于希望改变图像属性的用户来讲，不用再次切换回图像处理软件，方便了用户的操作。

5.3.2　在页面中制作动态轮换图像效果

Dreamweaver CS6提供了插入轮换图像的功能。本例利用"插入"面板的鼠标经过图像插入功能来制作轮换图像菜单，首页的两张导航图片都将被加上轮换图像效果。

▌最终效果▐

本例的最终效果如图5-25所示。

图5-25　最终效果

▌解题思路▐

1 插入轮换图像。
2 浏览器中确认轮换图像。

▌操作提示▐

1 打开rollover.htm文档，单击页面下方的空白单元格，插入"鼠标经过图像"选项，如图5-26所示。
2 在打开的"插入鼠标经过图像"对话框中添加名为"navi_8.gif"的图像文件，如图5-27所示。
3 按照同样的方法，再插入名为"navi_over_8.gif"的图像文件，如图5-28所示。
4 按照同样的方法，插入名为"navi10.gif"和"navi_over_10.gif"的图像文件，如图5-29所示。

图5-26　插入"鼠标经过图像"

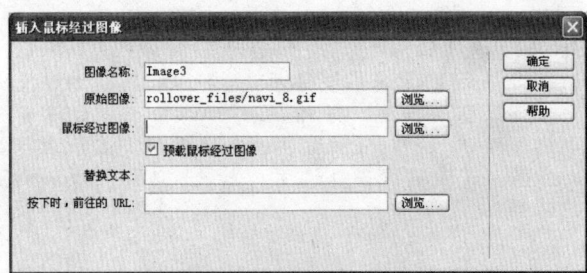

图5-27 插入原始图像

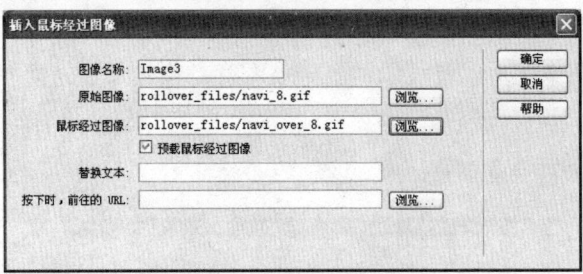

图5-28 插入鼠标经过图像

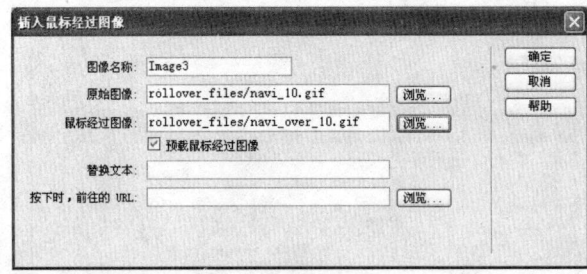

图5-29 插入原始图像和鼠标经过图像

5 按下"F12"键，在浏览器中浏览页面，这样就完成了轮换图像的效果制作，如图5-30所示。

图5-30 预览效果

5.4 答疑与技巧

问 鼠标经过图像指的是什么？

答 所谓鼠标经过图像，是指光标移动到某个图像上方时变换为另一幅图像，而光标离开图像上方时又返回到原图像的效果。

问 Dreamweaver CS6的图像编辑功能包括哪些？

答 包括编辑、优化、剪裁、重新取样、亮度和对比度、锐化等功能。

结束语

　　文本是在页面里不可缺少的东西，文本的格式化可以充分体现文档所要表达的重点，比如：在页面里制作一些段落的格式；在文档中构建丰富的字体；让文本达到赏心悦目的效果等。这些对于专业网站来说，是不可缺少的要求。

Chapter 6

第6章
制作多媒体页面

本章要点

入门——基本概念与基本操作
- 插入SWF动画
- 插入Java Applet
- 插入Shockwave动画
- 插入ActiveX控件
- 插入插件

进阶——典型实例
- 插入SWF动画
- 插入音频及视频动画

提高——在页面中制作JavaApplet特效

本章导读

除了在网页中使用文本和图像元素表达信息外，用户还可以向其中插入Flash动画、Java Applet小程序、ActiveX控件等多媒体内容，以丰富网页的效果。

6.1 入门——基本概念与基本操作

除了在网页中使用文本和图像元素表达信息外，用户还可以向其中插入Flash动画、Java Applet小程序、ActiveX控件等多媒体内容，以丰富网页的效果。

6.1.1 插入SWF动画

在众多网页编辑器中很多人都选择Dreamweaver CS6的重要原因之一，是它与Flash的完美交互性。Flash由Macromedia公司推出，可做出文件体积小、效果华丽的矢量动画。目前Flash动画是网上最流行的动画格式，被大量用于网页页面。Flash 技术是实现和传递基于矢量的图形和动画的首要方案。

首先来说明一下Flash动画在网页中的修饰作用。

1. 进一步突出网页的气氛

很多网页中都使用Flash动画，在网页中插入符合网页性质的Flash效果或动态菜单，可以进一步突出该网页与众不同的效果。

2. 制作动态效果

想给访问者留下更加深刻的印象或者体现动态效果的时候，可以考虑利用Flash动画来创建网页。

3. 制作引人注目的Flash广告

Flash广告比普通广告更富有动感，同时会给人留下深刻的印象，因此非常引人注目。Flash广告通常会出现在网站的主页中，单击Flash广告就会移动到相关网页上。

接下来了解一下在页面中插入Flash动画的步骤。

1 单击菜单栏"窗口"→"插入"命令，在弹出的"插入"面板的"常用"分类栏中单击选择"媒体"按钮，在下拉式列表中选中"SWF"选项，如图6-1所示。

2 接下来打开"选择SWF"对话框，可以选择要打开的Flash动画文件，如图6-2所示。

图6-1　插入SWF

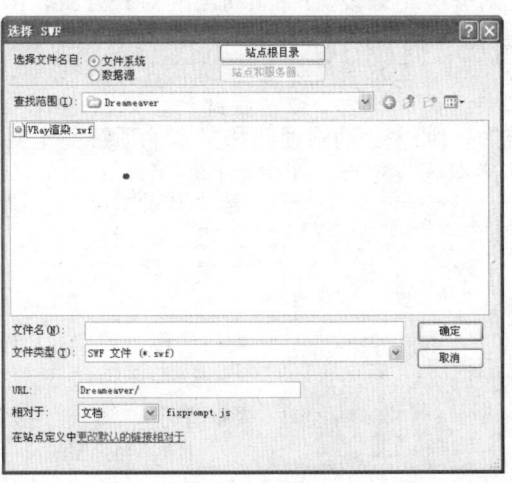

图6-2　选择插入的SWF文件

3 插入后的Flash动画并不会在文档窗口中显示内容，而是以一个带有字母F的灰色框来表示，如图6-3所示。

4 在属性面板中设定Flash动画的属性，如图6-4所示。

图6-3 插入的Flash动画

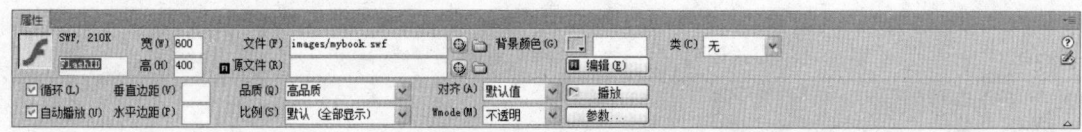

图6-4 Flash动画属性

在Flash属性面板上，"SWF"下面的文本框用来设置这个Flash动画的名称。

🔍 "宽"文本框用来设置Flash动画的宽度，可填入数值，单位是像素。

🔍 "高"文本框用来设置Flash动画的高度，可填入数值，单位是像素。

🔍 "文件"用来设置这个Flash动画文件的路径。

🔍 如果选中"循环"复选框，则这个Flash动画的动画效果将循环播放。

🔍 如果选中"自动播放"复选框，则网页打开后自动播放这个Flash动画的效果。

🔍 "垂直边距"文本框用来设置Flash动画上边与其上方其他页面元素，及Flash动画下边与其下方其他页面元素的距离。

🔍 "水平边距"文本框用来设置Flash动画左边与其左方其他页面元素，及Flash动画右边与其右方其他页面元素的距离。

🔍 "品质"下拉列表框用来设置Flash动画的品质，有4个选项："低品质"、"自动低品质"、"自动高品质"和"高品质"。如果选择"低品质"，则Flash动画以低品质显示；如果选择"自动低品质"，则Flash动画将自动调节以较低品质显示；如果选择"自动高品质"，则Flash动画将自动调节以较高品质显示；如果选择"高品质"，则Flash动画以高品质显示。

🔍 "比例"下拉列表框用来设置Flash动画的显示比例，有3个选项："默认（全部显示）"、"无边框"和"严格匹配"。如果选择"默认（全部显示）"，则Flash动画将全部显示，并保证各部分的比例；如果选择"无边框"，则在有必要时，会漏掉Flash动画左右两边的一些内容；如果选择"严格匹配"，则Flash动画全部显示，但比例可能会有所变化。

🔍 "对齐"用来设置Flash动画的对齐方式，有10个选项："默认值"、"基线"、"顶端"、"中间"、"底部"、"文本上方"、"绝对中间"、"绝对底部"、"左对齐"和"右对齐"。如果选择"默认值"，Flash动画将以浏览器默认的方式对齐；如果选择"基线"或"底部"，则Flash动画底部和文本的底行下对齐；如果选择"顶端"，则Flash动画顶部和文本的顶线完全对齐；如果选择"中间"，则Flash动画中央和文本底线对齐；如果选择"文本上方"，则Flash动画顶部和文本顶线对齐；如果选

择"绝对中间"，则Flash动画中央和文本的正中间对齐；如果选择"绝对底部"，则Flash动画底部和文本的底线完全对齐；如果选择"左对齐"，则Flash动画排列在文本左边；如果选择"右对齐"，则Flash动画排列在文本右边。

图6-5 播放动画

🔍 "背景颜色"用来设置这个Flash动画的背景颜色，当Flash动画还没被显示出来时，其所在位置将显示这个背景色。

🔍 单击"编辑"按钮，会自动打开Flash软件，可重新编辑选中的Flash动画。

🔍 单击"播放"按钮，则在Dreamweaver CS6主窗口预览这个Flash动画的效果，如图6-5所示。同时"播放"按钮转换成

"停止"按钮，单击"停止"按钮，则停止Flash动画的预览。

🔍 单击"参数"按钮，弹出"参数"对话框，如图6-6所示。参数设置可以对Flash动画进行初始化，参数由命名和值两部分组成，一般成对出现。

单击"参数"对话框上的"+"按钮，可增加一个新的参数，然后在"参数"下面填入命名，在"值"下面填入值，单击"确定"按钮即可。在"参数"对话框上，选中一项参数，单击"-"按钮，即删除这项参数。在"参数"对话框上，选中一项参数，再单击向上或向下的箭头按钮，可调整各项参数的排列顺序。

例如，我们希望让Flash动画的背景实现透明，就需要在参数对话框的"参数"中输入Wmode，在"值"中输入Transparent，如图6-7所示，这样就可以实现动画背景透明的效果。

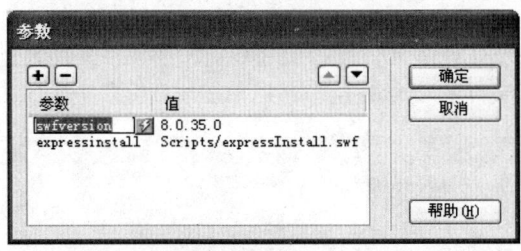

图6-6　设置参数　　　　　　　　　　　　　图6-7　设置背景透明参数

6.1.2　插入Java Applet

Java是一种完全的编程语言，用于在Web上提供"真正的交互"。Java是由Sun Microsystems公司开发的，它试图在Internet上建立一种可以在任意平台、任意机器上运行的程序（Applet），从而实现多种平台之间的互操作。同样Applet可以在UNIX、Windows NT、Windows 2000以及Machintosh上运行，只需一个支持Java的浏览器即可。

插入Java Applet的步骤说明如下。

1 单击菜单栏"窗口"→"插入"命令，在弹出的"插入"面板"常用"栏中单击选择"媒体"，在下拉式列表中选中APPLET，如图6-8所示。打开"选择文件"对话框，可以选择1个Java Applet小程序（这里选择的是"lake.class"文件），如图6-9所示。

图6-8　插入APPLET　　　　　图6-9　选择插入的APPLET文件

2 使用"选择文件"对话框选择1个Java Applet小程序，单击"选择文件"对话框上的"确定"按钮，可以向网页中插入1个Java Applet小程序，如图6-10所示。

图6-10　插入的APPLET程序

3 选中插入到网页中的Java Applet图标，在属性面板中将图标的宽和高分别设置为300和420，如图6-11和图6-12所示。

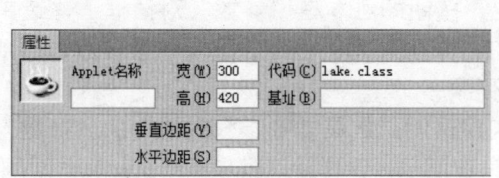
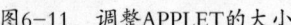

图6-11　调整APPLET的大小　　　　　　图6-12　调整大小后的APPLET程序

4 接着单击面板中的"参数"按钮，打开"参数"对话框，按照如图6-13所示的参数进行设置。设定参数名称为image，参数值为图像文件的实际路径，然后单击"确定"按钮。

图6-13　属性面板

其他属性面板的设定说明如下。

- "Applet名称"下面的文本框用来设置这个Java Applet小程序的名称。
- "宽"文本框用来设置Java Applet小程序的宽度，可填入数值，单位是像素。
- "高"文本框用来设置Java Applet小程序的高度，可填入数值，单位是像素。
- "代码"用来设置这个Java Applet小程序的路径。
- "基址"文本框指定包含这个Java Applet小程序的文件夹。
- "对齐"用来设置Java Applet小程序的对齐方式，有10个选项——"默认值"、"基线"、"顶端"、"中间"、"底部"、"文本上方"、"绝对中间"、"绝对底部"、"左对齐"和"右对齐"。

如果选择"默认值"，Java Applet小程序将以浏览器默认的方式对齐；如果选择"基线"或"底部"，则Java Applet小程序底部和文本的底行下对齐；如果选择"顶端"，则Java Applet小程序顶部和文本的顶线完全对齐；如果选择"中间"，则Java Applet小程序中央和文本底线对齐；如果选择"文本上方"，则Java Applet小程序顶部和文本顶线对齐；如果选择"绝对中间"，则Java Applet小程序中央和文本的正中间对齐；如果选择"绝对底部"，则Java Applet小程序底部和文本的底线完全对齐；如果选择"左对齐"，则Java Applet小程序排列在文本左边。如果选择"右对齐"，则Java Applet小程序排列在文本右边。

- "替代"用来设置当Java Applet小程序无法显示时，将显示的替换图像。
- "垂直边距"文本框用来设置Java Applet小程序上边与其上方其他页面元素，及Java Applet小程序下边与其下方其他页面元素的距离。
- "水平边距"文本框用来设置Java Applet小程序左边与其左方其他页面元素，及Java Applet小程序右边与其右方其他页面元素的距离。

最后，打开浏览器预览页面，发现原有图像下方出现了水纹效果，如图6-14所示。

图6-14 Java水纹效果

6.1.3 插入Shockwave动画

Shockwave用来在网页上播放用Macromedia公司的Director创建的多媒体"电影"。Shockwave 小电影可以集动画、位图、视频和声音于一体，并将它们合成一个交互式界面，是网上较流行的一种多媒体格式。Shockwave 播放器既可作为 Netscape Communicator浏览器上的插件，也可作为Internet Explorer 浏览器上的 ActiveX 控件。

插入Shockwave的步骤说明如下。

1 单击菜单栏"窗口"→"插入"命令，在弹出的"插入"面板的"常用"栏中单击选择"媒体"，在下拉式列表中选中"Shockwave"，如图6-15所示。

2 打开"选择文件"对话框，选择要打开的Shockwave文件，如图6-16所示。插入后的Shockwave并不会在文档窗口中显示内容，而是以如图6-17所示的图标来显示。

3 在属性面板中设定Shockwave的属性，如图6-18所示。

图6-15 插入Shockwave

图6-16 "选择文件"对话框

图6-17 插入的Shockwave控件文件

图6-18 设定Shockwave控件属性

🔍 "Shockwave"下面的文本框用来设置这个Shockwave小电影的名称。

🔍 "宽"文本框用来设置Shockwave小电影的宽度，可填入数值，单位是像素。

🔍 "高"文本框用来设置Shockwave小电影的高度，可填入数值，单位是像素。

🔍 "文件"用来设置这个Shockwave小电影文件的路径。

🔍 "垂直边距"文本框用来设置Shockwave小电影上边与其上方其他页面元素，及Shockwave小电影下边与其下方其他页面元素的距离。

🔍 "水平边距"文本框用来设置Shockwave小电影左边与其左方其他页面元素，及Shockwave小电影右边与其右方其他页面元素的距离。

🔍 "对齐"用来设置Shockwave小电影的对齐方式，有10个选项——"默认值"、"基线"、"顶端"、"中间"、"底部"、"文本上方"、"绝对中间"、"绝对底部"、"左对齐"和"右对齐"。

🔍 "背景颜色"是设置这个Shockwave小电影的背景颜色，当Shockwave小电影还没被显示出来时，其所在位置将显示这个背景色。关于颜色设置的具体方法请参见有关章节的介绍。

🔍 单击"播放"按钮，则在Dreamweaver主窗口预览这个Shockwave小电影的效果，同时"播放"按钮转换成"停止"按钮，单击"停止"按钮，则停止Shockwave小电影的预览。

🔍 单击"参数"按钮，弹出"参数"对话框，参数设置可以对Shockwave小电影进行初始化。参数由命名和值两部分组成，一般成对出现。

6.1.4　插入ActiveX控件

　　ActiveX 是从微软的复合文档技术——OLE发展起来的。OLE 后来导入COM，其基本的出发点是想让某个软件通过一个通用的机构为另一个软件提供服务，后来被命名为ActiveX。ActiveX是指宽松定义的、基于COM的技术集合。

　　ActiveX控件技术很多用于插入网页，提供了网页不受限制和能进行交互的能力。ActiveX由微软提出，被Internet Explorer浏览器支持，其他种类的浏览器对其支持度不太高。

图6-19　插入ActiveX控件　　　　插入ActiveX控件的步骤说明如下。

▌ 单击菜单栏"窗口"→"插入"命令，在弹出的"插入"面板的"常用"栏中单击选择"媒体"，在下拉式列表中选中"ActiveX"，如图6-19所示。

❷ 打开"选择文件"对话框，选择要打开的ActiveX控件文件，如图6-20所示。插入后的ActiveX控件并不会在文档窗口中显示内容，而是以如图6-21所示的图标来显示。

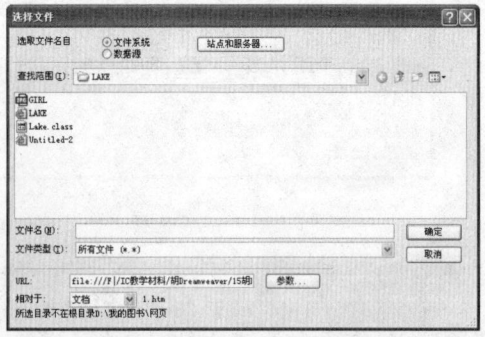

图6-20　选择要打开的ActiveX控件文件　　　　图6-21　插入的ActiveX控件文件

3 在属性面板中设定ActiveX控件的属性，如图6-22所示。

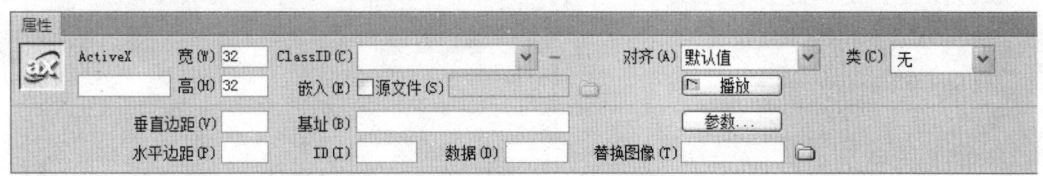

图6-22　设定ActiveX控件属性

* "ActiveX"下面的文本框用来设置这个ActiveX控件的名称。
* "宽、高"文本框用来设置ActiveX控件的宽度和高度，可填入数值，单位是像素。
* "ClassID"供浏览器载入页面时判别 ActiveX的身份。
* "对齐"用来设置ActiveX控件的对齐方式。
* "嵌入"同时插入<embed>标签。如果有与ActiveX控件相同的Netscape插件，<embed>标签会激活该插件。
* "垂直边距"文本框是用来设置ActiveX控件上边与其上方其他页面元素，及ActiveX控件下边与其下方其他页面元素的距离。
* "水平边距"文本框是用来设置ActiveX控件左边与其左方其他页面元素，及ActiveX控件右边与其右方其他页面元素的距离。
* "基址"文本框用来设置包含该ActiveX控件的路径。如果在访问者的系统中尚未安装ActiveX控件，则浏览器从这个路径下载它。如果没有设置"基址"文本框，且访问者未安装相应的ActiveX控件，则浏览器将无法显示ActiveX对象。
* "ID"文本框用来设置这个ActiveX 控件的编号。
* "数据"文本框用来为ActiveX 控件指定数据文件，许多种类的ActiveX 控件不需设置数据文件。
* "替换图像"文本框用来设置这个ActiveX控件的替换图像，当ActiveX 控件无法显示时，将显示这个替换图像。
* 单击"播放停止"按钮，则在Dreamweaver主窗口预览这个ActiveX控件的效果，同时"播放"按钮转换成"停止"按钮，单击"停止"按钮，则停止ActiveX控件的预览。
* 单击"参数"按钮，弹出"参数"对话框。参数设置可以对ActiveX控件进行初始化，参数由命名和值两部分组成，一般成对出现。

6.1.5　插入插件

插件是Netscape Communicator浏览器应用程序接口部分的动态编程模块，Netscape公司通过插件允许第三方开发者将它们的产品完全并入网页。插件由Netscape公司提出，也只能被Netscape Communicator浏览器支持。典型的插件包括 RealPlayer 和 QuickTime，而一些内容文件本身包括 MP3 和 QuickTime 影片等。

插入插件的步骤说明如下。

1 单击菜单栏"窗口"→"插入"命令，在弹出的"插入"面板的"常用"栏中单击选择"媒体"，在下拉式列表中选中"插件"，如图6-23所示。

2 打开"选择文件"对话框，选择要打开的插件文件，如图6-24所示。这里选择"001.mid"声音文件。插入后的插件并不会在文档窗口中显示内容，而是以如图6-25所示的图标来显示。

图6-23　插入插件

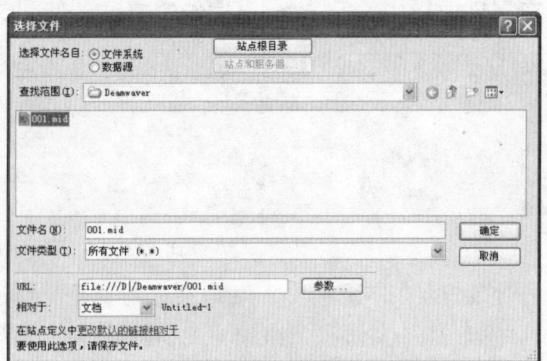

图6-24　选择要打开的插件文件

图6-25　插入的插件

这里所说的声音主要包括如下几种格式。

- .midi或.mid（即Musical Instrument Digital Interface）：这种格式是乐器声音".midi"文件，能够被大多数浏览器所支持，并且不需要插件，然而这种声音会受到用户声卡的影响。
- .wav（即Waveform Extension）：这种格式的文件具有较高的声音质量，能够被大多数浏览器所支持，并且不需要插件。用户可以使用CD、磁带、麦克风来录制声音，但文件尺寸通常较大，会受到网页的限制。
- .aif（即Audio Interchange File Format或AIFF）：这种格式也具有较高的质量，和wav声音很相似。
- .mp3（即Motion Picture Experts Group Audio或MPEG-Audio Layer-3）：这是一种压缩格式的声音，文件尺寸很小，且具有较高的质量。要播放MP3文件，观众必须安装相应的帮助程序或插件，如QuickTime、Windows Media Player或RealPlayer。
- .ra、.ram、.rpm或Real Audio：这种文件是经过高度压缩后的声音文件，这种声音可以快速下载，但质量却很低，因此需要使用新的播放器或编码器来提高质量。为了播放这些文件，用户必须下载和安装RealPlayer帮助程序或插件。

3　在属性面板中设定插件的属性，如图6-26所示。

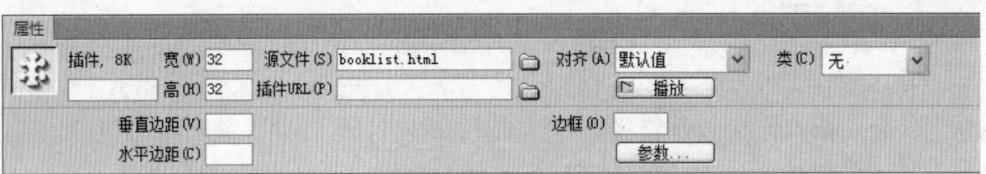

图6-26　设定插件属性

- "插件"下面的文本框用来设置这个插件的名称。
- "宽"文本框用来设置插件的宽度，可填入数值，单位是像素。
- "高"文本框用来设置插件的高度，可填入数值，单位是像素。
- "源文件"文本框用来设置用于插件的数据文件。
- "对齐"是设置插件的对齐方式，有10个选项——"默认值"、"基线"、"顶端"、"中间"、"底部"、"文本上方"、"绝对中间"、"绝对底部"、"左对齐"和"右对齐"。

"插件URL"文本框用来设置包含该插件的路径。如果在访问者的系统中尚未安装该类型的插件，则浏览器从这个路径下载它。如果没有设置"插件URL"文本框，且访问者未安装相应的插件，则浏览器将无法显示插件。

"垂直边距"文本框用来设置插件上边与其上方其他页面元素，及插件下边与其下方其他页面元素的距离。

"水平边距"文本框用来设置插件左边与其左方其他页面元素，及插件右边与其右方其他页面元素的距离。

"边框"文本框用来设置插件边框的宽度，可填入数值，单位是像素。

单击"播放"按钮，则在Dreamweaver主窗口预览这个插件的效果，同时"播放"按钮转换成"停止"按钮，单击"停止"按钮，则停止插件的预览。

单击"参数"按钮，弹出"参数"对话框。参数设置可以对ActiveX控件进行初始化。参数由命名和值两部分组成，一般成对出现。

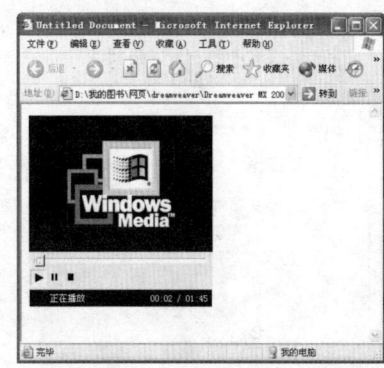

图6-27 嵌入音乐

打开浏览器预览，这个页面实现的是嵌入音乐的效果，在浏览器中将显示相关的播放插件，如图6-27所示。

同样，如果我们插入不同的多媒体文件格式，如AVI、MPG等视频文件，将分别可以实现类似在线影院的播放效果。

6.2 进阶——典型案例

6.2.1 插入SWF文件

要在网页文件中插入Flash动画，就要准备SWF文件，下面就在页面中插入漂亮的Flash动画吧。

最终效果

本例的最终效果如图6-28所示。

图6-28 最终效果

解题思路

1. 创建.htm文件。
2. 插入SWF文件。
3. 为Flash动画设置透明背景效果。

操作步骤

1. 打开Flash.htm文档，在"插入"面板中单击"常用"分类中的"媒体"按钮，然后在弹出的下拉列表中选择"SWF"选项，如图6-29所示。

2. 打开"选择SWF文件"对话框，在"查找范围"下拉列表中选择flash_files文件夹下的index.swf文件，单击"确定"按钮，如图6-30所示。

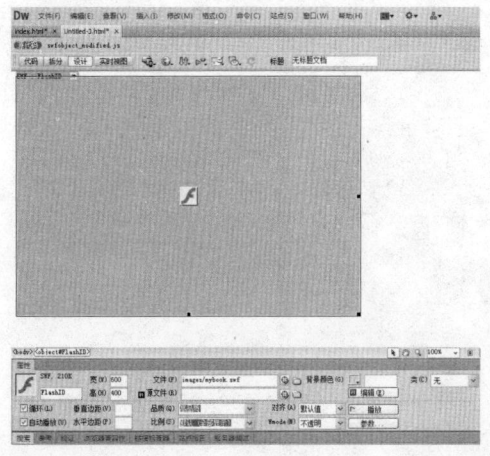

图6-29 选择SWF　　　　　　　　　　　　图6-30　选择Flash动画

3. 经过上面的操作在页面中相应的位置插入了Flash动画，但这时只能看见插入的Flash动画标签，如图6-31所示。

4. 单击选中Flash动画标签，在属性面板中单击"播放"按钮就会在文档窗口中运行Flash动画，如图6-32所示。

图6-31　插入Flash动画　　　　　　　　　　图6-32　运行Flash动画

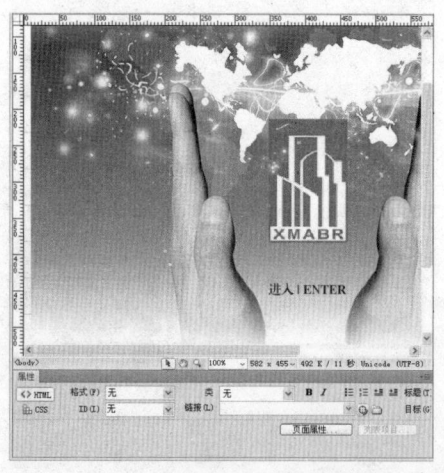

5 按下"F12"键在浏览器中预览，这时可以发现Flash动画背景色在播放时遮盖了页面的背景颜色，如图6-33所示。因此，需要将Flash动画的背景制作成透明效果。

图6-33　预览效果

6 返回到Dreamweaver CS6中，选择Flash动画，然后在属性面板的Wmode下拉列表中选择"透明"选项，如图6-34所示。

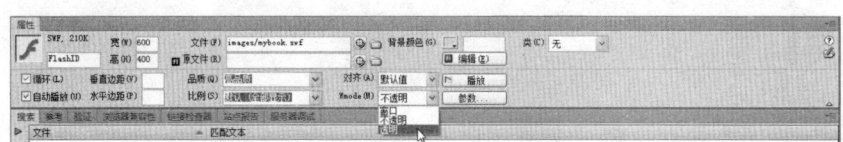

图6-34　设置透明

7 按下"F12"键，在浏览器中进行确认。这时可以看到Flash动画的背景色已经变成透明形式，因为在动画变化时，可以正常显示文档的渐变背景色，如图6-35所示。

图6-35　预览效果

6.2.2 插入音频及视频动画

本例通过单击链接来播放音频及视频，也可以直接在网页文件中插入音频及视频来进行播放。在网页中插入音频及视频的方法省去了单击链接的操作，因此使用起来比较方便。

最终效果

插入音频及视频前的页面如图6-36所示，本例的最终效果如图6-37所示。

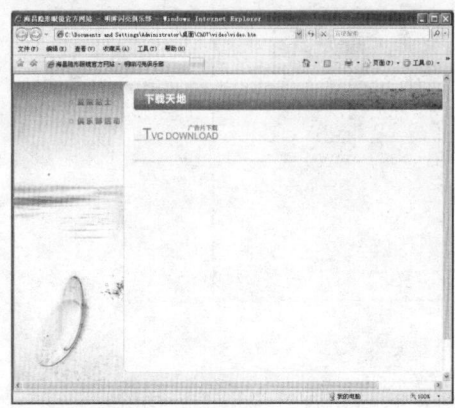

图6-36　插入音频及视频前的页面　　　　　图6-37　最终效果

解题思路

1 打开.htm文件。
2 插入音频及视频文件。

操作步骤

1 在文档的空白单元格中单击，然后在"插入"面板的"常用"分类中单击"媒体"按钮右侧的下三角按钮，在弹出的下拉列表中选择"插件"选项，如图6-38所示。
2 打开"选择文件"对话框，然后在"查找范围"下拉列表中选择video_files文件夹下的1.mp4文件，然后单击"确定"按钮，如图6-39所示。

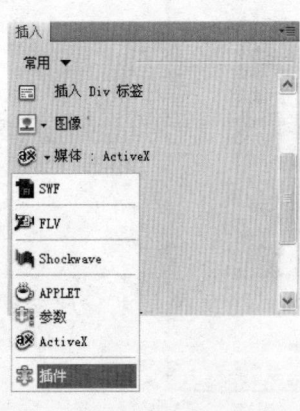

图6-38　选择"插件"选项　　　　　　　图6-39　选择视频文件

3 在文档窗口中出现插件图标后，为了让视频文件以适当的大小进行播放，放大该插件图标。单击插件图标后，在属性面板的"宽"文本框中输入400，在"高"文本框中输入300，如图6-40所示。

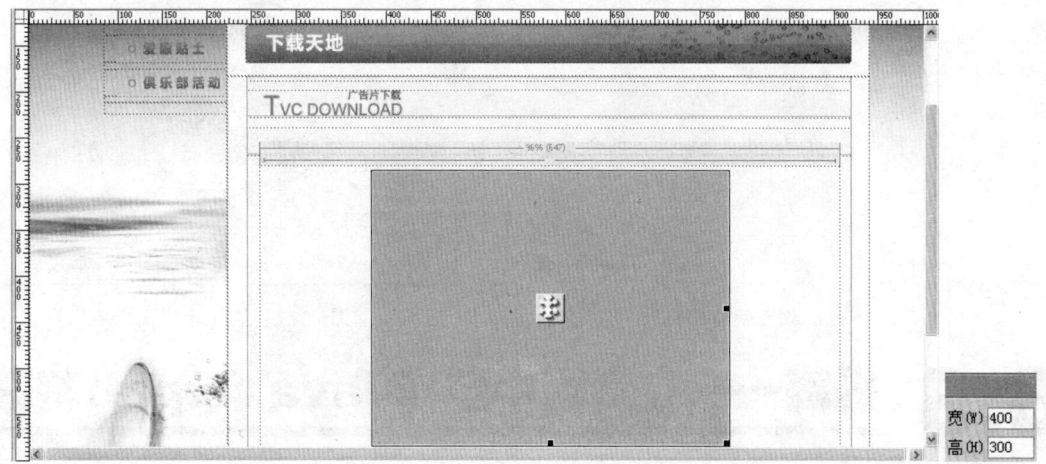

图6-40　放大插件图标

4 在文档窗口右下角的空白单元格中单击，使用同样的方法打开"选择文件"对话框，选择video_files文件夹下的2.mp3文件，单击"确定"按钮，如图6-41所示。

图6-41　选择音频文件

5 在文档窗口中出现插件图标后，为了让音频文件以适当的大小进行播放，放大该插件图标。单击插件图标后，在属性面板的"宽"文本框中输入200，在"高"文本框中输入28，这时希望播放音乐时，只显示播放器的控制栏即可，如图6-42所示。

6 按下"F12"键，运行浏览器，可以发现打开文档的同时播放音频及视频，如图6-43所示。

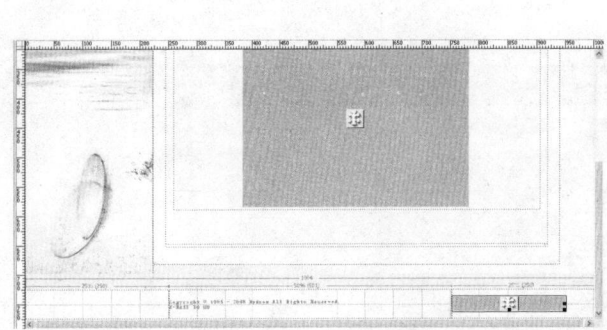
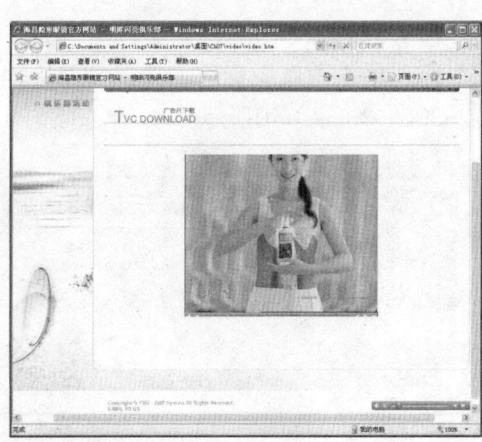

图6-42 放大插件图标 　　　　　　　图6-43 播放音频及视频

6.3 提高——在页面中制作Java Applet特效

　　Java Applet特效可以产生多个图像动态轮流显示，即前一张图像慢慢消失后，后一张图像慢慢显示的效果。

最终效果

　　本例的最终效果如图6-44所示。

图6-44 最终效果

解题思路

1 打开.htm文件。
2 插入Applet。
3 设置Applet。

操作提示

1　打开Applet.htm文档，将插入点定位在右侧单元格中，插入名为Anfade.class的Applet文件，如图6-45所示。

图6-45　插入Applet文件

2　选中插入到网页中的Java Applet图标，并在属性面板中设置图标的宽和高分别为219和332，效果如图6-46所示。

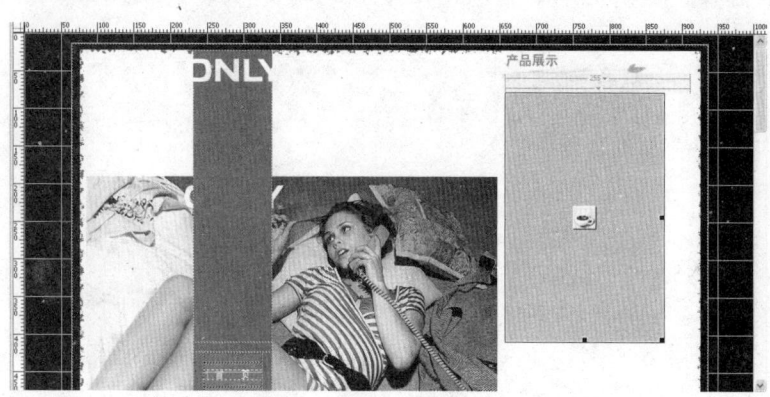

图6-46　设置宽和高

3　单击属性面板中的"参数"按钮，在弹出的"参数"对话框中设置参数，如图6-47所示。

4　按下"F12"键，打开浏览器预览页面，可以发现页面中图像出现了动态效果，如图6-48所示。

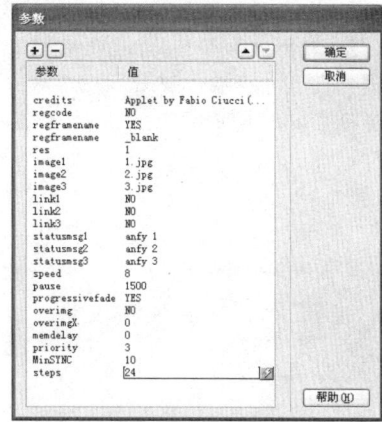

图6-47　设置参数

图6-48　预览效果

6.4　答疑与技巧

问 可以使用Dreamweaver CS6为页面添加哪些类型的多媒体文件？

答 Java Applet、Flash电影、ActiveX控件或者各种类型的音频及视频文件。

问 什么是Java Applet？

答 Java是一种完全的编程语言，用于在网页上提供"真正的交互"，它试图在Internet上建立一种可在任意平台、任意机器上运行的程序（Applet），从而实现多种平台之间的交互操作。

结束语

Dreamweaver CS6使用户能够迅速、方便地给网页添加声音、影片等多媒体内容，使网页更加生动。

用户可以插入和编辑多媒体文件和对象，例如Macromedia Flash和Shockwave影片及其他多媒体，多媒体文件是以插件或ActiveX控件的方式插入到网页中的。插件可以增强Netscape Communicator浏览器的功能，提供以多种格式查看媒体内容的方式，但不能在Internet Explorer浏览器中运行。ActiveX控件在 Windows系统上的Internet Explorer中运行，但它们不在苹果机系统上或Netscape Communicator中运行。对于激动人心的Flash多媒体效果，Dreamweaver甚至可以抛开Flash软件，独立地创建Flash的文字和按钮以及最新的Flash元素。

Chapter 7

第7章
用表格布局页面

本章要点

入门——基本概念与基本操作

    表格的创建

    HTML实现的表格代码

    表格的调整

    设置表格和单元格属性

进阶——在页面中嵌套表格

提高——在页面中使用表格排版

本章导读

    本章内容主要包括表格的创建；三种表格元素——表格、行和列、单元格——的属性设置；嵌套表格的使用。使用表格排版是网页的主要制作形式，表格应用于网页排版，就要涉及排版的原理、小图片的使用、一个像素透明图片的使用等内容，在这一章中也会有很具体的介绍。最后还是通过范例网页的制作说明表格的使用。

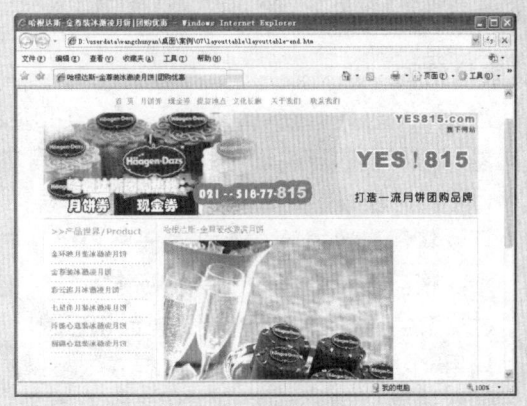

7.1 入门——基本概念与基本操作

7.1.1 表格的创建

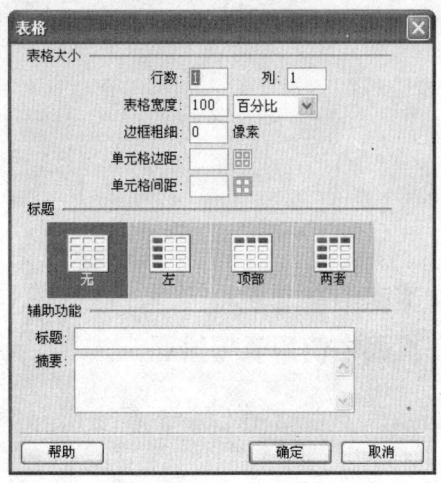

图7-1 "表格"对话框

在Dreamweaver CS6中利用"表格"对话框可以插入表格。执行"插入"→"表格"命令或在"插入"面板的"常用"分类中单击"表格"按钮，打开"表格"对话框，如图7-1所示。

🔍 **行数、列：** 指定表格的行和列的个数。

🔍 **表格宽度：** 指定将表格宽度以像素单位或浏览器窗口宽度为基准的百分比（%）单位。

🔍 **边框粗细：** 用像素单位来指定表格边框线的厚度。如果不想显示表格的边框线，则可以输入0。

🔍 **单元格边距：** 指定单元格的内容以及单元格边框之间的空白。不输入具体数值时，默认为1像素。

🔍 **单元格间距：** 指定单元格之间的空白。不输入具体数值时，默认为2像素。

🔍 **标题：** 将表格的一行或一列表示为表头时，选择所需的样式。

🔍 **辅助功能：** 指定针对表格设置的辅助选项。

🔍 **标题：** 指定表格的标题。

🔍 **摘要：** 输入关于表格的摘要说明。该内容虽然不显示在浏览器中，但可以在屏幕阅读器上识别，并可以转换为语言。

7.1.2 HTML实现的表格代码

1. 表格结构

定义一个表格，在\<table\>标签和\</table\>结束标签之间包含所有元素。表格元素包括数据项、行和列的表头、标题，每一项都有自己的修饰标签。按照从上到下、从左到右的顺序，可以为表格中的每列定义表头和数据。

可以将任意数据放在HTML的表格单元格中，包括图像、表单、分割线、表头，甚至是另一个表格。浏览器将每个单元格作为一个窗口处理，让单元格的内容填满空间，当然在这个过程中会有一些特殊的格式规定和范围。

只用5个标签就可以生成一个样式很复杂的表格。\<table\>标签，在文档主体内容中封闭表格及其元素；\</tr\>标签，定义表格中的一行；\<td\>标签，定义数据单元格；\<th\>标签，定义表头；\<caption\>标签，定义表格标题。

2. 表格划分

用\<thead\>标签可以定义一组表首行。在\<thead\>标签中，可以放置一个或多个\<tr\>标签，用于定义表首中的行。当以多部分方式打印表格或显示表格时，浏览器会复制这些表首。因此，如果表格多于一页的话，在每个打印页上都会重复这些表首。

使用<tbody>标签，可以将表格分成一个单独的部分。<tbody>标签可将表格中的一行或几行合成一组。

用<tfoot>标签，可以为表格定义一个表注。与<thead>类似，它可以包括一个或多个<tr>标签，这样可以定义一些行，浏览器会将这些行作为表格的表注。因此，如果表格跨越了多个页面的话，浏览器会重复这些行。

7.1.3　表格的调整

插入表格后，可以通过调节表格大小等操作，制作出所需的形状。表格周围出现黑色边框，就表示已经选择了该表格。将光标移动到尺寸手柄上的时候，光标会变成可调节的形式。在此状态下单击鼠标后，向左右、上下或对角线方向上进行拖动到尺寸手柄上时，就可以调节表格的大小。当光标移动到表格右下方的手柄处时，可调整表格的高度。

插入表格后，在操作过程中可能会出现表格的中间需要嵌入单元格或要删除不需要单元格的情况。此时，执行Dreamweaver CS6提供的添加、删除表格的相关命令即可。添加行或列的时候，可以添加1行或1列，也可以同时添加多个行或列。

1.　添加行和列

在插入的表格中添加行或列的时候，用鼠标右键单击表格，在弹出的快捷菜单中执行"表格"→"插入行（列、行或列）"命令，可以更加快捷地进行操作。执行"插入行或列"命令后，将会弹出"插入行或列"对话框，在该对话框中可以设置行数、列数以及插入位置，如图7-2所示。

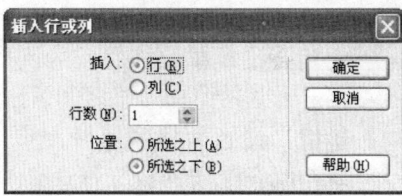

图7-2　"插入行或列"对话框

🔍 **插入**：选择添加"行"或添加"列"。

🔍 **行（列）数**：输入要添加的行或列的个数。

🔍 **位置**：选择添加行或列的位置。

2.　删除行和列

删除行或列最简单的方法是选择想删除的行或列后，按"Delete"键。例如，单击第一列的第一个单元格，按住鼠标左键拖动到第一列最后一个单元格选中该列，按下"Delete"键即可。

或者选中要删除行或列，单击鼠标右键，在弹出的快捷菜单中执行"表格"→"删除行（删除列）"命令，即可删除选中的行和列。

7.1.4　设置表格和单元格属性

1.　设置表格属性

在页面中选中表格后，在文档窗口下方将会显示表格属性面板。在该面板中可以调整行和列的个数、表格宽和高、单元格的空格等属性，如图7-3所示。表格属性面板中的各项参数含义说明如下。

🔍 **表格**：输入表格的名称。

🔍 **行、列**：输入构成表格的行和列的个数。

🔍 **宽**：指定表格的宽度。以当前文档的宽度为基准，可以用百分比或者像素单位来进行指定。默认显示为像素单位，若想固定大小，需继续使用像素单位。

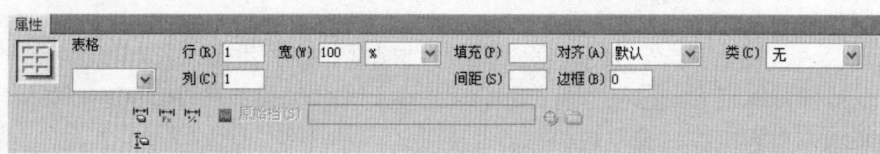

图7-3　表格属性面板

🔍 **填充**：设置单元格内容和单元格边框之间的间距。可以认为是单元格内侧的空格。将该值设置为0以外的数值时，在边框和内容之间会生成间隔。

🔍 **对齐**：设置表格在文档中的位置，包括"默认"、"左对齐"、"居中对齐"、"右对齐"4个选项可以选择。

🔍 **类**：设置表格的样式。

🔍 **将表格宽度转换成像素/将表格宽度转换成百分比&清除列宽/清除行高**：单击带有Px或%的按钮，就可以将设置为百分比的表格宽度转换成像素单位，也可以将设置为像素的表格宽度转换成百分比单位。而单击其他按钮，则会忽略原来表格中的宽度和高度，直接更改成可表示内容的最小宽度和高度形式。

🔍 **原始档**：设置原始表格设计图像的Fireworks源文件路径。

🔍 **间距**：设置单元格之间的间距。该值设置为0以外的数值时，在单元格之间会出现空格，因此两个单元格之间有一些间距。

🔍 **边框**：设置表格的边框厚度。大部分浏览器中表格的边框都会采用立体性的效果方式，但在整理网页文件而使用的布局表格当中，最好不要显示边框。在这种情况下，就需要将"边框"的值设置为0。

2. 设置表格属性

在页面中选中单元格后，在文档窗口下方将会显示单元格属性面板。在该面板中可以设置单元格的背景颜色或背景图像、对齐方式、边框颜色等各种属性，还可以将一个单元格拆分成几个单元格或将多个单元格合并为一个单元格，如图7-4所示。单元格属性面板中各项参数含义说明如下。

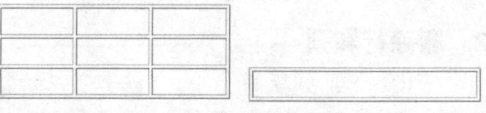

图7-4　合并单元格

🔍 **合并所选单元格，是用跨度**：选择两个以上的单元格后，单击该按钮，就可以合并这些单元格。

🔍 **拆分单元格为行或列**：单击该按钮后，选择行或列及拆分的个数，就可以拆分所选单元格。

🔍 **垂直**：设置单元格中的图像或文本的纵向位置，包括"顶端"、"居中"、"底部"、"基线"、"默认"5种形式。

🔍 **水平**：设置单元格中图像或文本的横向位置。

🔍 **宽、高**：设置单元格的宽度和高度。

🔍 **不换行**：输入文本时即使超出单元格的宽度，也不会自动换行。在不换行的情况下继续横向输入，就会增大单元格的宽度。

🔍 **标题**：为了与其他内容区分，突出表示单元格标题后居中对齐。

🔍 **背景颜色**：指定单元格的背景颜色。

7.2 进阶——在页面中制作嵌套表格

利用表格可以轻松制作出网页的布局。首先制作两个两行一列的表格，然后在这两个表格中插入其他的表格。在构成表格的各个单元格中不仅能插入文本和图像，而且还可以嵌套使用其他表格。在表格中嵌套表格就可以随意地构成各种复杂形态的网页布局。

最终效果

本例的最终效果如图7-5所示。

图7-5　最终效果

解题思路

1 插入第1个表格。
2 插入第2个表格。
3 在浏览器中预览文档中插入的表格。

操作步骤

1 打开"太阳电缆"页面，在"插入"面板"常用"分类中单击"表格"按钮，打开"表格"对话框。设置"行数"为2，"列"为1，"表格宽度"为425像素，设置"边框粗细"、"单元格边距"、"单元格间距"均为0像素，完成后单击"确定"按钮，如图7-6所示。

2 此时表格被插入到了页面中，在表格第一行插入table_files/index1.gif图像文件，如图7-7所示。

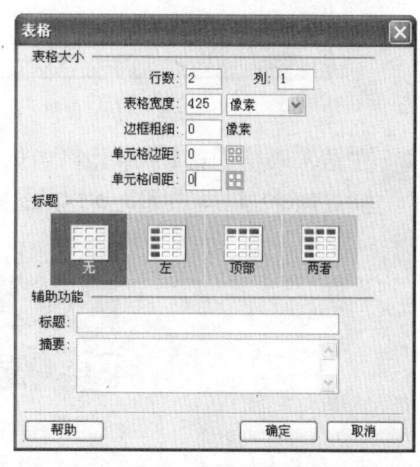

图7-6　插入表格

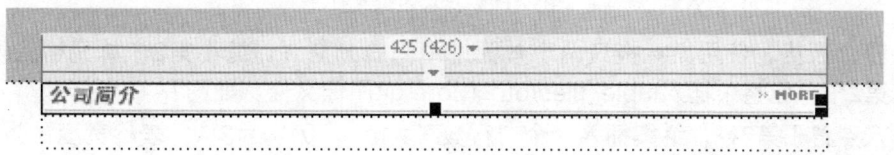

图7-7　插入图像文件后的效果

3 将插入点置于第2行，插入images/uid图像文件，并在属性面板中设置图片的对齐方式为"左对齐"，如图7-8所示。

图7-8 插入图像文件并调整对齐方式

4 将插入点放在表格外侧，继续插入一个"行数"为2、"列"为1、"表格宽度"为425像素的表格，如图7-9所示。

5 此时表格被插入到了页面中，插入表格后，将插入点置于第一行，继续插入一个"行数"为2、"列"为1、"表格宽度"为100%的表格，如图7-10所示。

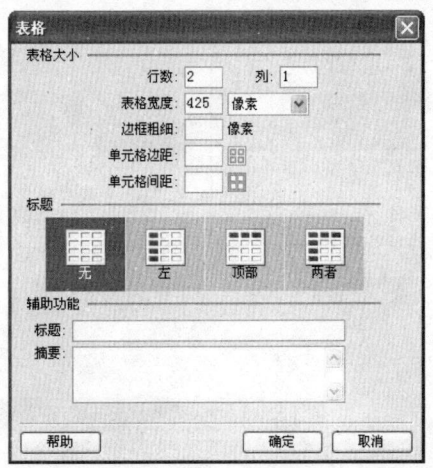
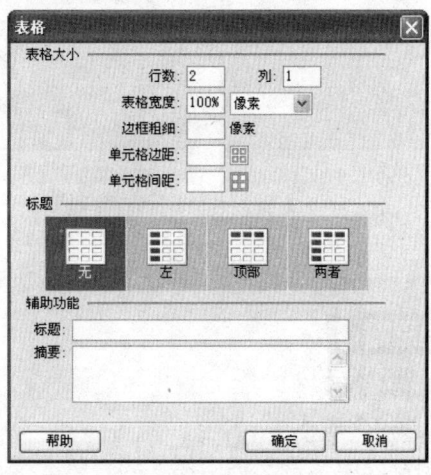

图7-9 插入表格　　　　　　　　图7-10 继续插入表格

6 在插入表格的第1个单元格中依次插入table_files/tab01_on.gif、table_files/tab02_off.gif、table_files/tab03_off.gif图像文件，如图7-11所示。

图7-11 插入图像文件

7 选择整个表格，使用鼠标拖曳两个单元格中间的分割线，缩小第2个单元格的大小，然后在第2个单元格中插入table_files/btn_More.gif图像文件，如图7-12所示。

8 将插入点置于第2行，继续插入一个"行数"为4、"列"为3、"表格宽度"为100%的表格，如图7-13所示。

图7-12 插入图像文件

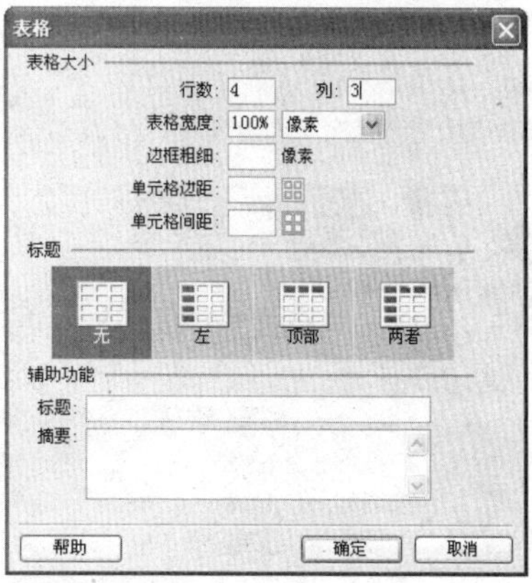

图7-13 插入表格

9 使用鼠标拖曳3个单元格中间的分割线，调整好单元格宽度，然后在这个嵌套的表格中输入内容，如图7-14所示。

10 按下"F12"键可以在浏览器中预览页面效果，如图7-15所示。

图7-14 调整单元格宽度并输入文字

图7-15 预览效果

7.3 提高——在页面中使用表格进行排版

读者可以通过制作表格排版页面布局的案例来练习页面的排版。

| 最终效果 |

本例的最终效果如图7-16所示。

| 解题思路 |

1 制作头部表格。

2 插入广告表格。

3 插入表格内容。

| 操作提示 |

1 打开"哈根达斯"的页面，在页面中插入表格，如图7-17所示。

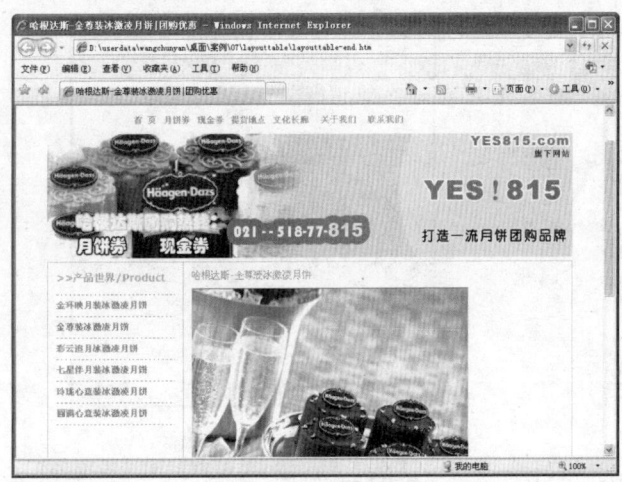

图7-16 最终效果

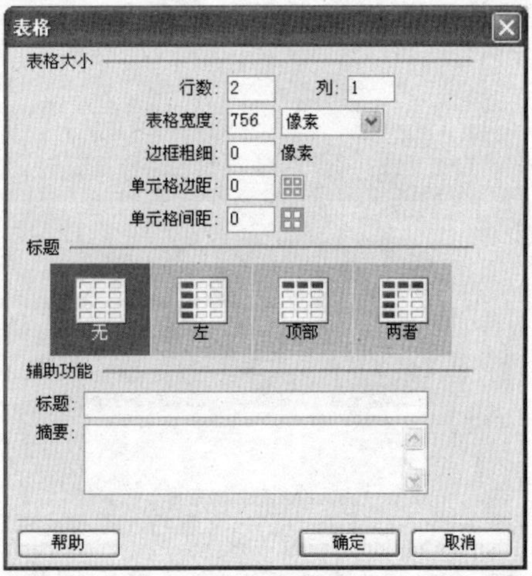

图7-17 插入表格

2 在表格的第一行输入"上海哈根达斯月饼网"字样，并在属性面板设置相应的属性，如图7-18所示。

图7-18 设置单元格和文字属性

3 将插入点置于第2行中，插入1个1行13列、宽度为424像素的表格，并在每一隔行的单元格中输入文字，如图7-19所示。

图7-19 插入表格和文字

4 将插入点放在大表格的外侧，插入1个1行1列、宽度为756像素的表格，并在表格内部插入layouttable_files/banner.gif图像，如图7-20所示。

图7-20 插入表格和图像

5 将插入点放到大表格的外侧，插入一个4行2列、宽度为756像素的表格，然后分别合并第1行、第2行和第4行的2个单元格。将第1行单元格的高度设置为5；第2行单元格的高度设置为1，背景颜色设置为#e3c830；第3行第1个单元格的背景图像设置为layouttable_files/09.gif；第4行单元格的高度设置为1，背景颜色设置为#e3c830，如图7-21所示。

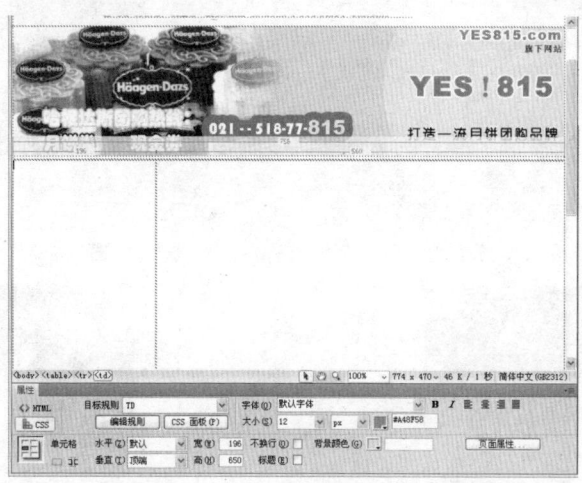

图7-21　设置内容表格属性

6 将插入点置于左侧的单元格中，插入1个15行1列、宽度为86%的表格，并输入文字内容，如图7-22所示。

7 将插入点置于右侧的单元格中，插入1个5行1列、宽度为96%的表格，并调整单元格的高度，如图7-23所示。

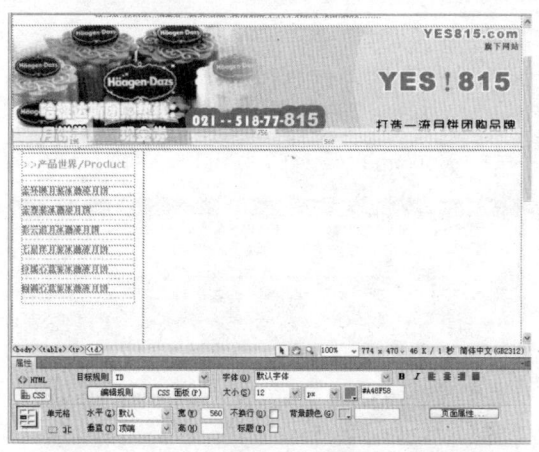

图7-22　插入表格和文字

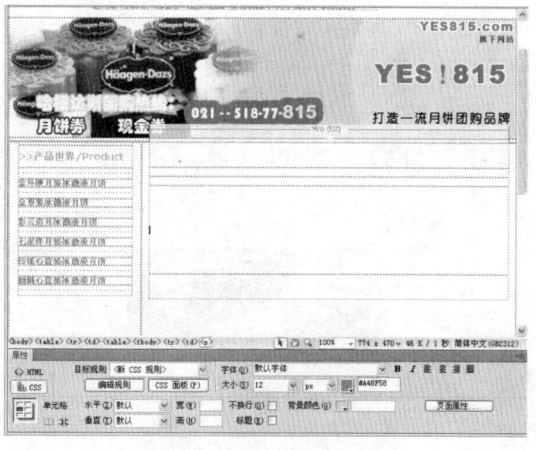

图7-23　插入表格并调整

8 在表格的第1行中输入"哈根达斯-金尊装冰激凌月饼"字样，如图7-24所示。

9 在该表格的第2行中插入layouttable_files/p11.jpg图像，如图7-25所示。

10 在表格的第3行中输入其他文字。至此内容表格创建完成，如图7-26所示。

11 将插入点放在表格的外侧，插入1个1行1列、宽度为756像素的表格，如图7-27所示。

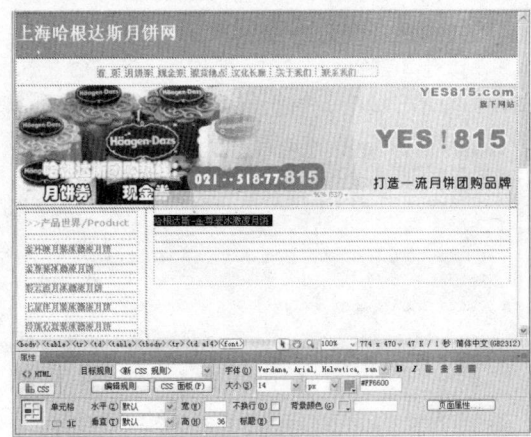

图7-24　输入文字

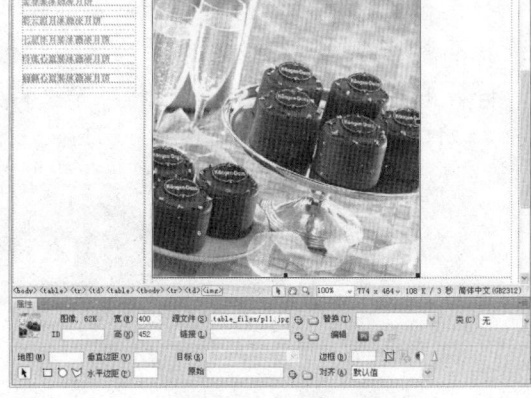

图7-25　插入图像

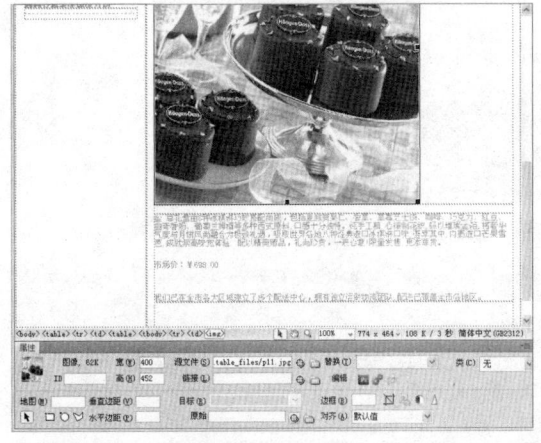

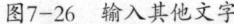

图7-26　输入其他文字

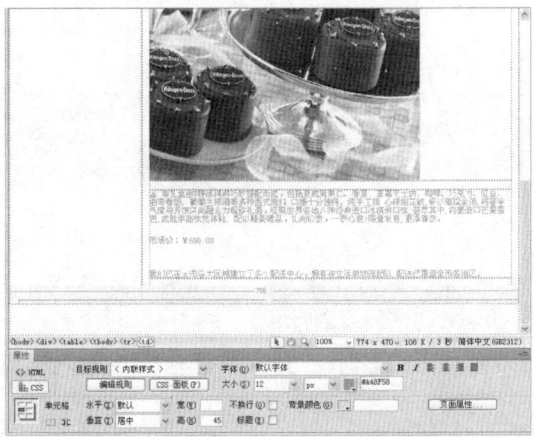

图7-27　插入表格

12 将插入点置于表格内部，输入相关的版权信息，其中，版权符号使用特殊符号创建，如图7-28所示。

13 按下"F12"键预览页面，可以看到表格排版后的效果如图7-29所示。

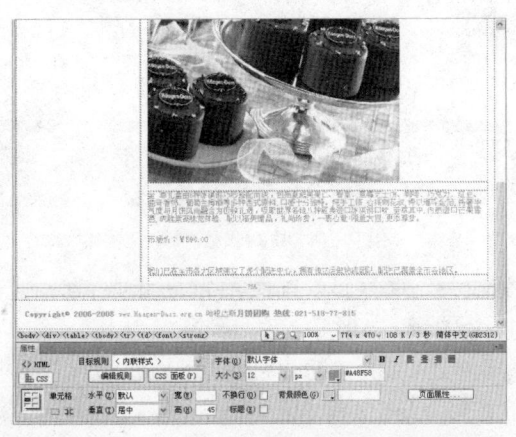

图7-28　输入版权信息

图7-29　预览效果

7.4 答疑与技巧

问 在使用表格和嵌套时，如果嵌套的表格边框和空白都设为0，如何选择表格？

答 利用Dreamweaver CS6的标签选择器可以轻松选择边框为0的表格。

问 表格技术怎样被应用到页面排版中？

答 用户可以编辑已经设计好的表格，改变它的行数、列数、拆分与合并单元格，改变其边框、底色等。若需要在页面上进行图文混排，利用表格来进行规划设计是一种很好的排版方法。在不同的单元格中放置文本和图片，对相应的表格属性进行适当的设置，就很容易设计出美观整齐的页面。

结束语

表格是在HTML页面中添加文本与图片的强大工具，它提供了在页面中增加水平与垂直结构的网页设计方法。当创建一个表格后，用户就能轻松修改其外观与结构，例如增加内容，增加、删除、分割、合并行与列，修改表格、行、单元格属性，复制与粘贴单元格等。此外，表格还可以嵌套。

表格是网页排版的灵魂，在实际应用中，表格排版的地位不可动摇。浏览网站，会发现几乎所有的网页都要或多或少地采用表格。可以说，不能够很好地掌握表格排版技术，就等于没有学好网页制作。

Chapter **8**

第8章
插入表单

本章要点

入门——**基本概念与基本操作**
  - 插入表单域
  - 插入文本域
  - 插入隐藏域
  - 插入按钮
  - 插入图像域
  - 插入文件域

  - 插入单选按钮
  - 插入复选框
  - 插入列表和菜单

进阶——**在页面中制作表单**

提高——**自己动手练**
  - 在页面中插入节省空间的跳转菜单
  - 在页面中验证表单的有效性

本章导读

表单提供了从用户那里收集信息的方法。表单可以用于调查、定购、搜索等功能。一般的表单由两部分组成，一是描述表单元素的HTML源代码，二是客户端的脚本，或者服务器端用来处理用户所填信息的程序。本章将详细讲解Dreamweaver CS6表单的使用。

8.1 入门——基本概念与基本操作

使用Dreamweaver可以创建各种各样的表单，表单中可以包含各种对象，如文本域、图像域、按钮、单选按钮、复选框、下拉列表、文件域或者隐藏域等。

表单是Internet用户同服务器进行信息交流的最重要工具。通常，一个表单中会包含多个对象，有时它们也被称为控件，如用于输入文本的文本域、用于发送命令的按钮、用于选择项目的单选按钮和复选框以及用于显示选项列表的列表框等。

当访问者将信息输入表单并单击提交按钮时，这些信息将被发送到服务器，服务器端脚本或应用程序对这些信息进行处理，服务器通过将请求信息发送回用户，或基于该表单内容执行一些操作来进行响应。通常，通过通用网关接口（GGI）脚本、ColdFusion页、JSP、PHP或ASP来处理信息，如果不使用服务器端脚本或应用程序来处理表单数据，就无法收集这些数据。表单的处理流程如图8-1所示。

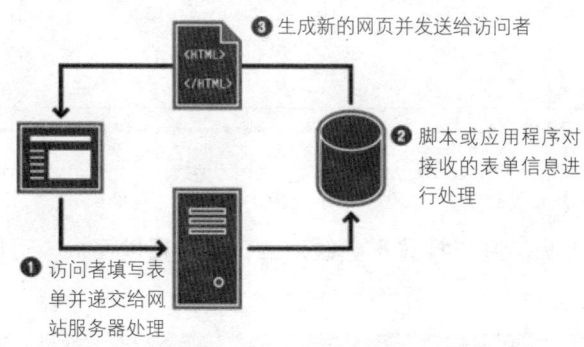

图8-1　表单的处理流程

如图8-2所示即为应用表单元素的调查问卷网页。当用户填写了问卷并单击"提交"按钮后，这些填写的信息会被发送到服务器上，服务器端脚本或应用程序对信息进行处理，并将成功结果反馈给浏览者，或执行某些特定的程序。

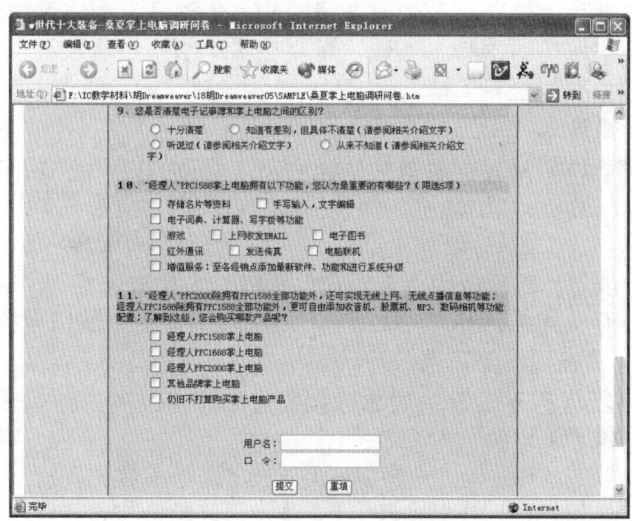

图8-2　应用表单元素的调查问卷

8.1.1 插入表单域

每个表单都是由一个表单域和若干个表单元素组成的，所有的表单元素要放到表单域中才会有效，因此，制作表单页面的第一步是插入表单域。

插入表单域的步骤说明如下。

1 将光标放置在要插入表单的位置。

2 单击菜单"插入"→"表单"→"表单"，如图8-3所示。此时表单域出现在编辑窗口中，如图8-4所示。

图8-3 表单对象面板

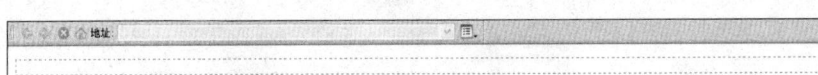

图8-4 插入表单域

3 表单有对应的属性面板。将光标置于虚线之上，打开属性面板，可以设置表单的属性，如图8-5所示。

图8-5 表单属性

🔍 "表单ID"用来设置这个表单的名称。为了正确地处理表单，一定要给表单设置一个名称。

🔍 "动作"用来设置处理这个表单的服务器端脚本的路径。如果希望该表单通过E-mail方式发送，而不被服务器端脚本处理，需要在"动作"后填入"mailto:"和希望发送到的E-mail地址。在这里我们输入mailto:songsong@51vc.com，表示把表单中的内容发送到作者的电子邮箱中。

🔍 "目标"下拉列表框用来设置表单被处理后反馈网页的打开方式，有4个选项——"_blank"、"_parent"、"_self"和"_top"，反馈网页默认的打开方式是在原窗口里打开。

🔍 如果选择"_blank"，则反馈网页在新窗口里打开；如果选择"_parent"，则反馈网页在父窗口里打开；如果选择"_self"，则反馈网页在原窗口里打开；如果选择"_top"，则反馈网页在顶层窗口里打开。

🔍 "方法"下拉列表框用来设置将表单数据发送到服务器的方法，有3个选项——"默认"、"POST"和"GET"。

如果选择"默认"或"GET"，则将以GET方法发送表单数据，把表单数据附加到请求URL中发送；如果选择"POST"，则将以POST方法发送表单数据，把表单数据嵌入到HTTP请求中发送。

**提示** 一般情况下应该选择POST，因为GET方法有很多限制，如果使用GET方法，URL的长度限制在8192个字符以内，一旦发送的数据量太大，数据将被截断，从而导致意外的或失败的处理结果。而且用GET方法发送机密用户名、密码、信用卡号或其他机密信息是很不安全的。

8.1.2 插入文本域

在表单的文本域中，可以输入任何类型的文本、数字或字母。输入的内容可以单行显示，也可以多行显示，还可以以星号作为密码形式显示。

插入文本域的步骤说明如下。

1 将光标放到要添加文本域的位置。

2 单击菜单"插入"→"表单"→"文本域"，弹出"输入标签辅助功能属性"对话框，如图8-6所示。根据需要进行相应的设置后单击"确定"按钮，即可在光标处添加文本域。

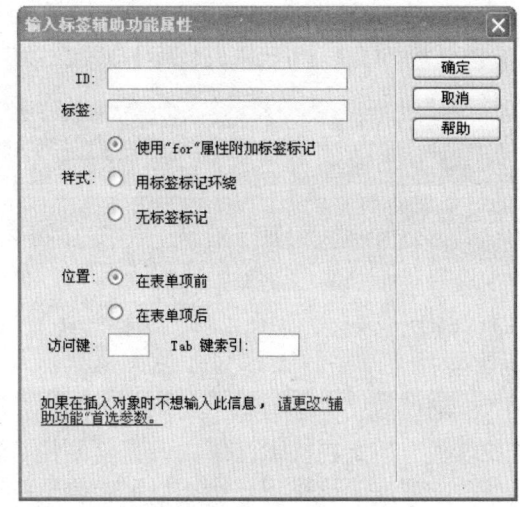

图8-6 "输入标签辅助功能属性"对话框

3 文本域有对应的属性面板。选中文本域，打开属性面板，可以设置文本域的属性，如图8-7所示。

图8-7 文本域属性

🔍 "文本域"下面的文本框用来设置所选文本框的名称。

🔍 "字符宽度"文本框用来设置所选文本框的长度，可输入数值，例如，输入"10"，则文本框的长度能显示10个字节的字符，或者能显示5个汉字。

🔍 "最多字符数"文本框用来设置所选文本框能输入的最大字符数，可输入数值。例如，输入"10"，则文本框最多能输入10个字节的字符，或者最多能输入5个汉字。

🔍 "初始值"文本框用来设置所选文本框被显示时的初始文本。

1. 插入密码框

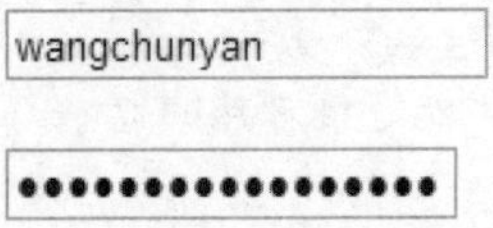

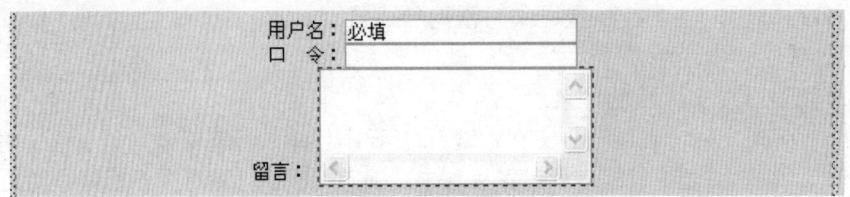

图8-8　密码框

在"类型"后选择"密码"单选框，则文本框转换成密码框。密码框和文本框的设置方法完全一致，只是在浏览器中，当访问者往密码框里输入字符时，为了保密，字符将自动以符号*或●显示，如图8-8所示。

2. 插入多行文本域

在"类型"后选择"多行"单选框，则文本框转换成多行文本域，如图8-9所示。

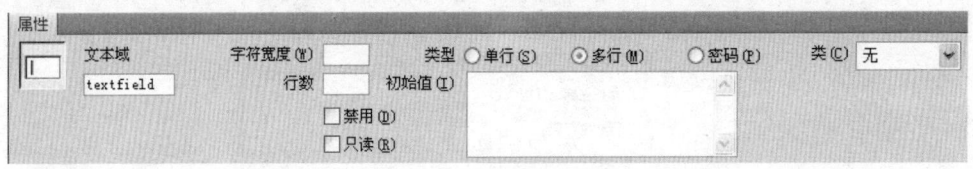

图8-9　多行文本域

设成多行文本域后，属性面板如图8-10所示，这时可以设置以下不同的项目。

图8-10　多行文本域属性

"行数"文本框用来设置所选文本域显示的行数，可输入数值。

"换行"下拉列表框用来设置文本框中输入文本的换行方式，有4个选项——"默认"、"关"、"虚拟"和"实体"。

🔍 如果选择"默认"或"虚拟"，则在文本区域中设置自动换行，当访问者输入的内容超过文本区域的右边界时，文本换行到下一行；当提交数据进行处理时，自动换行并不应用到数据中，数据作为一个数据字符串进行提交。

🔍 如果选择"关"，则防止文本域中文本换行到下一行，当访问者输入的内容超过文本区域的右边界时，文本将向左侧滚动。

🔍 如果选择"实体"，则在文本区域中设置自动换行，当提交数据进行处理时，也对这些数据设置自动换行。

8.1.3　插入隐藏域

隐藏域在页面中对于用户是看不见的，它用于存储一些信息，以便于被处理表单的程序所使用。

插入隐藏域的步骤说明如下。

1 将光标放到要添加隐藏域的位置。单击菜单"插入"→"表单"→"隐藏域"，即可在光标处插入隐藏域，如图8-11所示。

图8-11　插入隐藏域

2 隐藏域有对应的属性面板。选中隐藏域，打开属性面板，可以设置隐藏域的属性，如图8-12所示。

图8-12 隐藏域属性

 "隐藏区域"下面的文本框设置所选隐藏域的名称。

 "值"文本框用于设置隐藏域的值。

 **提示** 在网页编辑窗口中，会有隐藏域图标提示插入隐藏域的位置。隐藏域不被浏览器所显示，但在Dreamweaver CS6主窗口中以标记的形式显示，这是为了方便编辑。如果看不到该图标，请在编辑窗口下选择"查看"→"可视化助理"→"不可见元素"命令，隐藏域的图标应该就可以显示出来。

8.1.4 插入按钮

按钮的作用是当用户单击后，执行一定的任务，常见的有提交表单、重置表单等。

插入普通按钮的步骤说明如下。

1 将光标放到要添加按钮的位置。

2 单击菜单"插入"→"表单"→"按钮"，即可在光标所在位置插入按钮，如图8-13所示。

3 按钮有对应的属性面板。选中按钮，打开属性面板，可以设置按钮的属性，如图8-14所示。

图8-13 插入按钮

图8-14 按钮属性

 "按钮ID"下面的文本框用来设置所选按钮的名称。

 "动作"用来设置访问者单击按钮将产生的动作，有3个选项——"提交表单"、"无"和"重设表单"。如果选择"提交表单"，则访问者单击按钮将提交这个表单；如果选择"无"，则访问者单击按钮将不产生任何动作；如果选择"重设表单"，则访问者单击按钮将重设这个表单，把表单各对象的值恢复到初始状态。

 "标签"文本框用来设置按钮上显示的文本。

8.1.5 插入图像域

向表单中插入图像域后，图像域将起到提交表单的作用，本来需要用提交表单按钮来提交表单，但有时为了使表单更美观，需要用图像来提交表单，只需要把图像设置成图像域就可以了。

插入图像域的步骤说明如下。

1 将光标放到要插入图像域的位置。

2 单击菜单"插入"→"表单"→"图像域"，即可在光标所在位置插入图像域，如图8-15所示。

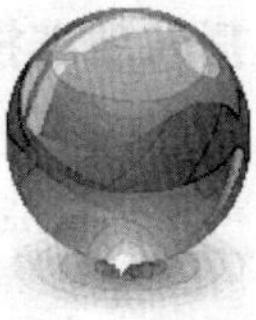

图8-15 插入图像域

3 图像域有对应的属性面板。选中图像域，打开属性面板，可以设置图像域的属性，如图8-16所示。

图8-16 图像域属性

🔍 "图像区域"下面的文本框用来设置所选图像域的名称。

🔍 "源文件"用来设置图像域的图像来源，此时可设置一个新的图像文件来替换这个图像域。

🔍 "替换"文本框用来设置图像域的替代文本，当访问者的浏览器无法显示图像域图像时，可以显示这个替代文本。

🔍 "对齐"下拉列表框用来设置图像域的对齐方式，有6个选项——"默认值"、"顶部"、"中间"、"底部"、"左对齐"和"右对齐"。

8.1.6 插入文件域

文件域可以让用户在域的内部填写自己硬盘中的文件路径，然后通过表单上传，这是文件域的基本功能。文件域由一个文本框和一个"浏览"按钮组成。访问者可以在文件域的文本框中输入一个文件的路径，也可以单击文件域的"浏览"按钮来选择一个文件，当访问者提交表单时，这个文件被上传。

插入文件域的步骤说明如下。

1 将光标放到要插入文件域的位置。

2 单击菜单"插入"→"表单"→"文件域"，即可在光标所在位置插入文件域，如图8-17所示。

3 文件域有对应的属性面板。选中文件域，打开属性面板，可以设置文件上传按钮的属性，如图8-18所示。

图8-17 插入文件域   图8-18 文件域属性

🔍 "文件域名称"下面的文本框用来设置所选文件域的名称。

🔍 "字符宽度"文本框用来设置文件域里文本框的宽度。

🔍 "最多字符数"文本框用来设置文件域里文本框可输入字符的最多数量。

8.1.7 插入单选按钮

单选按钮作为一个组使用，提供彼此排斥的选项值，用户在单选按钮组内只能选择一个选项。

1. 插入单选按钮

插入单选按钮的步骤说明如下。

1 将光标放到要添加单选框的位置。

2 单击菜单"插入"→"表单"→"单选按钮"，即可在光标所在位置插入单选按钮，如图8-19所示。

图8-19　插入单选按钮

3 单选按钮有对应的属性面板。如图8-20所示，选中单选框，打开属性面板，可以设置单选按钮的属性。

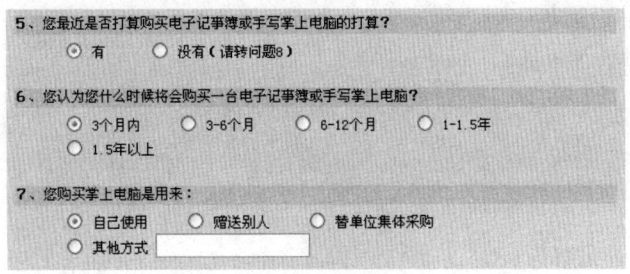

图8-20　单选按钮属性

🔍 "单选按钮"下面的文本框用来设置所选单选按钮的名称。

🔍 "选定值"文本框用来设置这个单选按钮的值。

🔍 "初始状态"用来设置这个单选按钮的初始状态，有两个选项——"已勾选"和"未选中"。如果选择"已勾选"，则这个单选按钮初始处于选中状态，如图8-21所示。

图8-21　默认选中的单选按钮

2. 插入单选按钮组

使用单选按钮组对话框，可以一次插入一组单选按钮。

插入单选按钮组的步骤说明如下。

1 将光标放到要添加单选按钮组的位置。

2 单击菜单"插入"→"表单"→"单选按钮组"，即可在光标所在位置插入单选按钮组，如图8-22及图8-23所示。

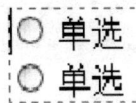

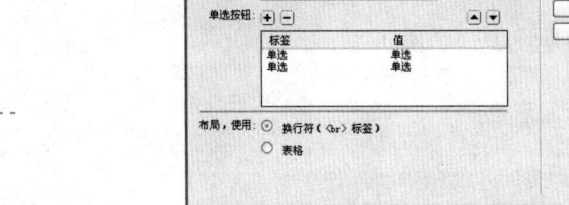

图8-22　插入的单选按钮组　　　图8-23　"单选按钮组"对话框

"名称"文本框用来设置这个单选按钮组的名称。在单选按钮组对话框中，中间的选框里列有这个单选按钮组所包含的所有单选按钮，每一行代表一个单选按钮。"标签"是设置单选按钮的文字说明，"值"是设置单选按钮的值。

单击"+"按钮，可以为单选按钮组添加一个新的单选按钮。

单击"-"按钮，可以删除选中的单选按钮。单击向上或向下的箭头按钮，可以为单选按钮组所包含的单选按钮排序。

"布局，使用"用来设置单选按钮的换行方式，有两个选项："换行符"和"表格"。如果选择"换行符"，则单选按钮在网页中直接换行；如果选择"表格"，则Dreamweaver自动插入表格来安排单选按钮的换行。

8.1.8 插入复选框

复选框对每个单独的响应进行"关闭"和"打开"状态切换，因此，用户可以从复选框组中选择多个选项。

插入复选框的步骤说明如下。

1 将光标放到要添加复选框的位置。

2 单击菜单"插入"→"表单"→"复选框"，即可在光标所在位置插入复选框，如图8-24所示。

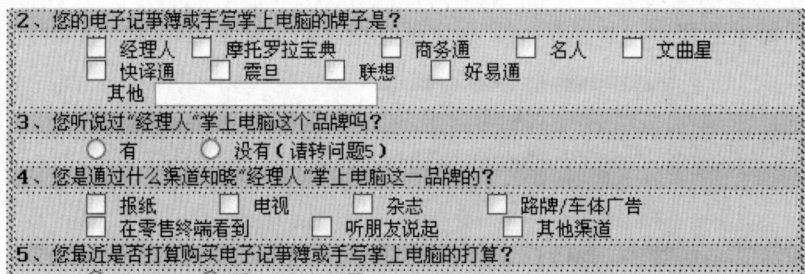

图8-24 插入复选框

3 复选框有对应的属性面板。选中复选框，打开属性面板，可以设置复选框的属性，如图8-25所示。

图8-25 复选框属性

"复选框名称"下面的文本框用来设置所选复选框的名称。

"选定值"文本框用于设置这个复选框的值。

"初始状态"是设置这个复选框的初始状态，有两个选项——"已勾选"和"未选中"。如果选择"已勾选"，则这个复选框初始处于选中状态，如图8-26所示。如果选择"未选中"，则这个复选框初始处于未选状态。

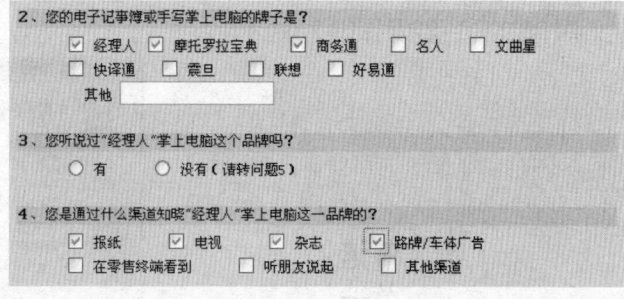

图8-26 已选中的复选框

124

8.1.9 插入列表和菜单

列表和菜单的功能与复选框和单选按钮的功能类似，都可以列举很多选项供浏览者选择，其最大的好处就是可以在有限的空间内为用户提供更多的选项，非常节省版面。其中列表提供一个滚动条，它使用户可以浏览许多项，并进行多重选择。下拉式菜单默认仅显示一项，该项为活动选项，用户单击打开菜单但只能选择其中的一项。

1. 插入列表

插入列表的步骤说明如下。

1 将光标放到要插入列表的位置。

2 单击菜单"插入"→"表单"→"选择（列表/菜单）"，即可在光标
所在位置插入列表，如图8-27所示。

图8-27 插入列表

3 列表有对应的属性面板。选中列表，打开属性面板，可以设置列表的
属性。在列表属性面板上"类型"后选择"列表"单选框，如图8-28所示。

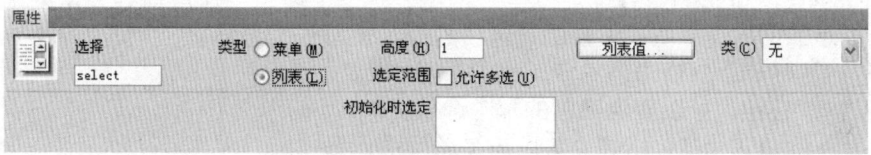

图8-28 列表属性

🔍 "选择"下面的文本框用来设置所选列表的名称。

🔍 单击"列表值"按钮，弹出"列表值"对话框，中间的选框里列有这个列表所包含的所有选项，每一行代表一个选项。"项目标签"用来设置每个选项所显示的文本，"值"设置的是选项的值，如图8-29所示。

单击"+"按钮，可以为列表添加一个新的选项。

单击"−"按钮，可以删除选框里选中的那个选项。

单击向上或向下的箭头按钮，可以为列表的选项排序。

🔍 "初始化时选定"选框里可以选择列表在浏览器里显示的初始值。

🔍 "高度"文本框用来设置列表的高度，例如，填入"8"，则列表在浏览器中显示为8个选项的高度。如果选中"选定范围"后的复选框，则这个列表允许被多选。如果取消对"选定范围"后复选框的选择，则这个列表只允许被单选。

如图8-30所示的就是插入到页面中的列表。

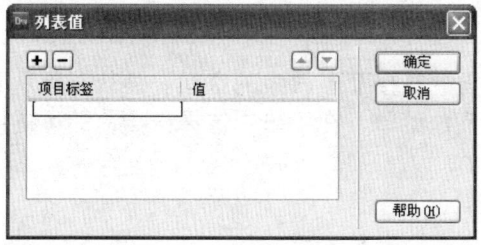

图8-29 列表值

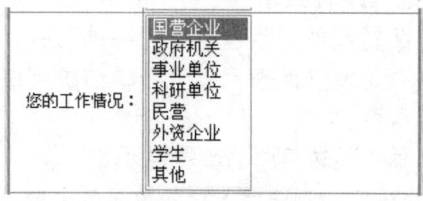

图8-30 列表

2. 插入菜单

插入菜单的步骤说明如下。

1 将光标放到要插入菜单的位置。

2 单击菜单"插入"→"表单"→"选择（列表/菜单）"，即可在光标所在位置插入菜单，如图8-31所示。

图8-31 插入菜单

3 菜单有对应的属性面板。选中菜单，打开属性面板，可以设置菜单的属性。在菜单属性面板上"类型"后选择"菜单"单选按钮，如图8-32所示。

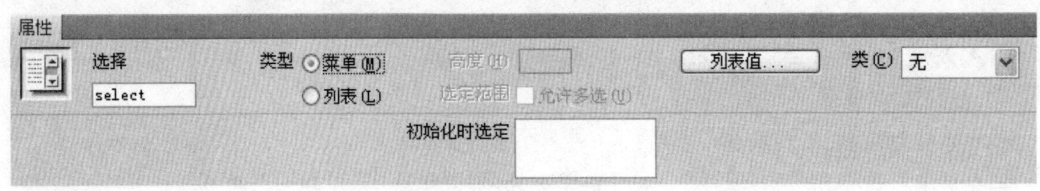

图8-32 菜单属性

🔍 "选择"下面的文本框用来设置所选菜单的名称。

🔍 单击"列表值"按钮，弹出"菜单框"对话框，在菜单框对话框中，中间的选框里列有这个菜单所包含的所有选项，每一行代表一个选项。"项目标签"用来设置每个选项所显示的文本，"值"设置的是选项的值。如图8-33所示。
单击"+"按钮，可以为列表添加一个新的选项。
单击"−"按钮，可以删除选中的那个选项。
单击向上或向下的箭头按钮，可以为菜单的选项排序。

🔍 "初始化时选定"选框里可以选择菜单在浏览器里显示的初始值。如图8-34所示就是插入到页面中的菜单。

图8-33 列表值

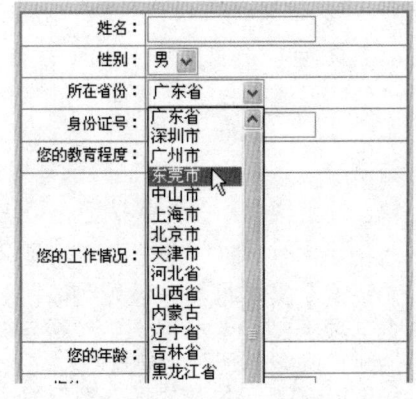

图8-34 菜单

3. 插入跳转菜单

跳转菜单是创建链接的一种形式，但比真正的链接节省很大的空间。跳转菜单从表单中的菜单发展而来，浏览者单击扩展按钮打开下拉菜单，在菜单中选择链接，即可链接到目标网页。

插入跳转菜单的步骤说明如下。

1 将光标放到要插入跳转菜单的位置。

2 单击菜单"插入"→"表单"→"跳转菜单"，即可在光标所在位置插入跳转菜单。

3 在如图8-35所示的弹出对话框中进行插入跳转菜单的设定。

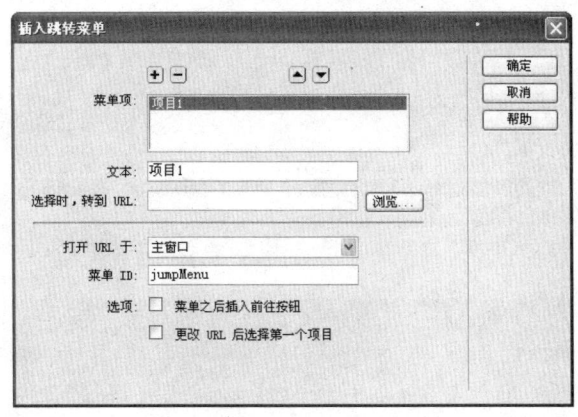

图8-35 添加跳转菜单

🔍 "菜单项"选框列出了跳转菜单的所有菜单项。单击"+"按钮，可以增加一个菜单。在"菜单项"选框里选中菜单项，单击"-"按钮，可以删除这个选中的菜单项。在"菜单项"选框里选中菜单项，单击向上或向下的箭头按钮，可以调整这个菜单项在跳转菜单里的排列位置。

🔍 "文本"文本框用来设置当前菜单项显示的文本。

🔍 "选择时，转到URL"用来设置当前菜单项所对应的超链接地址。

🔍 "打开URL于"下拉列表框用来设置超链接的打开方式。

🔍 "菜单ID"文本框用来设置当前菜单项的名称。

🔍 如果选中"菜单之后插入前往按钮"复选框，则向网页中插入跳转菜单后，将同时插入一个"前往"按钮。访问者单击"前往"按钮，将打开跳转菜单中当前选中菜单对应的超链接。

🔍 如果选中"更改URL后选择第一个项目"复选框，将可以使用菜单选择提示。

🔍 单击"确定"按钮，可以完成"插入跳转菜单"对话框的设置。页面中的跳转菜单如图8-36所示。

图8-36 跳转菜单

8.2 进阶——在页面中制作表单

本例将在网页文件中创建文本域、密码域、单选按钮、复选框、选择、文件域、按钮等多种表单对象，形成一个完整的表单页面。在插入这些元素前，还需要在页面中加入表单标签。

最终效果

本例的最终效果如图8-37所示。

解题思路

1 插入表单。

2 插入文本域。

3 插入密码域。

4 插入选择。

5 插入单选按钮。

6 插入复选框。

7 插入按钮。

8 在浏览器中预览。

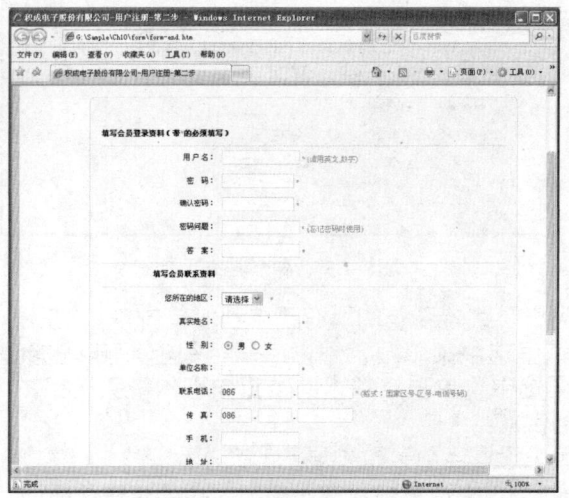

图8-37 最终效果

操作步骤

1 单击页面中间的单元格"用户注册"后的空白处，在"插入"面板的"表单"分类中单击"表单"按钮，红色的虚线框被加入到了页面中，如图8-38所示。

2 选中表单下方的表格，按"Ctrl+X"组合键剪切整个表格，如图8-39所示。

3 将光标移动到红色虚线框内部，按"Ctrl+V"组合键粘贴表格，这样表格中的所有内容就移动到了表单标签中，如图8-40所示。

4 单击"用户名"文字右侧的单元格，在"插入"面板的"表单"分类中单击"文本域"按钮，插入文本域。在属性面板中设置文本域名称为username，"字符宽度"为16，"最多字符数"为20，"类"为re_input，如图8-41所示。

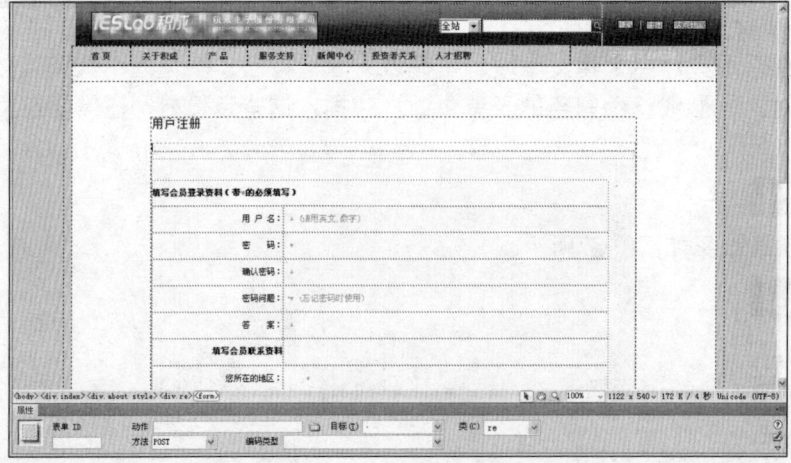

图8-38 插入表单

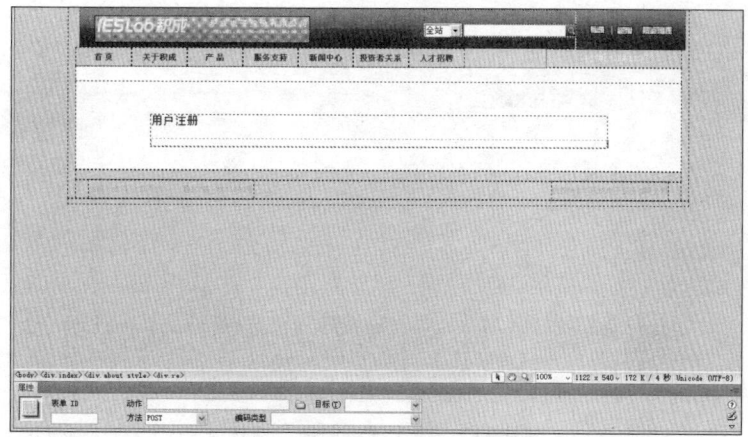

图8-39　选择表格并剪切

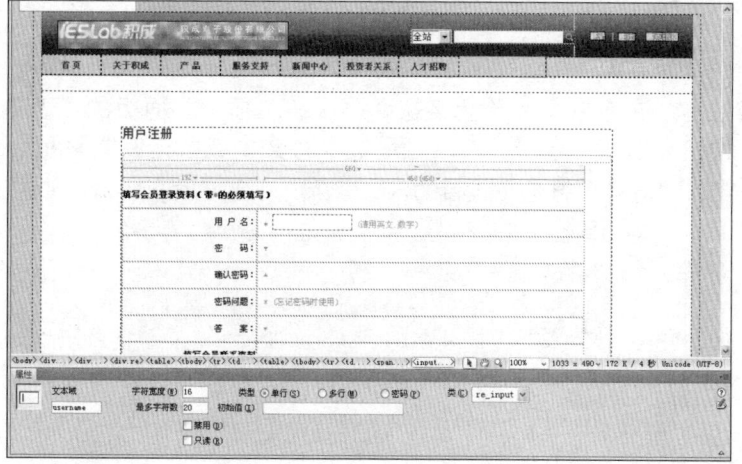

图8-40　粘贴表格

图8-41　插入用户名文本域

5　单击"密码问题"文字右侧的单元格后，再次在"插入"面板的"表单"分类中单击"文本域"按钮，插入文本域。在属性面板中将文本域名称设置为pwdissue，"字符宽度"设置为16，"最多字符数"设置为200，"类"设置为re_input，如图8-42所示。

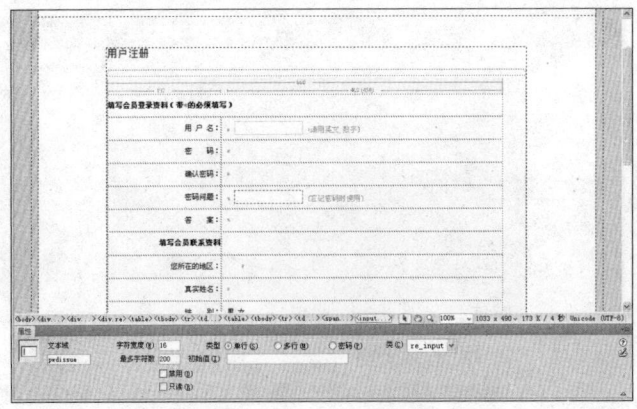

图8-42 插入密码问题文本域

6 单击"答案"文字右侧的单元格后，再次在"插入"面板的"表单"分类中单击"文本域"按钮，插入文本域。在属性面板中将文本域名称设置为answer，"字符宽度"设置为16，"最多字符数"设置为200，"类"设置为re_input，如图8-43所示。

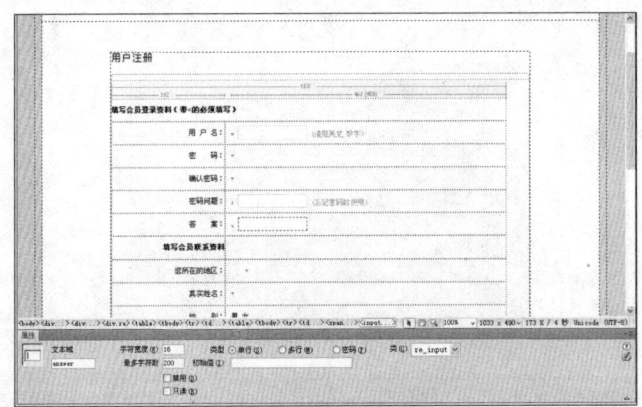

图8-43 插入答案文本域

7 单击"真实姓名"文字右侧的单元格后，再次在"插入"面板的"表单"分类中单击"文本域"按钮，插入文本域。在属性面板中将文本域名称设置为answer，"字符宽度"设置为16，"最多字符数"设置为20，"类"设置为re_input，如图8-44所示。

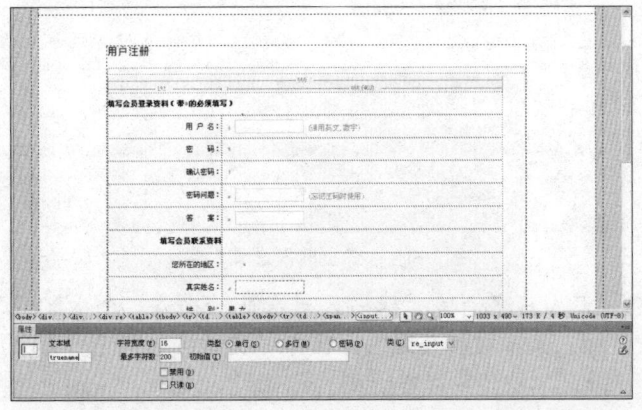

图8-44 插入真实姓名文本域

8 按照同样的方法依次插入"单位名称"、"手机"、"地址"、"邮编"、"E-mail"、"验证码"等文本域,并输入相应的文本域名称,设置"字符宽度"与"最多字符数","类"可设置为 re_input,如图8-45所示。

9 在"联系电话"和"传真"后依次插入3个文本域,并输入相应的名称,"字符宽度"依次为3、4、10,"最多字符数"依次为3、6、10,并将第一个文本域的初始值设置为086,代表中国国家区号,"类"设置为re_input,如图8-46所示。

10 单击"密码"文字右侧的单元格后,在"插入"面板的"表单"分类中单击"文本域"按钮。在属性面板中设置文本域的名称为pwd,然后将"字符宽度"设置为16,"最多字符数"设置为20,在"类型"选项中选择"密码"单选按钮,将"类"设置为re_input,如图8-47所示。

11 单击"确认密码"文字右侧的单元格后,插入文本域,其属性面板中设置文本域的名称为reppwd,然后将"字符宽度"设置为16,"最多字符数"设置为20,在"类型"选项中选择"密码"单选按钮,将"类"设置为re_input,如图8-48所示。

12 单击"您所在的地区"文字后面的单元格,然后单击"插入"面板"表单"分类中的"选择(列表/菜单)"按钮,如图8-49所示。

13 在属性面板中将下拉菜单的名称设置为province,"类型"设置为菜单,"类"设置为re_input,如图8-50所示。

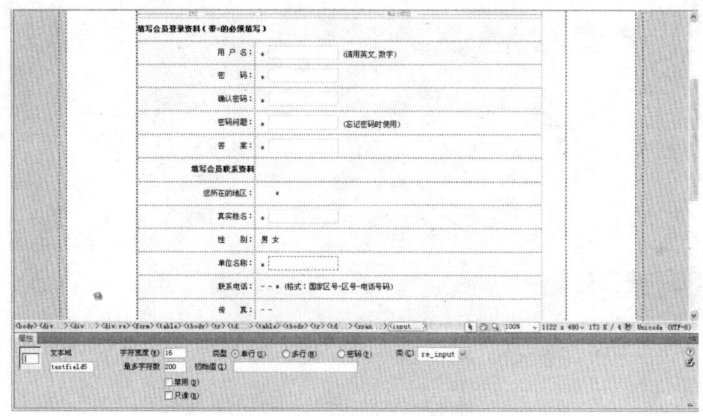

图8-45 设置完成的文本域

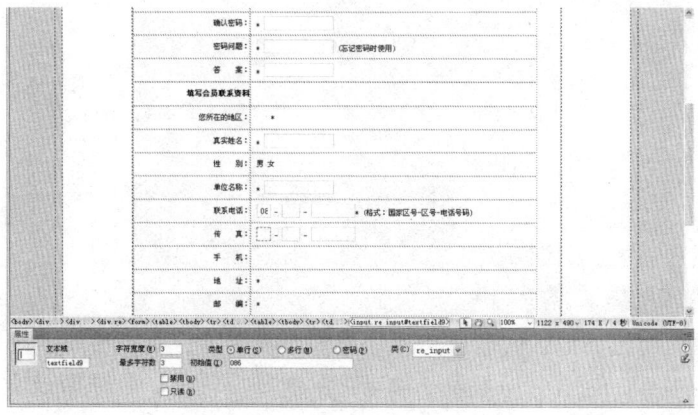

图8-46 插入电话和传真的文本域

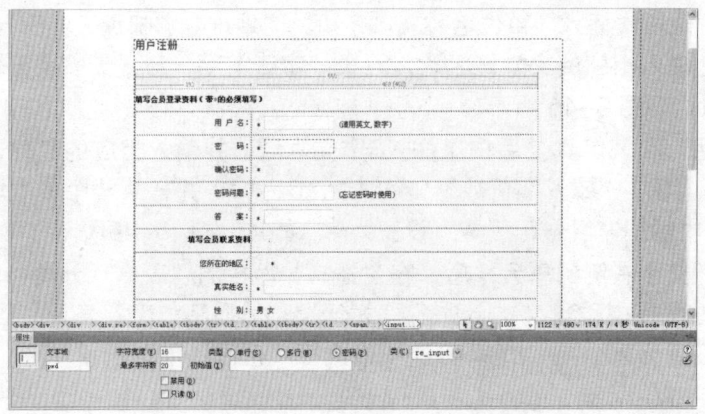

图8-47　插入密码的文本域

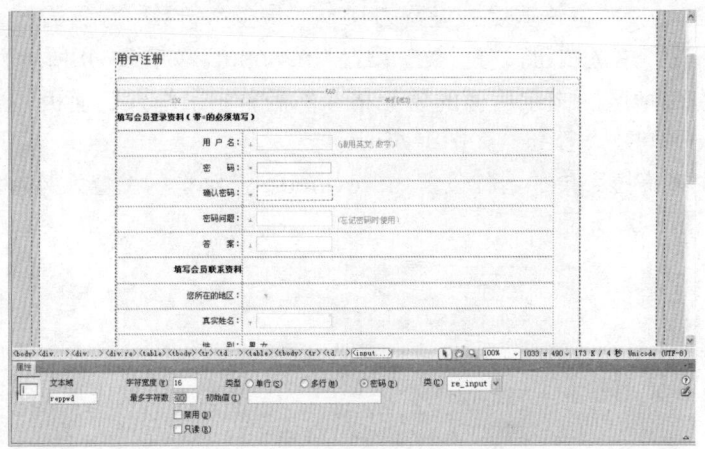

图8-48　插入密码确认的文本域

图8-49　单击"选择（列表/菜单）"按钮

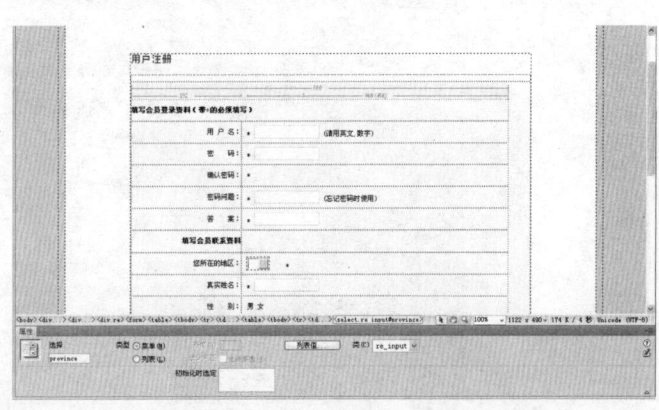

图8-50　插入"选择（列表/菜单）"

14 单击"列表值"按钮添加地区项目。在弹出的"列表值"对话框中"项目标签"显示在下拉菜单中的项目，这里添加为多个项目可供选择；"值"是选择该项目时传给服务器程序的值，这里设置为0。单击"+"按钮，添加具体地区的名称和值后，单击"确定"

按钮，如图8-51所示。

15 选择插入的下拉菜单后，在属性面板的"初始化时选定"列表框中即可看到我们前面添加的项目标签，如图8-52所示。

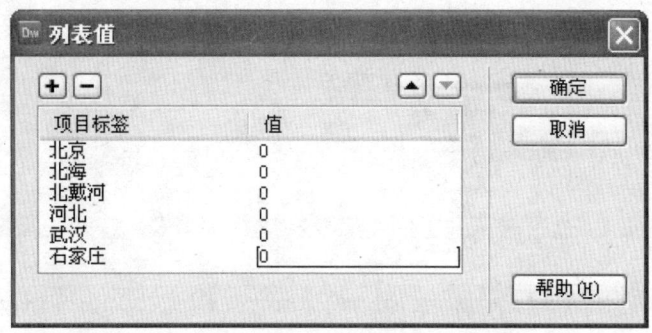

图8-51 设置"项目标签"和"值"参数

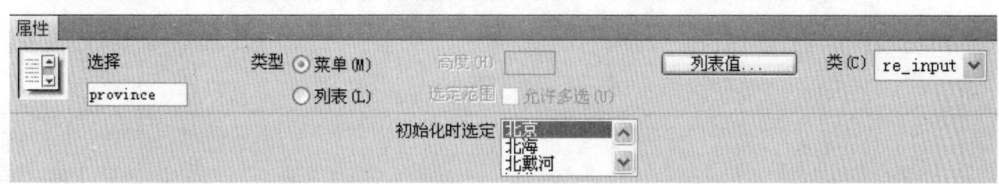

图8-52 选择初始值

16 单击文字"性别"后的单元格，然后单击"插入"面板"表单"分类中的"单选按钮"按钮，插入一个单选按钮。在属性面板中将单选按钮的名称设置为sex，"选定值"设置为1，在"初始状态"选项组中选中"已勾选"单选按钮，"类"设置为re_td，如图8-53所示。

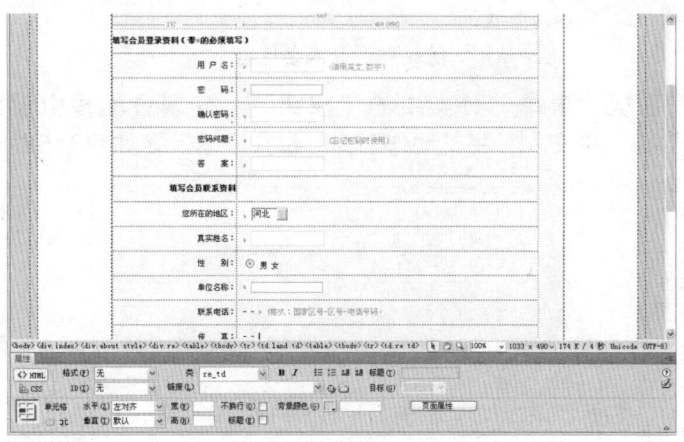

图8-53 插入单选按钮

17 在文字"女"左侧插入一个单选按钮。在属性面板中将单选按钮的名称设置为sex，"选定值"设置为2，在"初始状态"选项组中选中"未选中"单选按钮，"类"设置为re_td，如图8-54所示。

18 按照同样的方法在每个项目前插入一个复选框，名称都为proclass[]，"选定值"分别为1，"初始状态"为"未选中"，"类"设置为re_td，如图8-55所示。

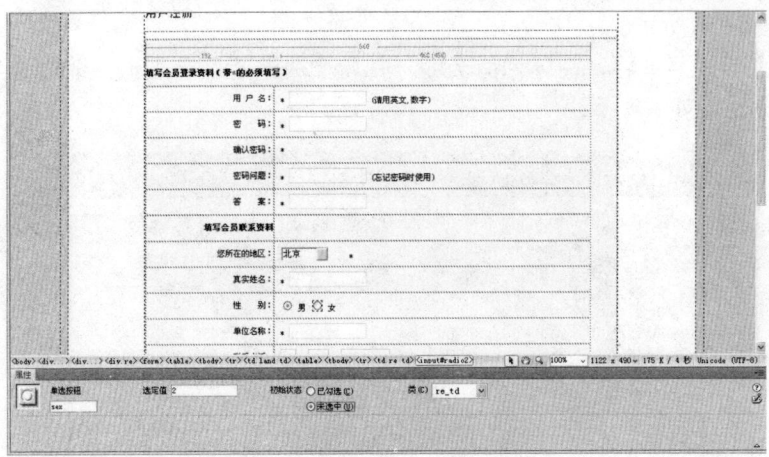

图8-54 再次插入单选按钮

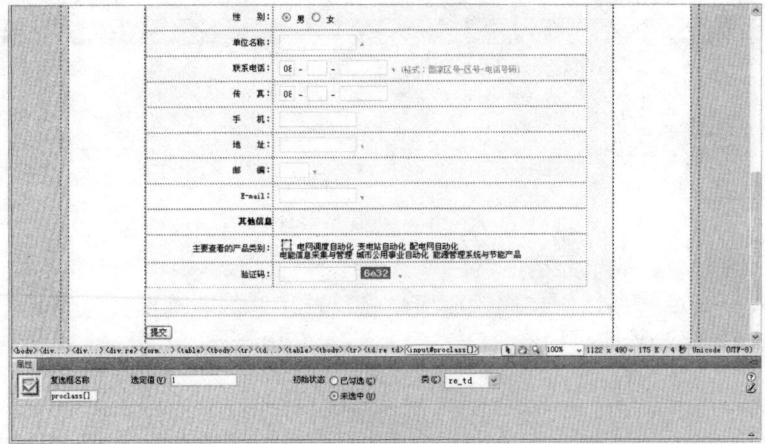

图8-55 插入复选框

19 单击 "插入" 面板 "表单" 分类中的 "按钮" 。在属性面板中设置 "按钮ID" 为 button，"值" 为 "提交"，将 "动作" 为 "提交表单"，如图8-56所示。

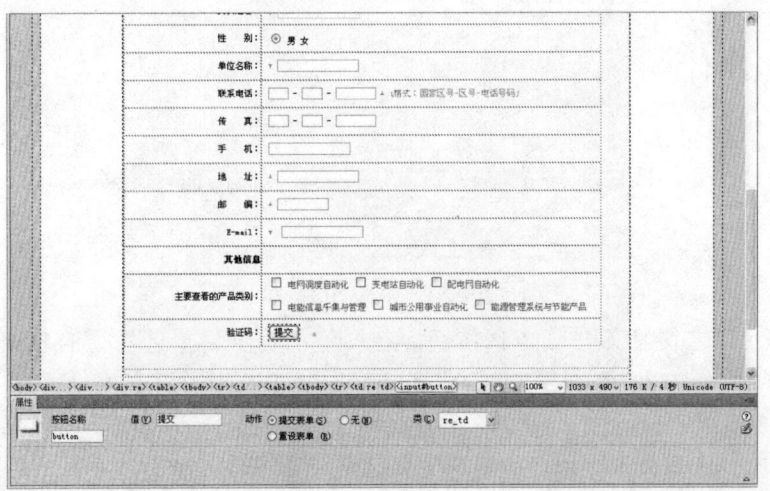

图8-56 插入更多复选框

20 按下“F12”键，在浏览器中预览页面效果，如图8-57所示。

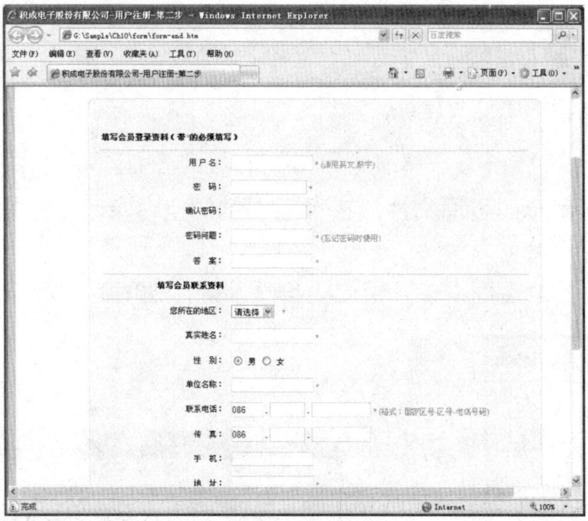

图8-57　预览效果

8.3 提高——自己动手练

8.3.1 在页面中插入节省空间的跳转菜单

本例制作的是产品的跳转菜单。在跳转菜单中选择想要查看的网站类别，就可以连接到相关内容上。

最终效果

本例的最终效果如图8-58所示。

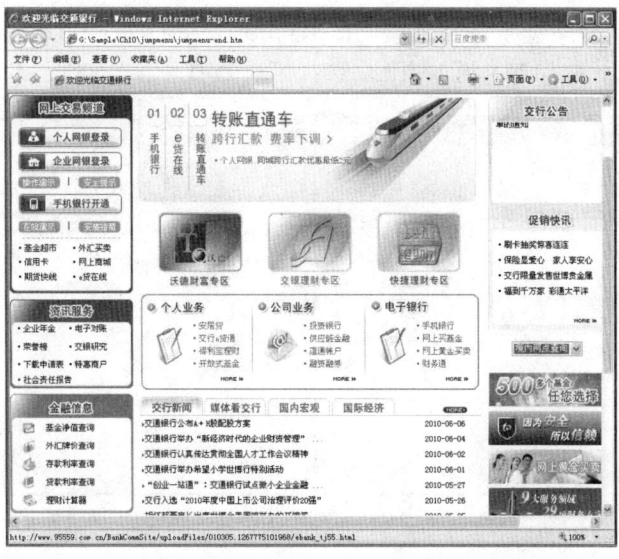

图8-58　最终效果

◤解题思路◥

1 创建跳转菜单。

2 选择跳转菜单的基本项目。

3 在浏览器中确认跳转菜单。

◤操作提示◥

1 打开需要插入跳转菜单的页面文件，在页面右侧的空白单元格中插入"跳转菜单"，如图8-59所示。

2 在"插入跳转菜单"对话框中输入相应的参数设置，如图8-60所示。

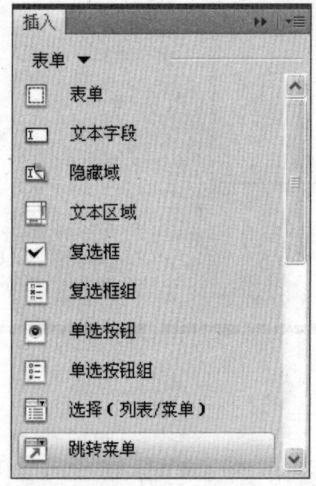

图8-59　单击"跳转菜单"按钮

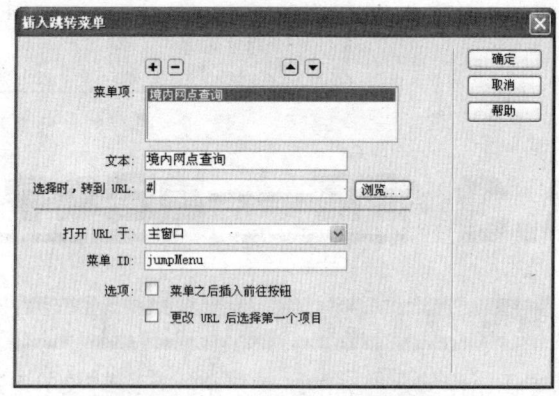

图8-60　创建第一个项目

3 继续创建第二个项目。在"插入跳转菜单"对话框中添加项目，在"选择时，转到URL"文本框中输入相应网址：http://www.95559.com.cn/BankCommSite/cn/node/fenhangwd.jsp，如图8-61所示。

4 使用同样的方法添加"自助网点"项目，转到http://www.95559.com.cn/BankCommSite/cn/gt/zizhuwd.jsp，并勾选"更改URL后选择第一个项目"，如图8-62所示。

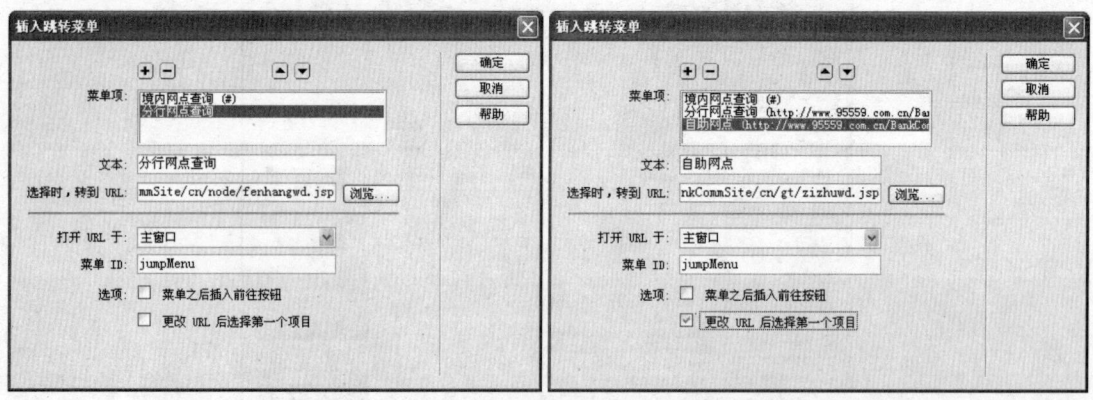

图8-61　创建第二个项目　　　　　　　　图8-62　添加其余项目

5 选择添加的跳转菜单单元格，在属性面板中的"初始化时选定"列表框中选择"境内网点查询"作为跳转菜单的基本项目，如图8-63所示。

图8-63　选择跳转菜单的初始化项目

6 按下"F12"键，在浏览器中进行确认，如图8-64所示。

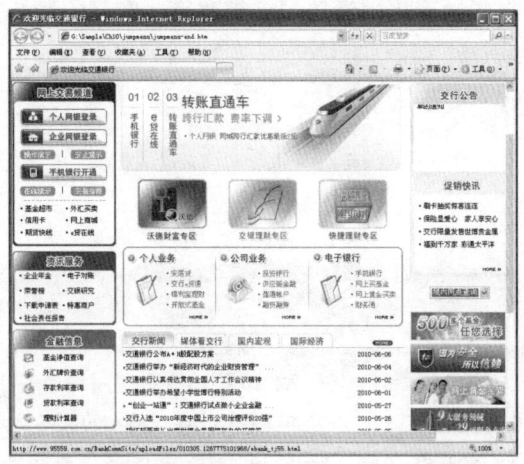

图8-64　预览效果

8.3.2　在页面中验证表单的有效性

通过本例掌握使用Spry表单检测效果，我们将对页面中存在的"产品功能"文本框和"产品类别"菜单进行表单检测。

最终效果

本例的最终效果如图8-65所示。

图8-65　最终效果

| 解题思路 |

1 插入Spry验证文本域。

2 插入Spry验证选择。

3 预览页面。

| 操作提示 |

1 打开需要插入跳转菜单的页面文件，在插入点置入页面右下方写有"产品功能："后的单元格中，插入"Spry验证文本区域"，如图8-66所示。

2 选中插入的文本域，在属性面板中设置"字符宽度"和"行数"，如图8-67所示。

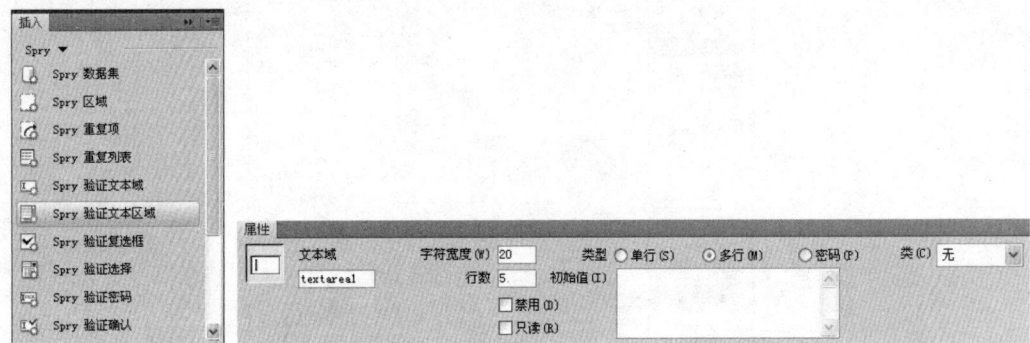

图8-66 插入"Spry验证文本区域"   图8-67 插入的文本区域

3 选中插入的"Spry验证文本区域"，在属性面板中设置"最大字符数"和"验证于"选项，如图8-68所示。

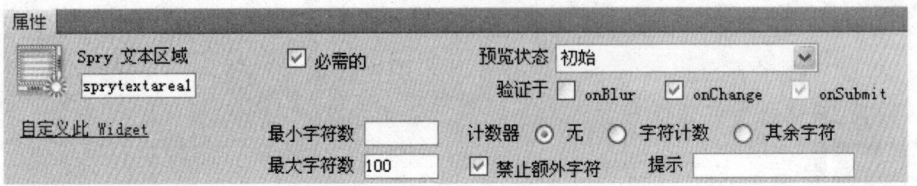

图8-68 设置Spry验证文本区域属性

4 将插入点置于页面左下方写有"产品类别："后的单元格中，插入"Spry验证选择"并设置相应的属性，如图8-69所示。

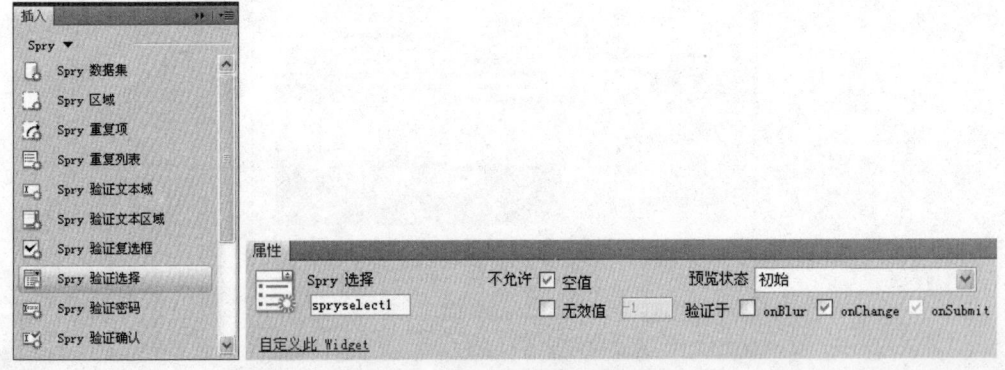

图8-69 设置Spry验证选项属性

5 打开"列表值"对话框，设置菜单列表值，如图8-70所示。

6 按下"F12"键进行预览最终效果，如图8-71所示。

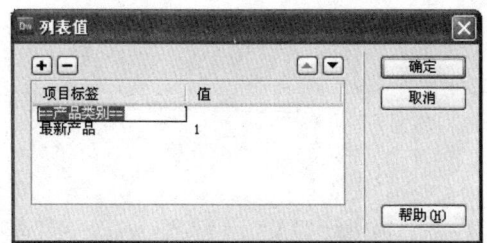

图8-70　设置菜单列表值　　　　　　　图8-71　预览文本区域

8.4 答疑与技巧

问 表单元素包括哪些？

答 表单体、文本字段、隐藏域、文本区域、复选框、单选按钮、单选按钮组、列表/菜单、跳转菜单、图像域、文件域和按钮。

问 Spry验证表单通过什么技术实现？

答 Spry验证表单主要通过HTML完成对表单元素的描述，通过CSS层叠样式表完成对表单样式的描述，通过JavaScript脚本完成对验证功能的描述。

结束语

　　利用表单，可以帮助Internet服务器从用户处收集信息，例如收集用户资料、获取用户订单，也可以实现搜索接口。在Internet上也同样存在大量的表单，让你输入文字或进行选择。很多人应该都申请过免费E-mail，你必须在网页上输入你的个人信息，才能获得免费的E-mail地址。如果希望通过登录Web页来收发E-mail，则必须在网页中输入你的账号和密码，才能进入到你的邮箱中，这些都是表单的具体应用。

　　表单网页是设计与功能的结合，一方面要与后台的程序很好地结合起来，另一方面要制作得相对美观，所以应该掌握好表单元素的正确插入与设置。

Chapter 9

第9章
使用CSS美化网页

本章要点

入门——基本概念与基本操作

　　🔍 什么是CSS

　　🔍 使用CSS美化页面的基本方法

进阶——在页面中创建并应用外部样式表

提高——使用CSS美化页面

本章导读

　　在本章中，我们将在前几章的基础上，学习CSS这项技术，并通过举例，进一步认识Dreamweaver中的CSS使用方法并实践CSS的操作。

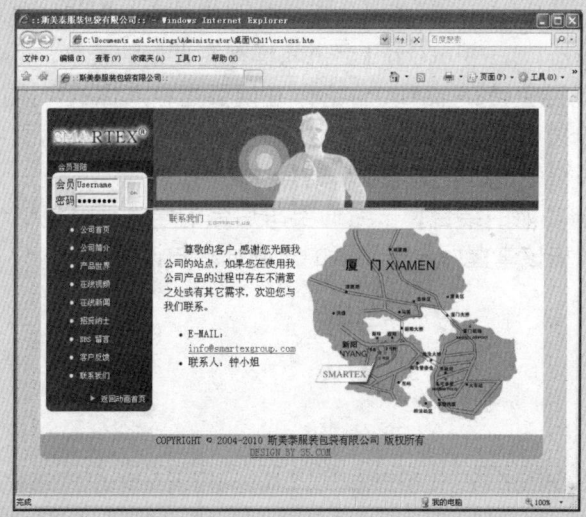

9.1 入门——基本概念与基本操作

由于HTML本身的一些客观因素，导致其结构与显示不分离的这种特点，也是阻碍其发展的一个原因。因此，W3C很快发布了CSS（层叠样式表）解决这一问题，使不同的浏览器能够正常地显示同一页面。

9.1.1 什么是CSS

文档结构与显示的混合一直是HTML的一大缺陷，也许导致这一问题存在的原因是不同浏览器之间的不兼容性。为了能够让网页在各种平台上都能够正常显示，人们需要一种新的规范，将显示描述彻底地独立于文档的结构，就这一点XML是严格遵守的，而HTML显然与之不同。

为了响应快速增长的需求，W3C开始为HTML制定样式表机制，这就是CSS。1996年12月17日，W3C标准化组织终于推出了CSS1（Cascading Style Sheets Level 1）规范，立刻得到了微软与网景公司的支持。

1. CSS的基本概念

CSS对于设计者来说是一种简单、灵活、易学的工具，能使任何浏览器都听从指令，知道该如何显示元素及其内容。

> 说明 1998年5月12日，W3C组织推出了CSS2，使得这项技术在世界范围内得到更广泛的支持。Cascading Style Sheets Level 2成为了W3C的新标准。同时，W3C CoreStyles和CSS2 Validation Service以及CSS Test Suite宣布成立。它是一组样式，样式中的属性在HTML元素中依次出现，并显示在浏览器中。

样式可以定义在HTML文档的标志（TAG）里，也可以作为外部文档附加到当前文档中。此时，一个样式表可以用于多个页面，甚至整个站点，因此具有更好的易用性和扩展性。

CSS可以使用HTML标签或命名的方式定义，除可控制一些传统的文本属性外，例如字体、字号、颜色等，还可以控制一些比较特别的HTML属性，像对象位置、图片效果、鼠标指针等。层叠样式表可以一次控制多个文档中的文本，并且可随时改动CSS的内容，以自动更新文档中文本的样式。

从总体来说，CSS能够完成下列工作：

- 弥补HTML对网页格式化功能的不足，比如段落间距、行距等；
- 字体变化和大小；
- 页面格式的动态更新；
- 排版定位等。

如图9-1所示页面的鼠标指向链接时链接颜色发生改变的效果就是一个非常典型的CSS应用。

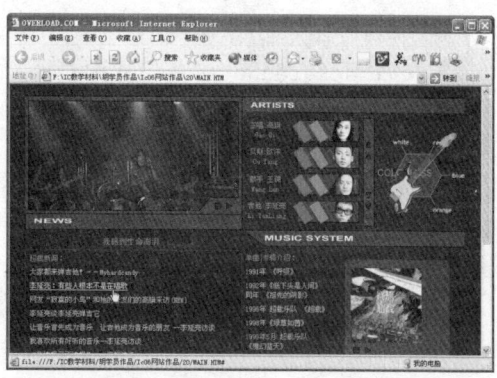

图9-1 CSS在页面中的应用

2. CSS的特点

🔲 **将格式和结构分离**

　　HTML定义了网页的结构和各要素的功能，而层叠样式表通过将定义结构的部分和定义格式的部分分离，使我们能够对页面的布局施加更多的控制，而HTML仍可以保持简单明了的初衷。CSS代码独立出来从另一角度控制页面外观。

🔲 **以前所未有的能力控制页面布局**

　　HTML对页面总体上的控制很有限，如精确定位、行间距或字间距等，这些都可以通过CSS来完成。如图9-2所示的弹出窗口中的页面，就是使用了CSS完成的行间距设定。

🔲 **制作体积更小、下载更快的网页**

图9-2　使用CSS控制行间距

　　样式表只是简单的文本，就像HTML那样。它不需要图像，不需要执行程序，也不需要插件。使用层叠样式表可以减少表格标签及其他加大HTML体积的代码，减少图像用量从而减小文件尺寸。

🔲 **将许多网页同时更新，比以前更快更容易**

　　没有样式表时，如果想更新整个站点中所有主体文本的字体，必须一页一页地修改每张网页。样式表的主旨就是将格式和结构分离。利用样式表，可以将站点上所有的网页都指向单一的一个CSS文件，只要修改CSS文件中的某一行，那么整个站点都会随之发生变动。

🔲 **浏览器将成为更友好的界面**

　　样式表的代码有很好的兼容性，也就是说，如果用户丢失了某个插件时不会发生中断，或者使用老版本的浏览器时代码不会出现杂乱无章的情况。只要是可以识别串接样式表的浏览器就可以应用它。

3. CSS的类型

🔲 自定义CSS

　　用户可以在文档的任何区域或文本中应用自定义的CSS，如果将自定义的CSS应用于一整段文字，那么会在相应的标签中出现"Class"属性，该属性值即为自定义CSS名称。如果将自定义的CSS应用于部分文字上，那么会出现<Span>和</Span>标签，并且其中包含"Class"属性。

　　如下代码：

```
.bg {background-image: url(bg.gif);}
<body class="bg">
```

🔲 重定义标签的CSS

　　我们可以针对某一个标签来定义CSS，也就是说定义的CSS将只应用于选择的标签。例如我们为<Body>、</Body>标签定义了CSS，那么所有包含在<Body>、</Body>标签的内容将遵循定义的CSS。

　　如下代码：

```
td {color: #000099; font-size: 9pt }
```

CSS选择符

CSS选择符为特殊的组合标签定义CSS，使用"ID"作为属性，以保证文档具有唯一可用的值。CSS选择符是一种特殊类型的样式，常用的有四种，分别为a:link、a:active、a:visited和a:hover。

- a:link：设定正常状态下链接文字的样式。
- a:active：设定鼠标单击时链接的外观。
- a:visited：设定访问过的链接外观。
- a:hover：设定鼠标放置在链接文字之上时，文字的外观。

如下代码：

```
a:link {color: #FF3366;font-family: "宋体";text-decoration: none;}
a:hover {color: #FF6600;font-family: "宋体";text-decoration: underline;}
a:visited {font-family: "宋体";color: #339900;text-decoration: none;}
```

4．CSS的基本写法

在HEAD内的实现

CSS一般位于HTML文件的头部，即<Head>与</Head>标签内，并且以<Style>开始，以</Style>结束。

```
<STYLE TYPE="text/css">
H1 { font-size: x-large; color: red }
H2 { font-size: large; color: blue }
</STYLE>
```

其中，<Style></Style>之间的是样式的内容。Type一项的意思指使用的是Text中的CSS书写的代码。{ }前面的是样式的类型和名称，{ }中的是样式的属性。

上述代码定义了<H1>、<H2>标记使用的字号和颜色。

在BODY内的实现

在BODY中实现主要是在标记中引用，比如要让H3标记的字体大小为10pt，可以使用下面的语法：

```
<h3 style="font-size:10pt">
```

这样的写法虽然直观，但是无法体现出层叠样式表的优势，因此并不推荐使用。

在文件外的调用

CSS的定义既可以是在HTML文档内部，也可以单独成立文件。

```
<link rel="stylesheet" href="Style.css" type="text/css">
```

5．CSS的冲突

当对同一段文本应用多个CSS样式时，由于这些样式之间可能存在一定的矛盾，所以在显示时会出现无法预期的效果。

浏览器在显示CSS样式时，一般遵循以下几个规则。

- 当两个不同样式应用于同一段文本时，浏览器将显示这段文本所具有的所有属性，除非定义的两个样式之间有显示上的冲突，例如一个样式定义这段文本为绿色，另一个样式定义这段文本为红色。
- 当来自不同样式中的文本属性在应用到用一段文本产生冲突时，浏览器将按照与文本关系的远近来决定到底显示哪一个属性。
- 在产生直接的冲突时，CSS样式具有较高的优先级。也就是说，在HTML样式与CSS样式存在矛盾时，浏览器将按照CSS样式中定义的文本属性来显示。

下面举例说明，我们定义了两个CSS样式，一个样式中的文字颜色是红色，另一个是绿色，将它们与<H2>标签应用于同一段文本，代码如下所示：

<H2><SPAN CLASS="Red">这里面的文字将被显示成红色<SPAN CLASS="Green">这里面的文字却是绿色的</SPAN>这里面的文字也是红色的</SPAN></H2>

根据上面的第1条规则，里面所有的文字都将具有<H2>属性。根据第2条规则，由于名为.Green的CSS样式嵌套在名为.Red的CSS样式内，所以对于最内层的文本来讲，距离.Green样式最近，将显示成绿色，.Red样式对它们不起作用。

9.1.2 使用CSS美化页面的基本方法

下面通过美化如图9-3所示的网页来说明使用CSS的基本方法。首先完成自定义样式的美化，具体操作步骤说明如下。

1 在编辑窗口下选择"窗口"→"CSS样式"菜单命令，打开CSS样式面板，如图9-4所示。

2 单击"创建新样式"按钮，打开"新建CSS规则"对话框，如图9-5所示。下面将介绍"新建CSS样式"对话框的设置。

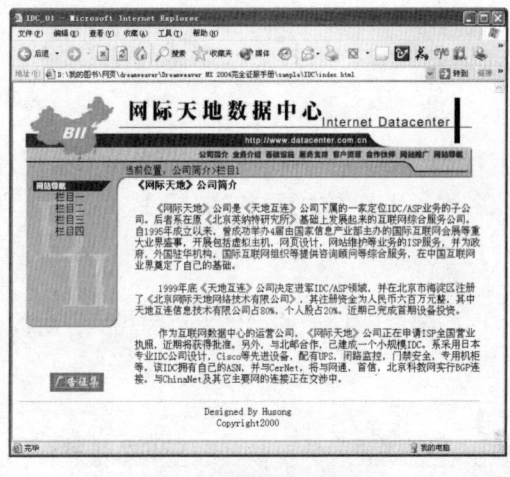

图9-3 美化前的页面

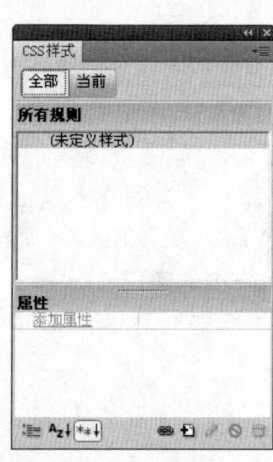

图9-4 CSS样式面板

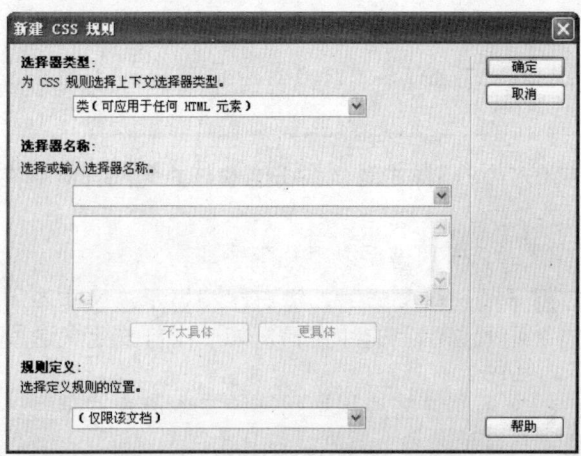

图9-5 "新建CSS规则"对话框

"选择器类型"用来设置这个新建的CSS语句的类型。在前面介绍过，CSS语句可分为3种类型——重定义HTML标签、CSS选择器和自定义样式，在这里选择一个合适的类型即可。

如果选择了"类"选项，则需要在"选择器名称"后的下拉列表框中输入这个自定义样式的名称，命名必须以符号"."开头。

说明 自定义样式可以包含任何字母和数字组合。例如.myhead1。如果你没有输入开头的句点，Dreamweaver将自动为你输入。

如果选择了"标签"选项，则需要在"标签"下方的"选择器名称"下拉列表框里选择一个HTML标签，当然，也可以直接在"标签"下方的"选择器名称"下拉列表框里输入这个标签，如图9-6所示。

如果选择了"复合内容"，则需要在"选择器名称"下拉列表框里选择一个选择器的类型，当然，也可以直接在"选择器名称"的下拉列表框里输入一个选择器类型，如图9-7所示。

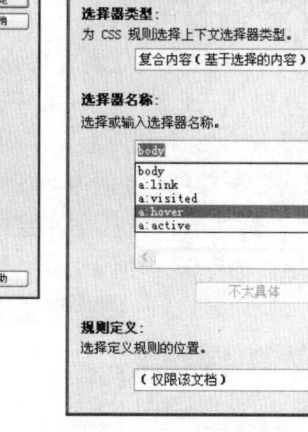

图9-6 选择标签　　　　　　　　　　　图9-7 使用CSS选择器

9.2 进阶——在页面中创建并应用外部样式表

创建外部样式表和创建内部样式表的方法基本相同，不同的是添加样式表的时候，在选择样式应用对象的"规则定义"选项组中指定外部样式表文件的名称。在本例中将创建外部样式表，并将它应用在文档中。

最终效果

应用样式表前的文档如图9-8所示，本例的最终效果如图9-9所示。

解题思路

1　创建外部样式表。

2　应用外部样式表。

3　在浏览器中确认。

图9-8　应用样式表前的效果　　　　图9-9　最终效果

操作步骤

1　打开newcss.htm文档，在这个文档中创建一个外部样式表。在CSS样式面板中单击"新建CSS规则"按钮，打开"新建CSS规则"对话框。在该对话框中创建一个制定背景色的mybg类样式后，以外部样式来进行保存。在"选择器类型"下拉列表框中选择"类"选项，设置"选择器名称"为.mybg，在"规则定义"下拉列表框中选择"新建样式表文件"选项，单击"确定"按钮，如图9-10所示。

2　弹出"将样式表文件另存为"对话框，选择文件保存在newcss文件夹下，设置文件名称为test，单击"保存"按钮，如图9-11所示。

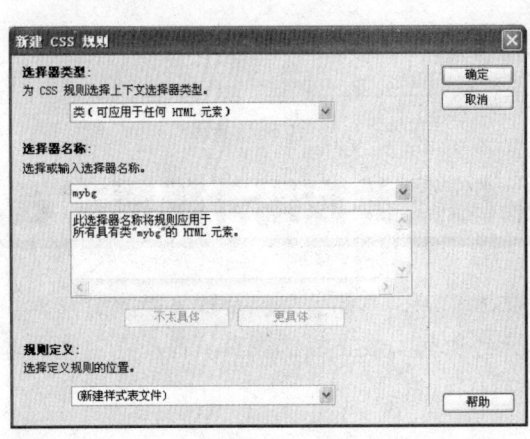

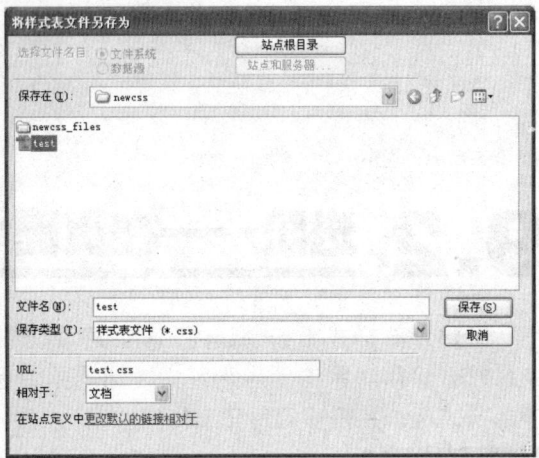

图9-10　创建外部样式表　　　　图9-11　保存样式表文件

3　弹出".mybg的CSS规则定义"对话框后，在"分类"列表框中选择"背景"，再在"背景"选项面板中指定背景颜色为#E5E5E5，然后单击"确定"按钮，如图9-12所示。此时在CSS样式面板中出现test.css外部样式表。

4　在标签选择器上单击代表页面右侧文字表格的<table>标签，然后在属性面板的"类"下拉列表中选择mybg，这样就在表格中应用了mybg类样式。只要连接外部样式表，就可以像使用内部样式表一样随意使用外部样式表了，如图9-13所示。

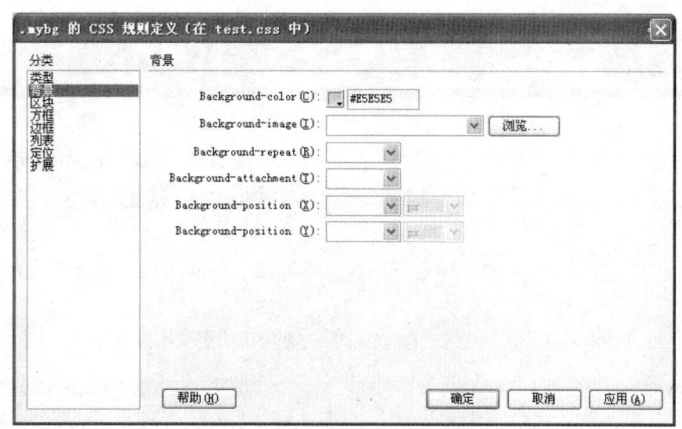

图9-12　指定背景颜色

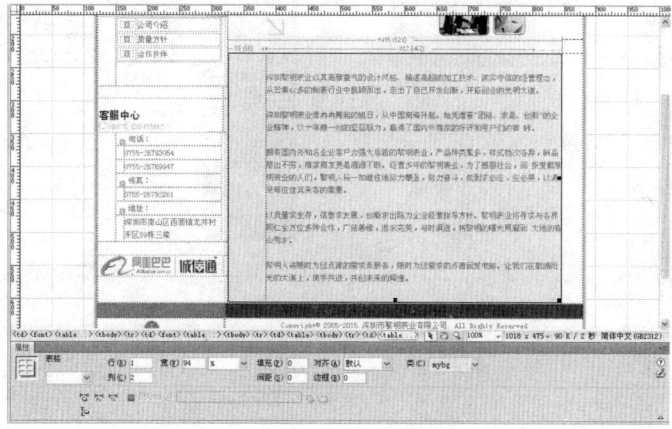

图9-13　应用mybg类样式

5 添加或更改外部样式表文件后，在文档窗口上出现外部样式表文件标签。单击该标签后保存外部样式表文件，才可以保存修改后的内容，如图9-14所示。

6 按下"F12"键预览页面，可以看到通过外部样式表产生的样式效果，如图9-15所示。

图9-14　保存外部样式表文件

图9-15　预览效果

9.3 提高——使用CSS美化页面

　　本例把文档中的所有文本修饰成统一的格式，把页面中无序列表的黑点形状更改为其他图像，在文本域上插入一些符合网页整体气氛的背景色或整洁边框，并通过CSS中的滤镜美化页面中的图像文件，使其产生特殊的效果。

最终效果

　　本例应用样式前的效果如图9-16所示，最终调整后的效果如图9-17所示。

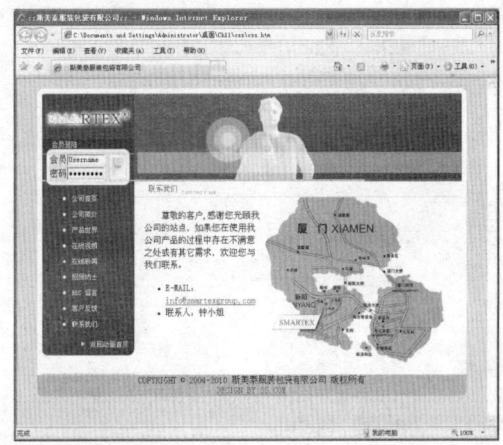 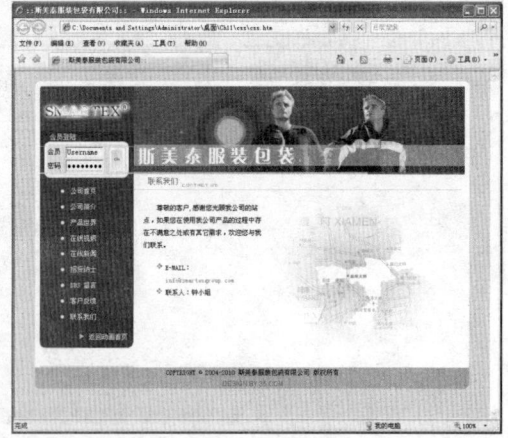

图9-16　应用样式前的文档　　　　　　　　图9-17　应用样式后效果

解题思路

1 设置文字样式。
2 设置列表样式。
3 设置链接样式。
4 设置局部链接样式。
5 设置表单样式。
6 设置图像样式。
7 在浏览器上确认。

操作提示

1 打开CSS样式面板，在"新建CSS规则"对话框中设置文字样式，如图9-18所示。
2 在"td的CSS规则定义"对话框中进行相应的属性设置，如图9-19所示。
3 打开CSS样式面板，在"新建CSS规则"对话框中设置文字样式，如图9-20所示。
4 在"ul的CSS规则定义"对话框中，进行相应的属性设置，如图9-21所示。
5 调整列表属性后的文档样式如图9-22所示。
6 打开CSS样式面板，在"新建CSS规则"对话框中设置文字样式，如图9-23所示。
7 在"a:link的CSS规则定义"对话框中，进行相应的属性设置，如图9-24所示。
8 打开CSS样式面板，在"新建CSS规则"对话框中设置文字样式，如图9-25所示。

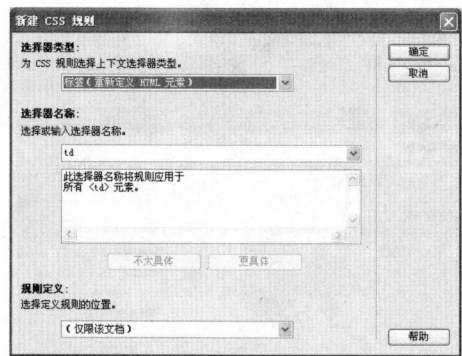

图9-18　"新建CSS规则"对话框

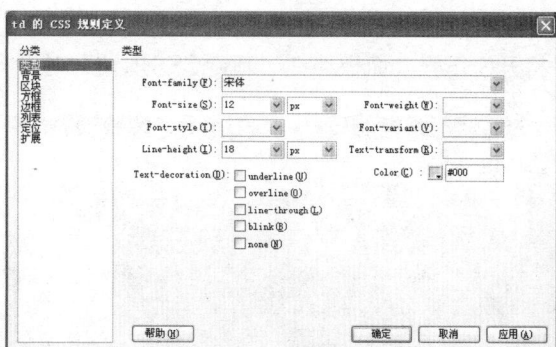

图9-19　设置类型

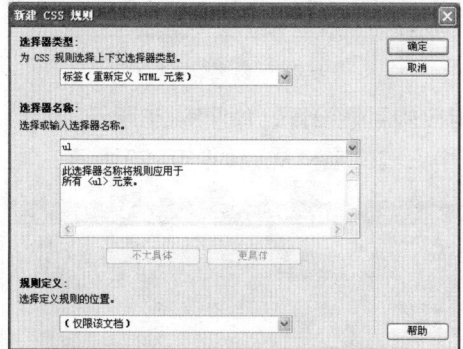

图9-20　"新建CSS规则"对话框

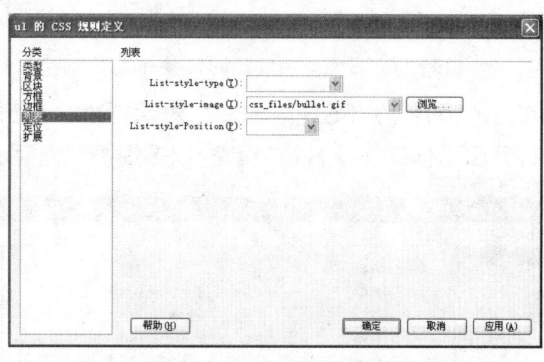

图9-21　定义列表样式

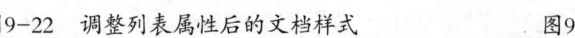

❖ E-MAIL：info@smartexgroup.com

❖ 联系人：钟小姐

图9-22　调整列表属性后的文档样式

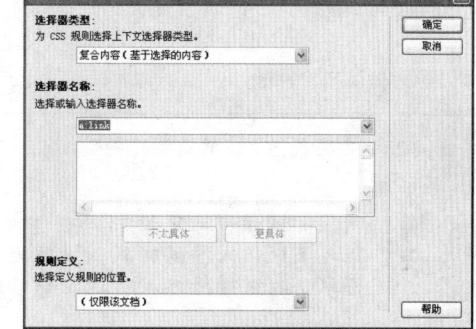

图9-23　新建CSS规则

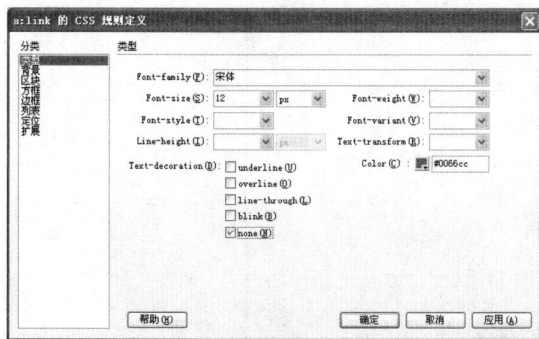

图9-24　定义默认链接样式

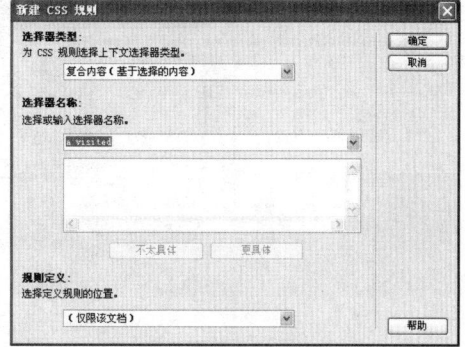

图9-25　新建CSS规则

9 在"a:visited的CSS规则定义"对话框中，进行相应的属性设置，如图9-26所示。

10 打开CSS样式面板，在"新建CSS规则"对话框中设置文字样式，如图9-27所示。

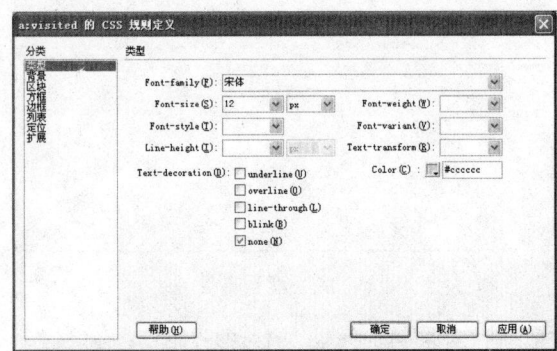
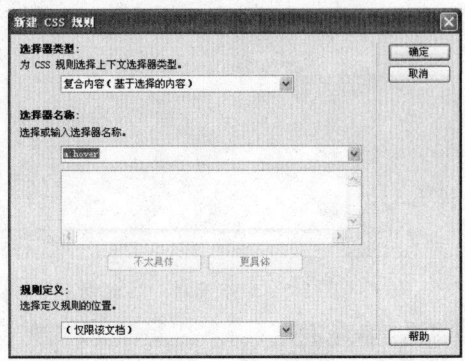

图9-26　定义访问过后的链接样式　　　　　图9-27　新建CSS规则

11 在"a:hover的CSS规则定义"对话框中，进行相应的属性设置，如图9-28所示。

12 打开CSS样式面板，在"新建CSS规则"对话框中设置文字样式，如图9-29所示。

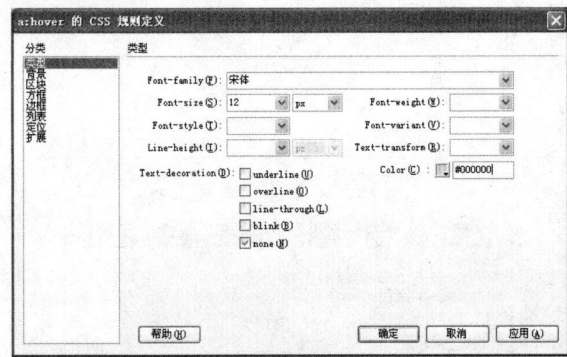
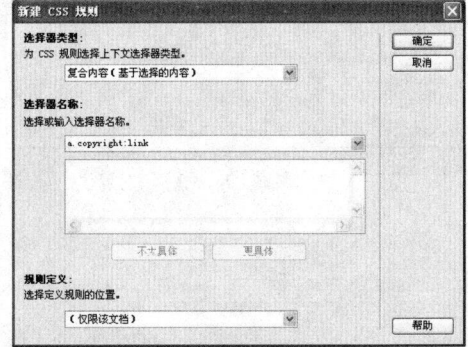

图9-28　定义鼠标上滚的链接样式　　　　　图9-29　新建CSS规则

提示 常见的链接样式包括a:link、a:active、a:hover、a:visited，分别表示设定正常状态下链接文字的样式、设定光标放置在链接文字之上时文字的外观、设定鼠标单击时链接的外观、设定访问过的链接外观。

13 在"a.copyright:link的CSS规则定义"对话框中，进行相应的属性设置，如图9-30所示。

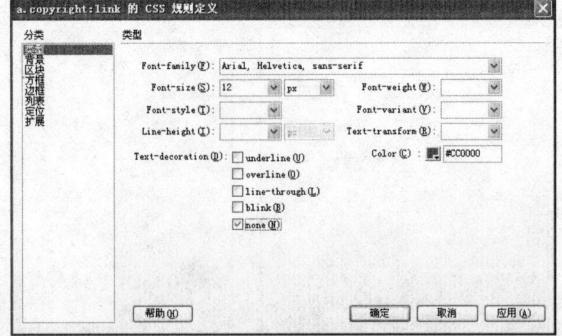

图9-30　定义版权文字默认的链接样式

 **提示** 创建类样式的时候，最好把样式名称指定为比较容易理解的名称。在样式名称里不可以添加空格或特殊字符。

14 打开CSS样式面板，在"新建CSS规则"对话框中设置文字样式，如图9-31所示。

15 在·"a.copyright:visited的CSS规则定义"对话框中，进行相应的属性设置，如图9-32所示。

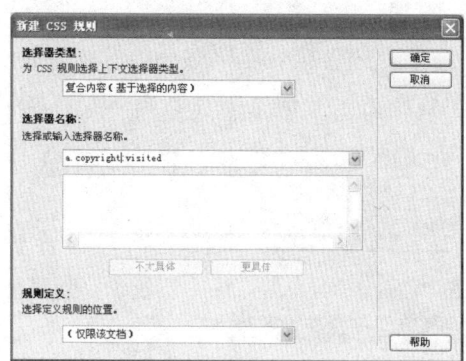

图9-31 新建CSS规则

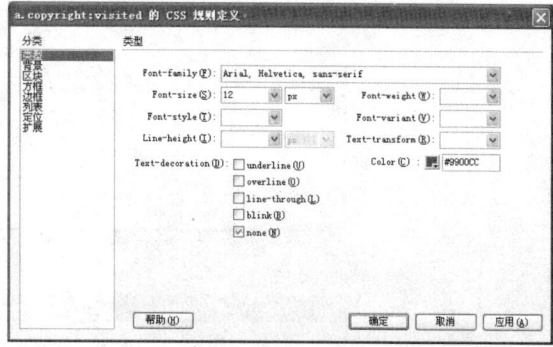

图9-32 定义版权文字访问过后的链接样式

16 打开CSS样式面板，在"新建CSS规则"对话框中设置文字样式，如图9-33所示。

17 在"a.copyright:hover的CSS规则定义"对话框中，进行相应的属性设置，如图9-34所示。

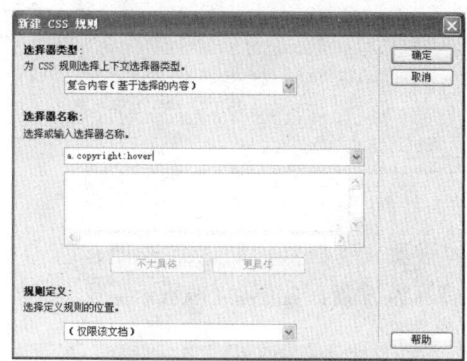

图9-33 新建CSS规则

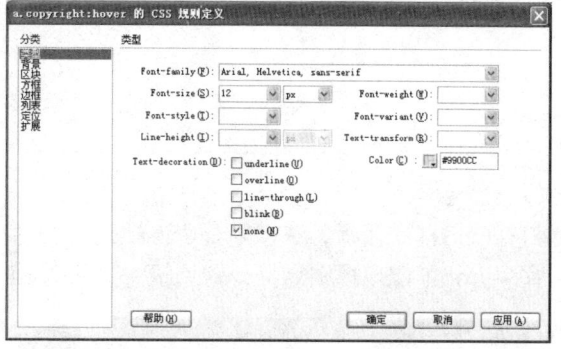

图9-34 定义版权文字鼠标上滚的链接样式

18 打开CSS样式面板，在"新建CSS规则"对话框中设置文字样式，如图9-35所示。

图9-35 新建CSS规则

19 在 ".maillist-form的CSS规则定义"对话框中，进行相应的属性设置，如图9-36和图9-37所示。

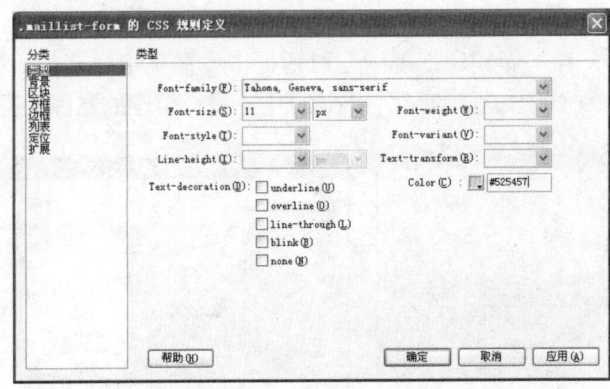

图9-36　定义表单的文字样式

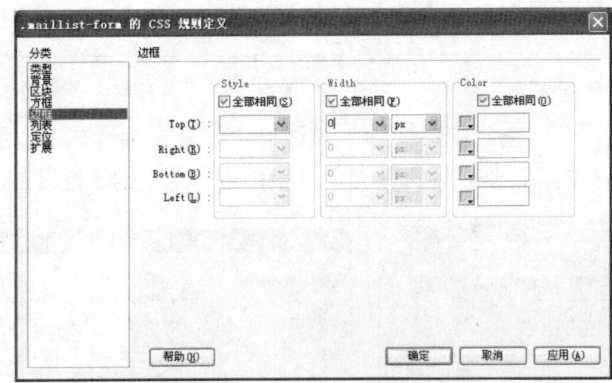

图9-37　定义表单的边框样式

20 打开CSS样式面板，在"新建CSS规则"对话框中设置文字样式，如图9-38所示。

21 在 ".img的CSS规则定义"对话框中，进行相应的属性设置，如图9-39所示。

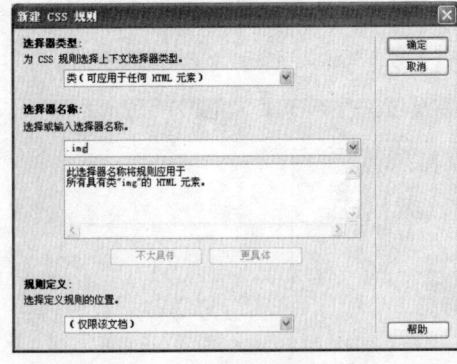

图9-38　新建CSS规则

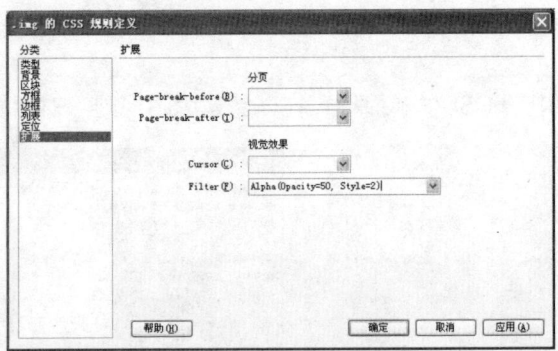

图9-39　定义图像滤镜样式

22 样式设定完成后，对于类样式，需要进行样式的应用，选中页面中的图片，然后在属性面板的"类"下拉列表中选择.img。至此，整个页面的CSS样式表就创建完成了，效果如图9-40所示。

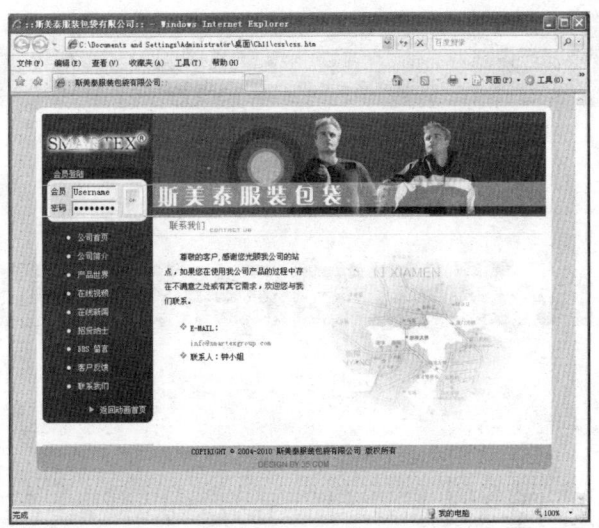

图9-40 预览效果

9.4 答疑与技巧

问 Dreamweaver的"CSS规则定义"对话框共有哪些模式?

答 "CSS 规则定义"对话框有 8 种模式,为"类型"、"背景"、"区块"、"方框"、"边框"、"列表"、"定位"和"扩展",分别对应着 CSS 语言的不同语法。

问 CSS添加到页面中共有哪几种方式?

答 可以将自定义CSS样式、HTML样式、CSS选择器样式以外部样式表或内部样式表的形式添加到页面中。

结束语

在只有HTML的时代,只能实现简单的网页效果。有了CSS样式,网页排版可以说是有了翻天覆地的变化,过去只有在印刷中才能够实现的一些排版效果,现在使用网页文件也可以实现了,而 Dreamweaver大大简化了实现的过程。在熟练掌握了创建和应用样式的方法后,就可以按照本书的介绍,通过实践逐步掌握各种各样的CSS效果。

提示 本章重点介绍了在Dreamweaver中CSS样式的使用方法,CSS在网页制作方面是一项非常重要的技术,它现在已经得到了非常广泛的使用。本章所讲内容虽然力求完整,但是由于篇幅所限,对CSS本身的技术知识并不能深入详细地介绍,有关这方面的内容大家可以参照其他相关图书。

学习完本章后,用户应该可以根据不同的需要将CSS技术应用到网页当中去,一定要记住CSS能够将HTML的显示与结构分开,这是今后的发展趋势。

Chapter 10

第10章
使用Div元素制作高级页面

本章要点

入门——基本概念与基本操作

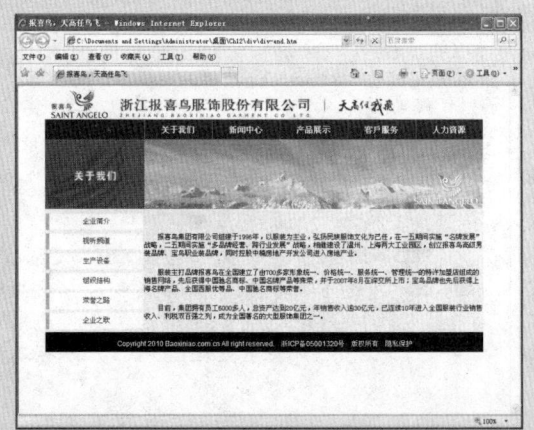 使用AP Div基础

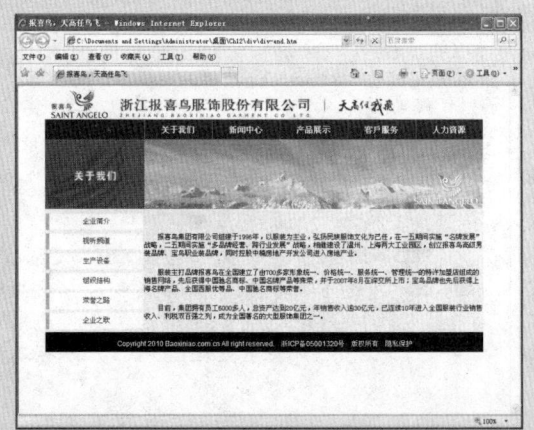 使用Spry Div构件

进阶——经典案例

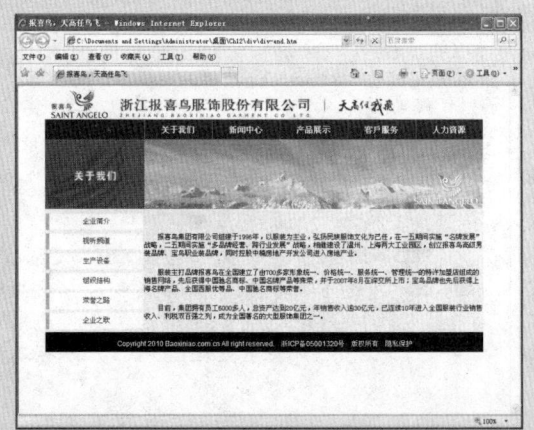 在页面中利用AP Div制作内嵌
效果

 在页面中制作Spry菜单和提升

提高——布局页面

本章导读

　　Dreamweaver CS6中的Div元素实际上是来自于CSS中的定位技术，只不过在Dreamweaver中将其进行了可视化操作。Div体现了网页技术从二维空间向三维空间的一种延伸，也是一种新的发展方向。有了Div我们可以在网页中实现诸如下拉菜单、图片、文本的各种运动效果，另外，使用Div也可以实现页面的排版布局。

10.1 入门——基本概念与基本操作

10.1.1 使用AP Div基础

网页中的AP Div使用户的工作从"二维"进入到了"三维",说"三维"是因为它存在一个"Z"轴的概念,即垂直于显示器平面方向。

1. AP Div基础

首先,了解一下AP Div的哪些特征给网页文件赋予动态效果。自从使用AP Div以后,可以将网页文件中的文本或图像自由地进行移动了。在Dreamweaver中可以把不同AP Div上的两个图像进行叠加,最终得出一个图像版的效果。

- **AP Div的透明性**:AP Div本身为创建单纯区域的空间,因此在其内部没有任何内容,是个透明的区域。在AP Div中没有插入图像或自身的背景色、背景图像时,它会如实体现出网页文件的背景色、背景图像或其下方的AP Div。
- **AP Div的叠加性**:可以在具有背景图像的AP Div上方再叠加一个具有其他图像的AP Div,从而显示出一个图像般的效果。叠加AP Div的顺序依据Z-Index的属性,Z-Index值较大的AP Div将布置在Z-Index值较小的AP Div上方。
- **AP Div的移动性**:AP Div位置是由坐标值来表示的。例如,当AP Div坐标为L:10px、T:10px时,该AP Div会位于离左侧10像素、离上方10像素的位置上。可以随意调节该位置,制作出不同的动画效果。
- **AP Div的可见性**:可见性为是否将AP Div显示在画面上的调节参数。根据情况可以把特定AP Div显示在画面中,也可以把特定AP Div隐藏起来。利用AP Div的可见性,可以在网页中制作出更具动态性的效果。

总之,AP Div是用于精确定位的页面元素,可向AP Div中插入图像、文本等其他页面元素,借助AP Div可加入的页面元素进行精确定位,还可做出重叠效果和运动效果。

2. 绘制并设置AP Div

在"插入"面板的"布局面"分类中单击"绘制AP Div"按钮,光标变成十字形状后,在所需位置上画出适当大小的矩形区域。如果在文档内画出了矩形的空间,就说明已创建了新AP Div。在这样创建的AP Div中可以插入文本、图像或插入到网页文件中的其他元素,如图10-1所示。

AP Div名称按创建的顺序依次命名为AP Div1、AP Div2。并且,Z-Index值也是从1开始逐渐变大,如图10-2所示。在AP元素面板中单击AP Div名称,就可以随意选择当前文档中的任何AP Div。在文档窗口中选择AP Div,就会在AP Div周围出现8个黑色的正方形尺寸调节点。拖动四角处的调节点,就可以扩大或缩小AP Div的宽度或高度。调节AP Div四角处的尺寸调节点,就可以同时调节上下左右的大小。

在Dreamweaver CS6文档窗口中插入AP Div,就可以在属性面板上设置AP Div相关的所有属性了。下面了解一下以后经常会使用到的AP Div属性面板,如图10-3所示。

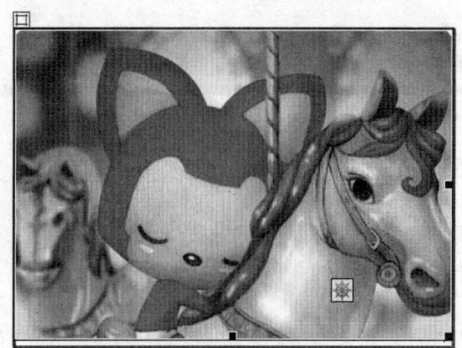

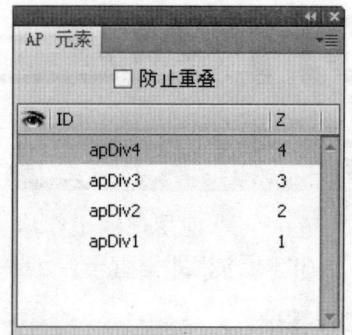

图10-1　创建的AP Div　　　　图10-2　AP Div的Z-Index值

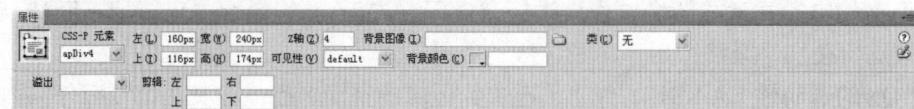

图10-3　AP Div的属性面板

　　"CSS-P元素"：指定AP Div的名称。指定AP Div名称后，不仅可以更容易地选择AP Div，而且还可以指定多种多样的效果。AP Div名称不可以使用连字符或句号等特殊符号。

　　"左-上"：以文档的左上侧为基准，输入左侧和上侧的坐标，指定AP Div位置。

　　"宽-高"：设置AP Div的宽度和高度。插入的对象比AP Div大的时候，会忽略这些值，自动调节AP Div大小。

　　"Z轴"：决定叠加AP Div的顺序。Z轴值较大的AP Div会布置在Z轴值较小的AP Div上面。

　　"可见性"：设置AP Div的可见性。AP Div根据可见性可以显示在画面中，也可以选用隐藏方式。应用行为或直接创建脚本的时候，可以调节可见性制作出多种多样的效果。

- Defauult（默认值）：没有另外设置可见属性，大部分情况下都是指定为inherit（继承）。
- Inherit（继承）：嵌套AP Div的情况下，会继承父AP Div的可见性。
- Visible（显示）：与父AP Div状况无关，将图AP Div内容显示在画面上。
- Hidden（隐藏）：AP Div的内容不显示在画面上。

　　"背景图像"：指定AP Div的背景图像。

　　"背景颜色"：指定AP Div的背景颜色。没有另外指定的情况下，显示为透明。

　　"类"：选择应用在AP Div中的类样式。

　　"溢出"：插入对象的大小比AP Div大时，自动调节AP Div的大小。

- Visible（显示）：增加AP Div的大小，以便图AP Div的所有内容都可见。
- Hidden（隐藏）：剪切掉超出Hidden（隐藏）范围的其他内容，并不显示滚动条。
- Scroll（滚动）：始终显示滚动条。
- Auto（自动）：AP Div的内容超过它的边界时自动显示滚动条，否则隐藏滚动条。

　　"剪辑"：只把AP Div的一部分显示在画面上的操作称为"剪辑"。指定剪辑区域时，使用剪辑属性。"右"是以左上侧焦点为基准，显示剪辑区域的起始位置。"左"表示原AP Div和剪辑图AP Div之间的左侧间隔，即以交点为基准显示剪辑区域开始的X位置。"上"表示原AP Div和剪辑AP Div之间的上侧间隔，即以交点为基准显示剪辑区域开始时Y的位置。

3. AP Div与表格的转换

　　AP Div与表格都可以用来在页面中定位其他对象，例如定位图片、文本等。虽然在定位对象方面它们有时可以相互取代，但是两者并不完全相同，有时候必须使用其中的一种。由于AP Div是后来定义的HTML元素，并且标准不一，导致了早期版本的浏览器都不支持，在这种情况下就必须使用表格定义元素。

要想将AP Div排版转换为表格排版，执行"修改"→"转换"→"将AP Div转换为表格"命令，在弹出的对话框中设置相应参数即可，如图10-4所示。

🔍 **"最精确"单选按钮**：会严格按照AP Div的排版生成表格，但表格结构会很复杂。

🔍 **"最小"单选按钮**：可以设定删除宽度小于一定像素的单元格，在"小于"文本框中输入像素值。

🔍 **"使用透明GIFs"复选项**：会在表格中插入透明图像起到支撑作用。

🔍 **"置于页面中央"复选项**：会让表格在页面居中。

🔍 **"布局工具"选区**：可以设置是否防止AP Div重叠，自动显示AP元素面板和网格，以及是否吸附到网格等。

将AP Div转换为表格之后，如果仍希望调整AP Div在页面中的位置，可将表格选中，然后执行"修改"→"转换"→"将表格转换为AP Div"命令，在弹出的"将表格转换为AP Div"对话框中设置相应参数即可，如图10-5所示。

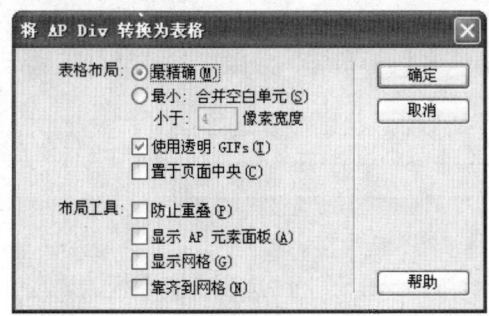

图10-4 "将AP Div转换为表格"对话框

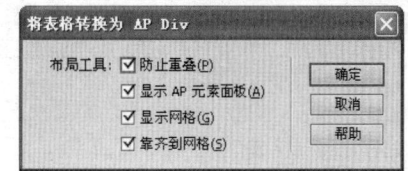

图10-5 "将表格转换为AP Div"对话框

10.1.2 使用Spry Div构件

Dreamweaver CS6的Spry Div构件可以为页面添加Spry菜单栏、Spry选项卡式面板、Spry折叠式、Spry可折叠面板、Spry工具提示等效果。

1. Spry菜单栏

Spry菜单栏是一系列导航菜单按钮，当光标指向某个按钮时可以弹出子菜单项目。Spry菜单栏使用户在有限的空间内显示大量的导航信息。

▌单击"插入"面板中"布局"分类中的"Spry菜单栏"按钮，然后在弹出的对话框中设置菜单栏的方向为"水平"或"垂直"即可，如图10-6和图10-7所示。

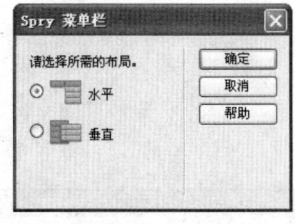

图10-6 "Spry菜单栏"对话框

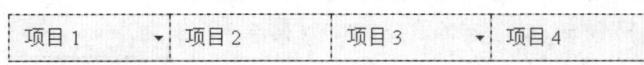

图10-7 Spry菜单栏

2 选中插入的Spry菜单栏，在属性面板中显示出了Spry菜单的属性，如图10-8所示。

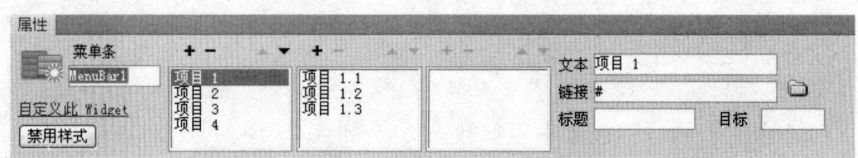

图10-8　Spry菜单栏属性面板

- **菜单条**：菜单栏的名称。
- **禁用样式**：单击按钮后，将菜单栏转换成普通列表的形式。
- **文本**：设置菜单栏的文字。
- **链接**：设置菜单项的链接地址。
- **标题**：设置文本上方的提示文字。
- **目标**：设置链接的目标窗口。

2. Spry选项卡式面板

Spry选项卡式面板是一系列可以在收缩的空间内存储信息内容的面板。访问者可以单击相应面板的标签来隐藏或显示面板中的内容。

插入Spry选项卡式面板的方法为：单击插入面板"布局"分类中的"Spry选项卡式面板"按钮即可，如图10-9所示。

图10-9　Spry选项卡式面板

选中插入的Spry选项卡式面板，在属性面板中显示出了Spry选项卡式面板的属性，如图10-10所示。

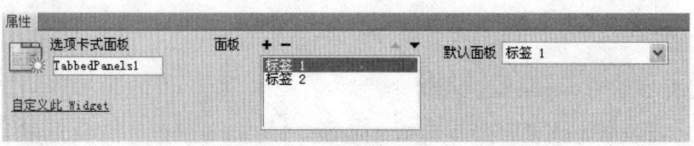

图10-10　Spry选项卡式面板属性面板

- **选项卡式面板**：设置Spry选项卡式面板的名称。
- **面板**：设置面板的数量及次序。
- **默认面板**：设置默认的面板标签。

3. Spry折叠式

Spry折叠式是一系列可以在收缩的空间内存储内容的面板。浏览者可以单击面板的标签来显示或隐藏面板内容。

插入Spry折叠式的方法为：单击"插入"面板中"布局"分类中的"Spry折叠式"按钮即可，插入的Spry折叠式如图10-11所示。

选中插入的Spry折叠式，在属性面板中

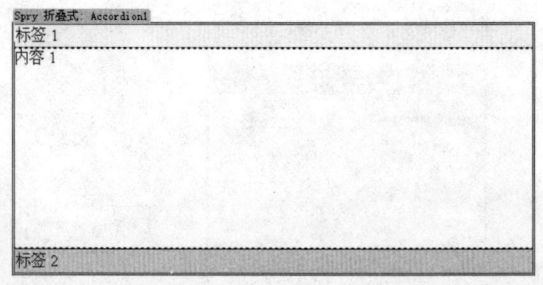

图10-11　Spry折叠式

显示出了Spry折叠式的属性，如图10-12所示。

图10-12　Spry折叠面板

- 折叠式：设置Spry折叠式的名称。
- 面板：设置面板的数量及次序。

4. Spry可折叠面板

Spry可折叠面板是一个可以在收缩的空间内存储内容的面板，用户可以单击面板的标签来显示或隐藏面板内容，而且在显示和隐藏面板内容的过程中可以通过动画效果表现，插入的可折叠面板如图10-13所示。

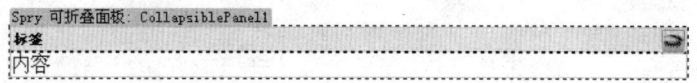

图10-13　Spry可折叠面板

选中插入的Spry可折叠面板，在属性面板中显示出了Spry可折叠面板的属性，如图10-14所示。

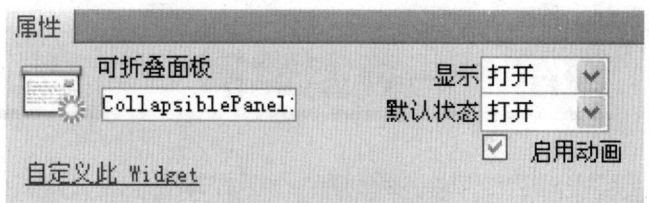

图10-14　Spry可折叠面板属性面板

- 可折叠面板：设置Spry可折叠面板的名称。
- 显示：设置面板是"打开"显示，还是"关闭"显示。
- 默认状态：设置默认状态是"打开"还是"关闭"。
- 启用动画：设置是否启用动画效果。

5. pry工具提示

当用户将光标悬停在网页中的特定元素上时，Spry工具提示构件会显示其他信息。用户移开光标时，其他内容会消失。还可以设置工具提示使其显示较长的时间段，以便用户可以与工具提示中的内容交互。

插入Spry工具提示的方法为：单击"插入"面板"Spry"分类中的"Spry工具提示"按钮。

在使用工具提示构件时，应牢记以下几点。

- 下一个工具提示打开前，将关闭当前打开的工具提示。
- 用户将光标悬停在触发器区域上时，会持续显示工具提示。
- 可用作触发器和工具提示内容的标签种类没有限制。

🔍 默认情况下，工具提示显示在光标右侧向下20像素的位置。可以使用属性面板中的水平和垂直偏移量选项来设置自定义显示位置。

Spry工具提示属性面板如图10-15所示。

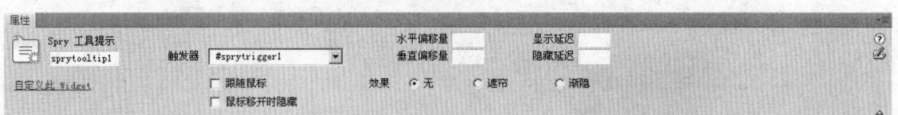

图10-15　Spry工具提示属性面板

🔍 **Spry工具提示**：设置工具提示容器的名称。该容器包含工具提示的内容。在默认情况下Dreamweaver CS6将Div标签用作容器。

🔍 **触发器**：页面上用于激活工具提示的元素。默认情况下，Dreamweaver CS6会插入span标签内的占位符句子作为触发器，但可以选择页面中具有唯一ID的任何元素。

🔍 **跟随鼠标**：当光标悬停在触发器元素上时，工具提示会跟随光标。

🔍 **水平偏移量/垂直偏移量**：计算工具提示与光标的水平或垂直相对位置。偏移量值以像素为单位，默认偏移量为20像素。

🔍 **鼠标移开时隐藏**：只要光标悬停在工具提示上（即使光标已离开触发器元素），工具提示会一直打开。当工具提示中有链接或其他交互式元素时，让工具提示始终处于打开状态将非常有用。如果未选择该选项，则当光标离开触发器区域时，工具提示元素会关闭。

🔍 **显示延迟/隐藏延迟**：工具提示进入触发器元素后在显示或隐藏前的延迟（以毫秒为单位），默认值为0。

🔍 **效果**：在工具提示出现时使用的效果类型。遮帘就像百叶窗一样，可向上移动或向下移动以显示和隐藏工具提示。渐隐可淡入和淡出工具提示。

10.2 进阶——典型案例

10.2.1　在页面中利用AP Div制作内嵌效果

如果原始文件中的文字很长，如何缩小该AP Div大小，并利用滚动条来显示整个内容。本例将讲解在AP Div上插入背景颜色的方法，以及更改滚动条颜色的方法。

■ 最终效果

本例的最终效果如图10-16所示。

■ 解题思路

1　调整AP Div的大小。

2　设置AP Div溢出的参数值。

3　设置AP Div背景颜色。

■ 操作步骤

1　打开需要调整的文件，选择文字所在的AP Div，在属性面板中可以看到AP Div宽度为494像素，高度为1801像素。在选择AP Div的状态下，把

图10-16　最终效果

光标移动到AP Div边框下面的中间调节点上方时，光标会变成上下箭头的形状，如图10-17所示。

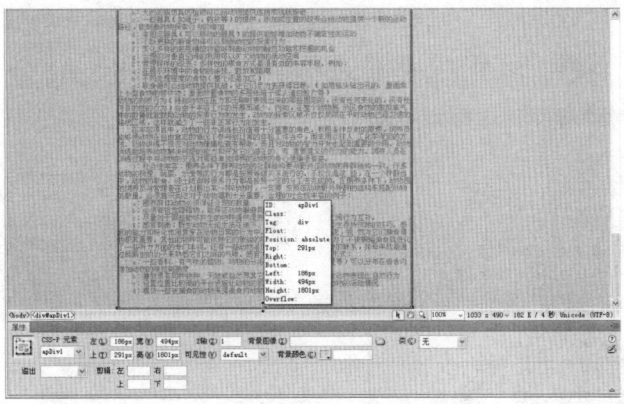

图10-17 选择AP Div

2 在此状态下按住鼠标左键的同时向上拖动光标，拖动的同时观察属性面板，即可发现高度值不断缩小。拖动光标到高度值为263像素的位置上，如图10-18所示。

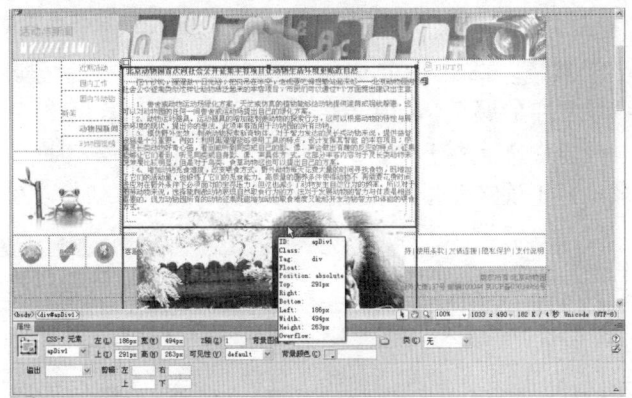

图10-18 缩小AP Div的高度

3 此时将会发现刚才分明拖动尺寸调节点把AP Div高度缩小为263像素，但在文档窗口上确认AP Div时，AP Div的高度几乎没有缩小，如图10-19所示。

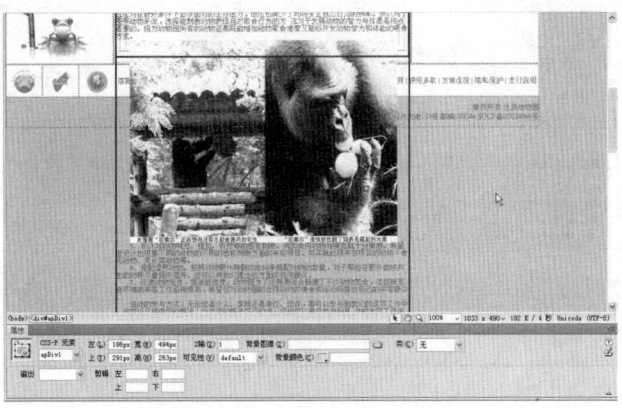

图10-19 没有缩小的AP Div的高度

4 按下"F12"键，在浏览器中进行确认，即可发现在浏览器中的高度也几乎没有缩小，如图10-20所示。

5 在AP Div中没有显示高度变化，是因为尚未设置"溢出"属性，选中AP Div，在属性面板的"溢出"下拉列表中选择auto选项，如图10-21所示。

图10-20　预览网页效果　　　　　　　　　图10-21　设置溢出值为auto效果

6 在AP Div上应用背景颜色。选中AP Div，单击属性面板中的"背景颜色"按钮，将颜色设置为页面上部导航栏中的颜色，如图10-22所示。

7 按下"F12"键，在浏览器上进行确认，可以发现AP Div的高度明显缩小，显示出滚动条，而且AP Div上已经出现了背景色，如图10-23所示。

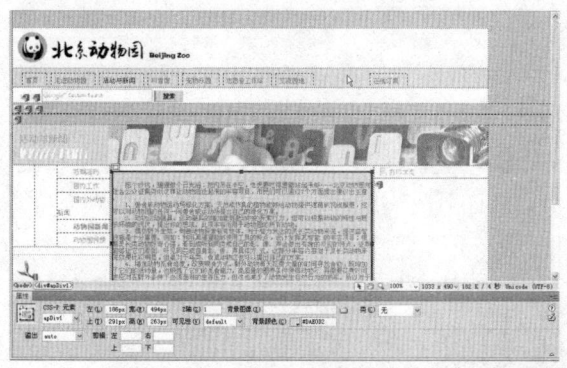

图10-22　设置AP Div背景颜色　　　　　　　图10-23　预览调整后的效果

10.2.2　在页面中制作Spry菜单和提升

通过Spry层特效可以轻松地制作下拉菜单效果，当用户将光标指向栏目文字后，可以弹出下拉菜单。另外，当光标指向图片时，还可以制作提示即时出现的效果。

▌最终效果

本例的最终效果如图10-24所示。

图10-24 最终效果

■ 解题思路 ■

1 插入Spry菜单栏。

2 插入Spry工具提示。

3 预览页面。

■ 操作步骤 ■

1 打开Spry.htm文件，将插入点置入页面上方的单元格中，在"插入"面板"布局"分类中单击"Spry菜单栏"按钮，打开"Spry菜单栏"对话框，选中"水平"单选按钮，单击"确定"按钮，如图10-25所示。

2 这时可以看到一个横向菜单插入到了单元格中，单击该表单元素上的蓝色标签，在属性面板中即出现其相关属性，在"菜单条"文本框中输入菜单名称为MenuBar1，如图10-26所示。

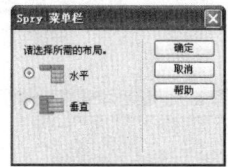

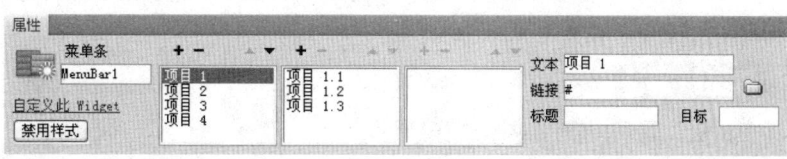

图10-25 "Spry菜单栏"对话框   图10-26 属性面板

3 选中属性面板最左侧的表框中的项目选项，然后在"文本"文本框输入"关于格兰仕"，选中第二个列表框中的项目选项，在"文本"文本框中输入"公司简介"，如图10-27所示。

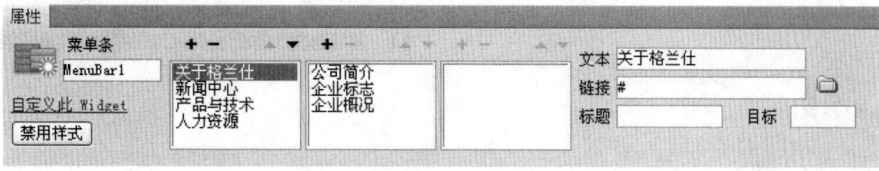

图10-27 设置菜单栏属性

4 选中页面中的广告形象图片，单击"插入"面板中"Spry"分类中的"Spry工具提示"按钮，Spry工具提示被插入到页面中，在属性面板中可设置Spry工具提示的属性，这里使用默认值，如图10-28所示。

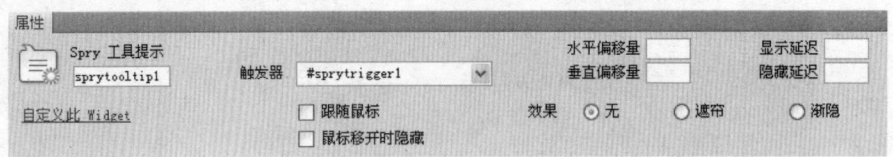

图10-28　属性面板

5 按下"F12"键预览，可以看到插入的菜单效果。光标放在广告图片上时，可以看到工具提示效果，如图10-29所示。

图10-29　预览效果

10.3 提高——布局页面

本例使用Div+CSS结构布局"报喜鸟"页面，其主体结构采用上下布局，内容采用左右布局，头部菜单设置了超链接效果。

最终效果

本例的最终效果如图10-30所示。

解题思路

1 布局头部图片。

2 布局主导航。

3 布局头部形象区域。

4 布局主体。

5 布局版权。

操作提示

1 打开div.htm文档，将插入点置入正文中，插入Div标签，并对Div标签进行设置，如图10-31所示。

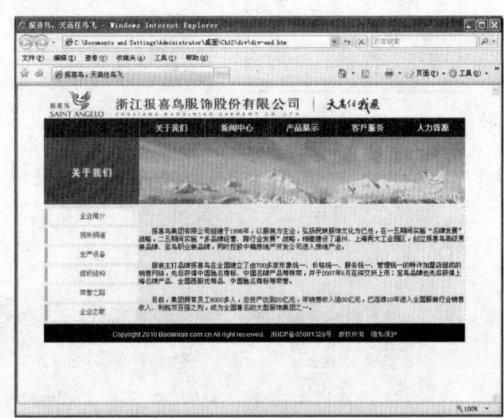

图10-30　最终效果

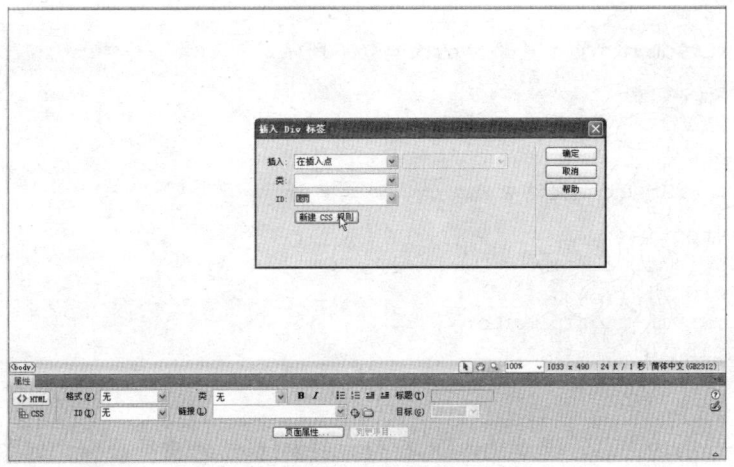

图10-31　插入Div标签

2 添加新的CSS规则，并进行设置，如图10-32和图10-33所示。

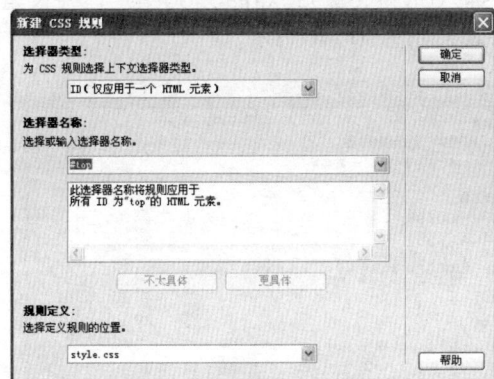

图10-32　新建CSS规则

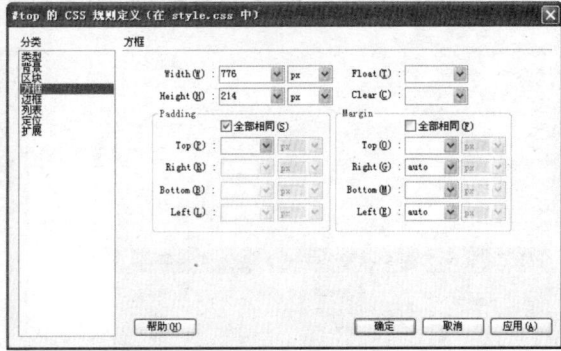

图10-33　设置方框

3 插入的Div标签如图10-34所示。

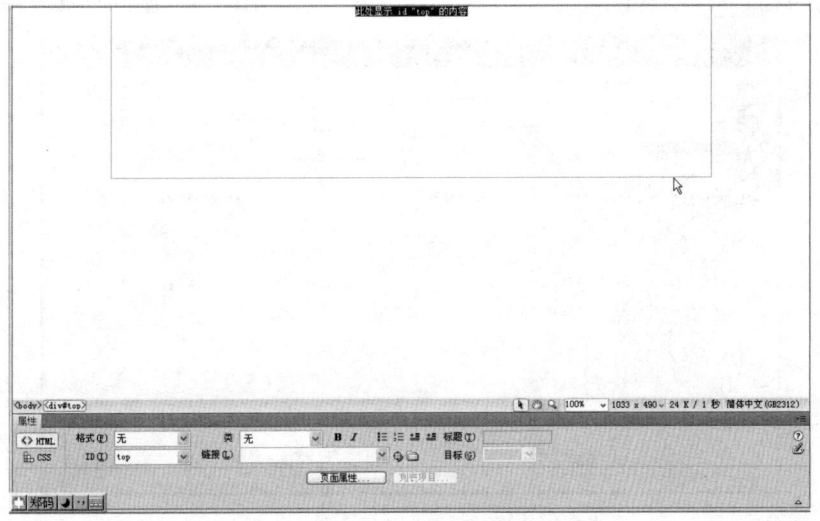

图10-34　插入的Div标签

> **提示**
>
> 此时div.htm页面中添加的代码如下所示:
>
> ```
> <div id="top">
> 此处显示  id "top" 的内容
> </div>
> ```
>
> 此时Style.css文件中添加的代码如下所示:
>
> ```
> #top {
> height: 214px;
> width: 776px;
> margin-right: auto;
> margin-left: auto;
> }
> ```

4 将插入点置于div内部后,继续插入Div标签,并对Div标签进行设置,如图10-35所示。

5 添加新的CSS规则,并进行设置,如图10-36、图10-37和图10-38所示。

6 插入的Div标签如图10-39所示。

7 删除"此处显示id"top_one"的内容"的文字,插入div_files/baoxiniao.jpg图片,并设置到http://www.baoxiniao.com.cn/网站的链接,效果如图10-40所示。

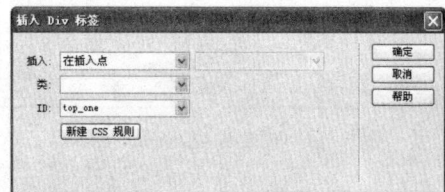

图10-35　插入的Div标签

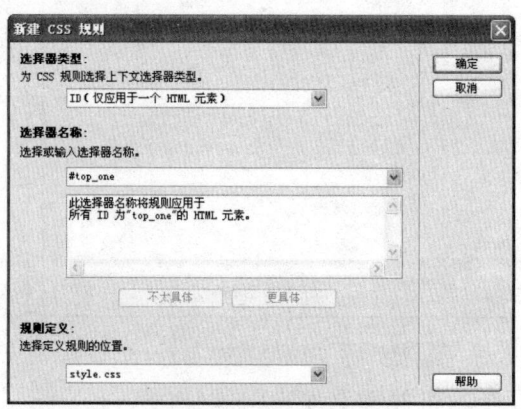

图10-36　新建CSS规则

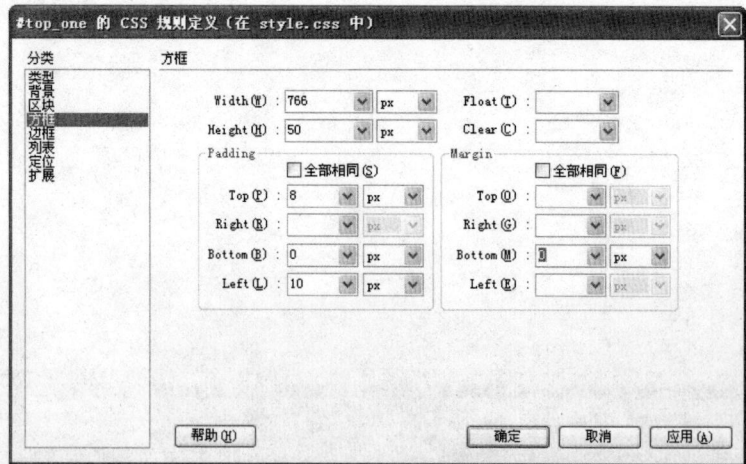

图10-37　设置方框

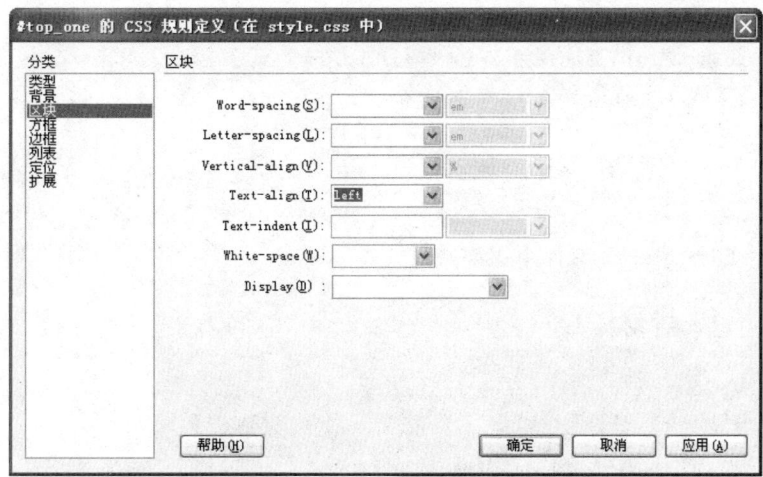

图10-38 设置区块

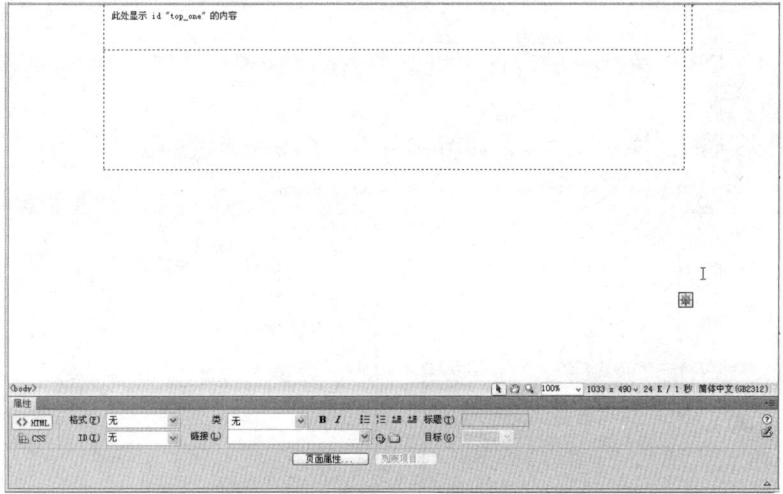

图10-39 插入的Div标签

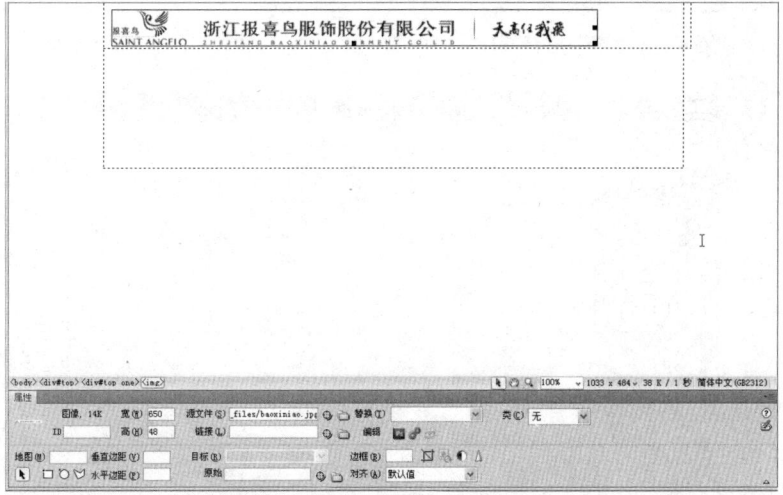

图10-40 插入图片并设置链接

> **提示**
>
> 此时div.htm页面中添加的代码如下所示：
>
> ```
> <div id="top_one">
> <a href="http://baoxiniao.com.cn/" >>
> <img src="div_files/baoxiniao.jpg" width="650" height="48" border="0" />
> </a>
> </div>
> ```
>
> 此时Style.css文件中添加的代码如下所示：
>
> ```
> #top_one {
> text-align: left;
> height: 50px;
> width: 776px;
> margin-bottom: 0px;
> padding-top: 8px;
> padding-bottom: 0px;
> padding-left: 10px;
> }
> ```

8 将插入点置于Div结束标签的后面，继续插入Div标签，并对Div标签进行设置，如图10-41所示。

9 添加新的CSS规则，并进行设置，如图10-42、图10-43和图10-44所示。

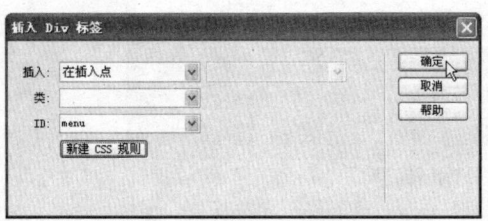

图10-41 "插入Div标签"对话框

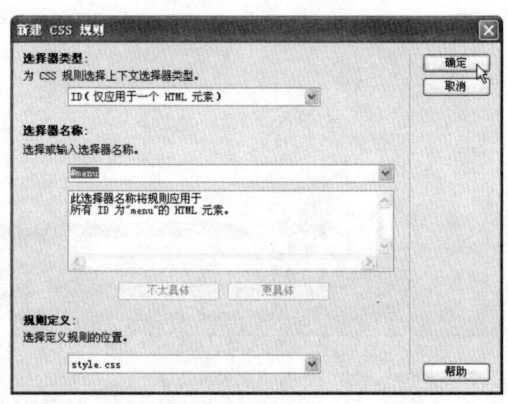

图10-42 新建CSS规则

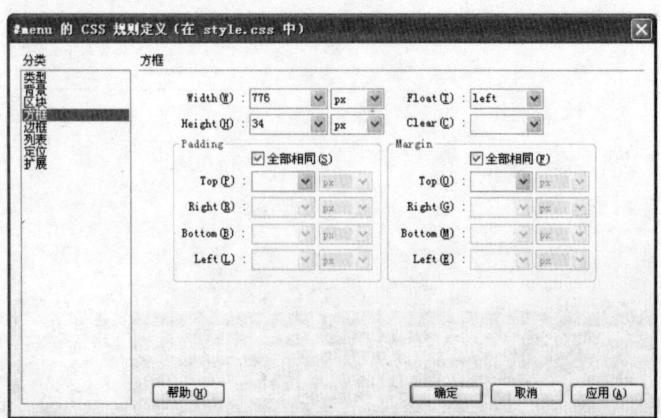

图10-43 设置方框

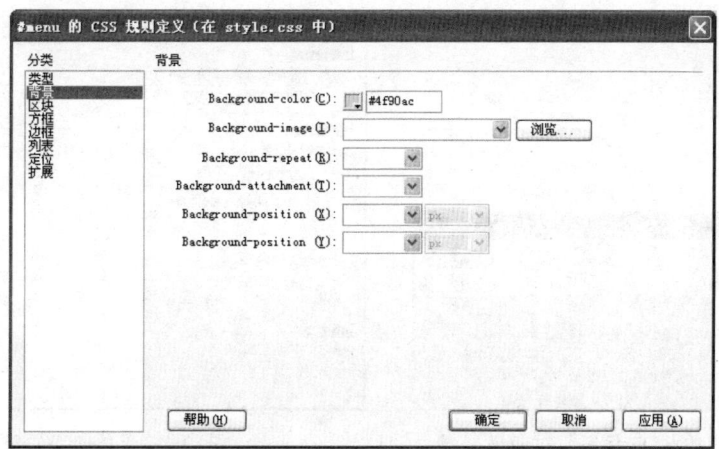

图10-44 设置背景

10 插入的Div标签如图10-45所示。

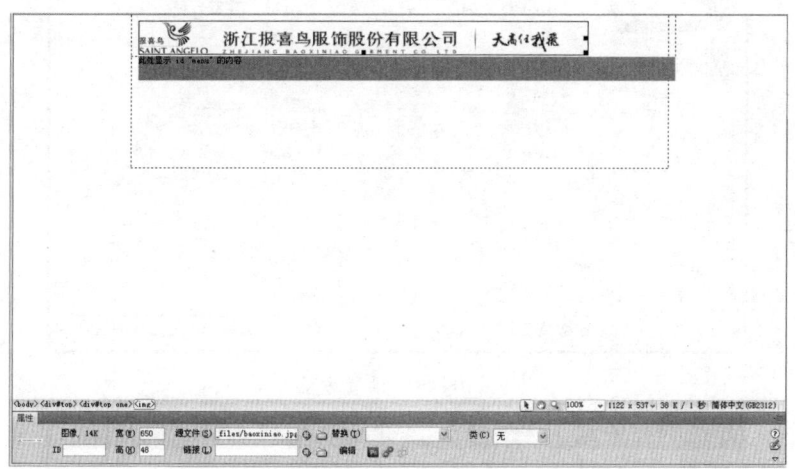

图10-45 插入的Div标签

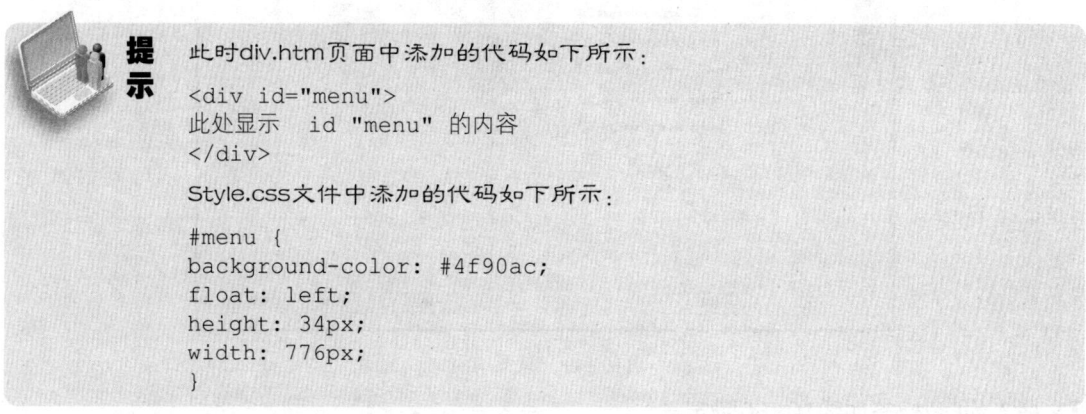

此时div.htm页面中添加的代码如下所示:

```
<div id="menu">
此处显示  id "menu" 的内容
</div>
```

Style.css文件中添加的代码如下所示:

```
#menu {
background-color: #4f90ac;
float: left;
height: 34px;
width: 776px;
}
```

11 删除"此处显示id"menu"的内容"的文字,继续插入Div标签,并对Div标签进行设置,如图10-46所示。

12 添加新的CSS规则,并进行设置,如图10-47、图10-48和图10-49所示。

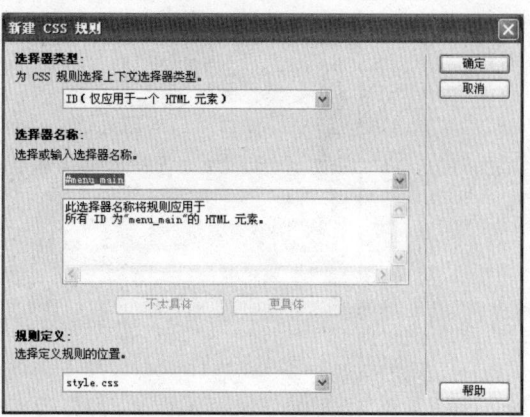

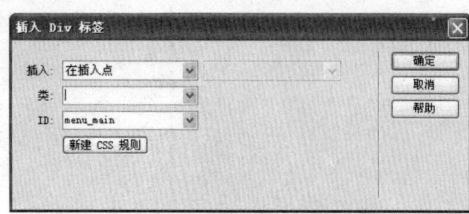

图10-46 "插入Div标签"对话框　　　　　图10-47 新建CSS规则

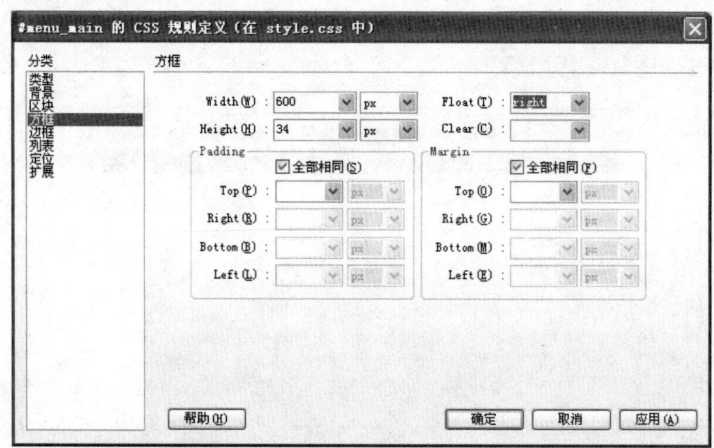

图10-48 设置方框

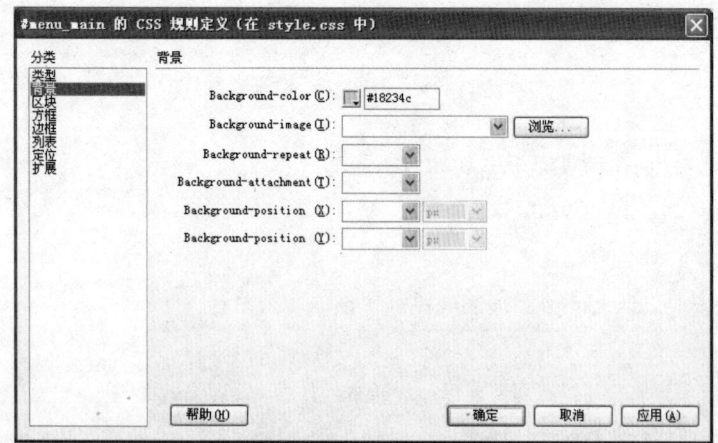

图10-49 设置背景

13 插入的Div标签如图10-50所示。

14 删除"此处显示id"menu"的内容"的文字，插入5段导航文字，设置成无序列表，每一段
　　文字添加上一个链接地址，如图10-51所示。

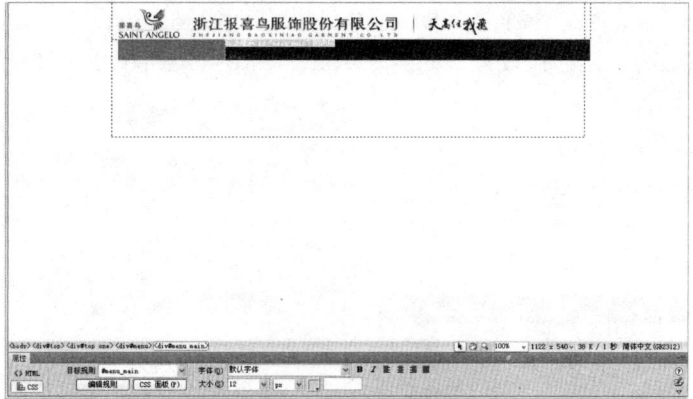

图10-50　插入的Div标签

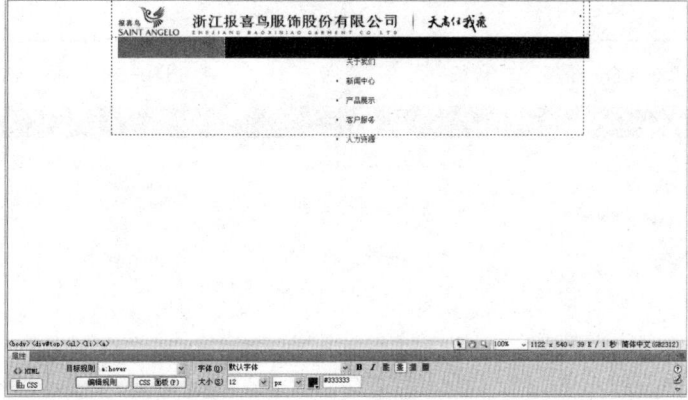

图10-51　插入导航文字

提示

此时div.htm页面中添加的代码如下所示：

```
<div id="menu_main">
<ul>
<li><a
href="http://baoxiniao.com.cn/about/"title="关于我们">关于我们</a> </li>
<li><a
href="http://baoxiniao.com.cn/about/"title="新闻中心">新闻中心</a> </li>
<li><a
href="http://baoxiniao.com.cn/about/"title="产品展示">产品展示</a> </li>
<li><a
href="http://baoxiniao.com.cn/about/"title="客户服务">客户服务</a> </li>
<li><a
href="http://baoxiniao.com.cn/about/"title="人力资源">人力资源</a> </li>
</ui>
</div>
```

Style.css文件中添加的代码如下所示：

```
#menu_main {
background-color: #18234c;
float: right;
height: 34px;
width: 600px;
}
```

15 将插入点置于列表前面，继续插入Div标签，并对Div标签进行设置，如图10-52所示。

16 添加新的CSS规则，并进行设置，如图10-53、图10-54和图10-55所示。

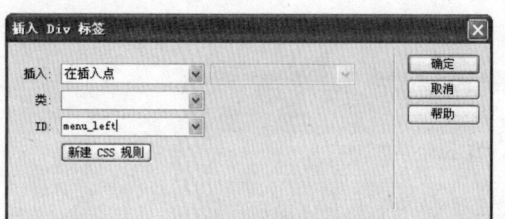

图10-52 "插入Div标签"对话框

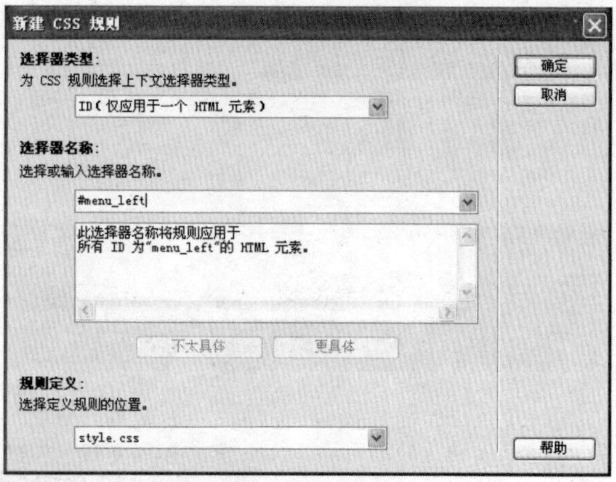

图10-53 新建CSS规则

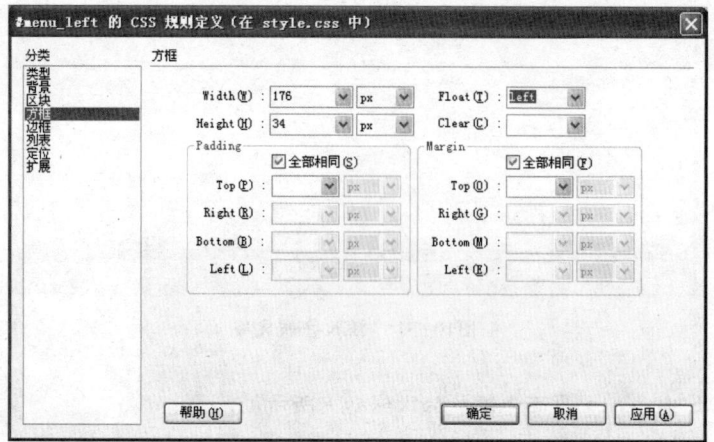

图10-54 设置方框

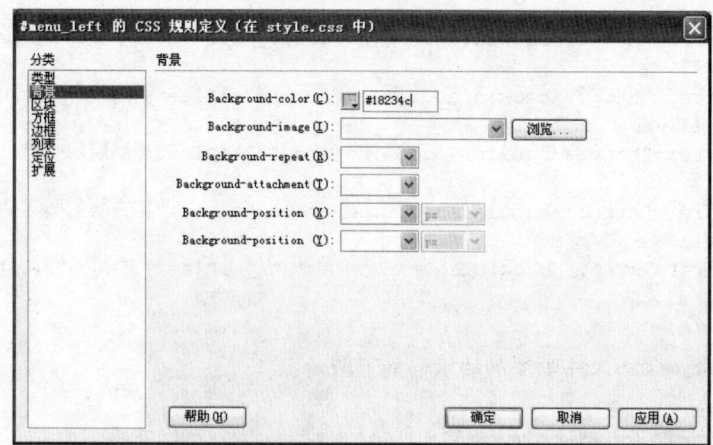

图10-55 设置背景

17 插入的Div标签如图10-56所示。

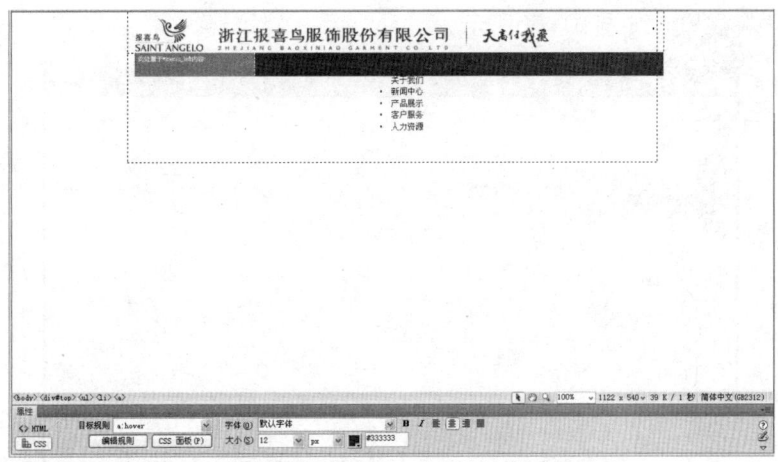

图10-56 插入的Div标签

18 在CSS样式面板中新建CSS规则，并设置相应的属性，如图10-57所示。

19 设置"类型"属性，如图10-58所示。

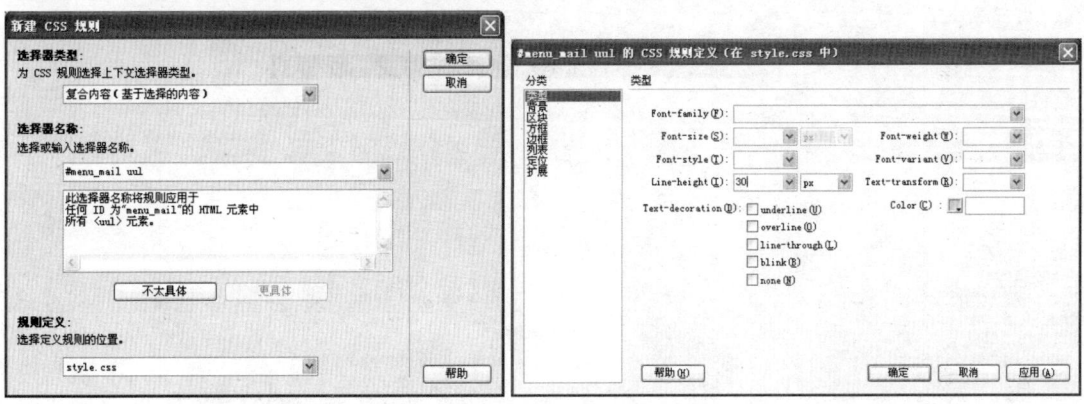

图10-57 "新建CSS规则"对话框

图10-58 设置类型

20 设置"区块"属性，如图10-59所示。

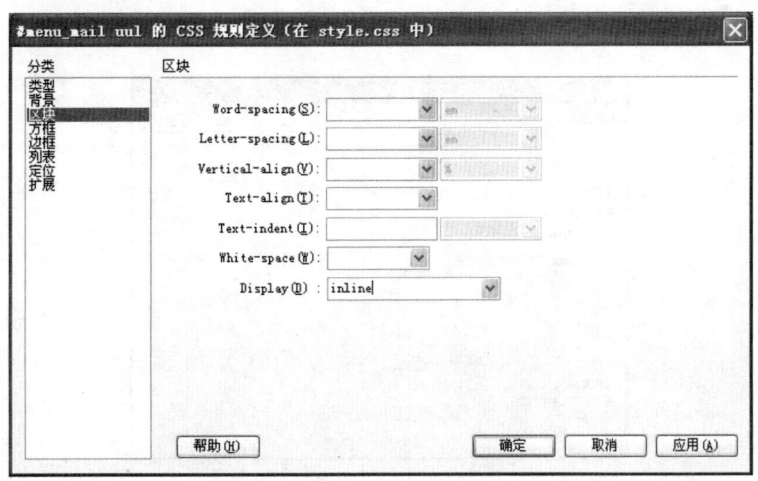

图10-59 设置区块

21 设置 "列表"属性,如图10-60所示。

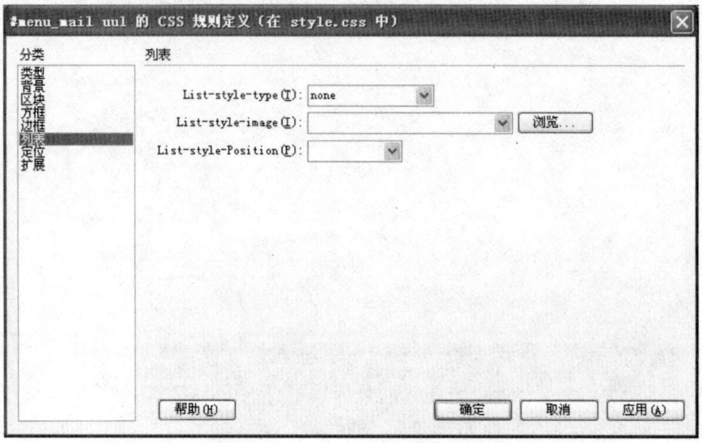

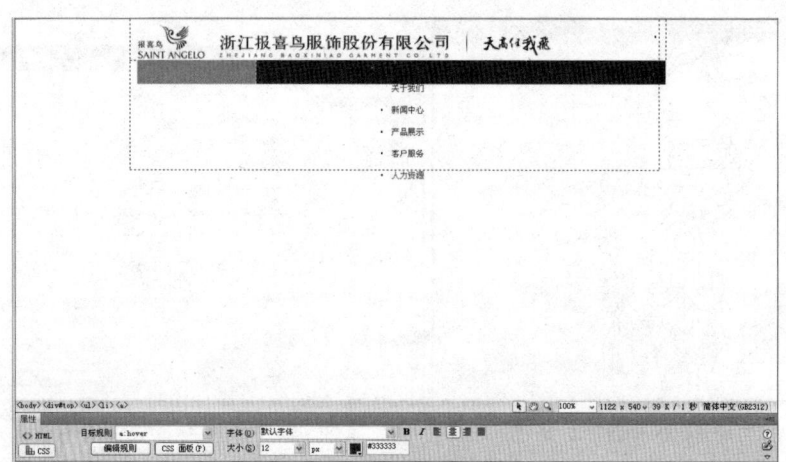

图10-60 设置列表

22 设置好的列表如图10-61所示。

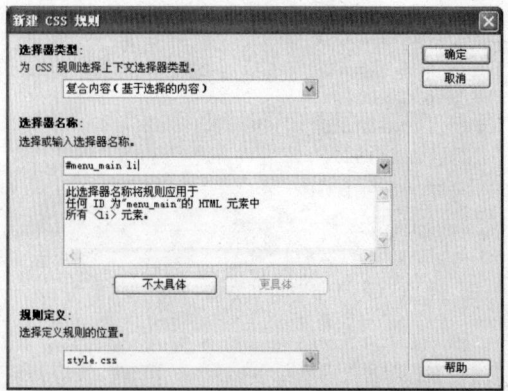

图10-61 设置好的列表

23 在CSS样式面板中新建CSS规则,并设置相应的属性,如图10-62所示。

图10-62 新建CSS列表

24 设置CSS列表中"类型"、"方框"属性，设置完成的效果如图10-63所示。

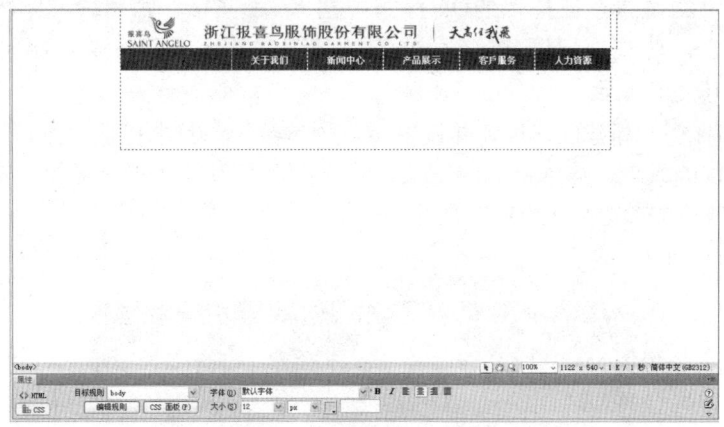

图10-63　调整好的列表样式

25 重复前面的操作，在合适的位置插入Div标签，并进行相应的设置，如图10-64所示。

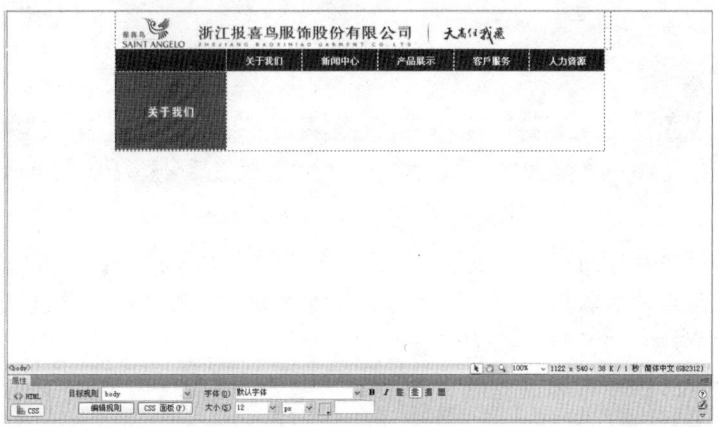

图10-64　插入Div标签

26 重复前面操作，在合适的位置插入Div标签，进行相应的设置后，更改<div id="top_right"></div>代码，显示背景图像，如图10-65所示。

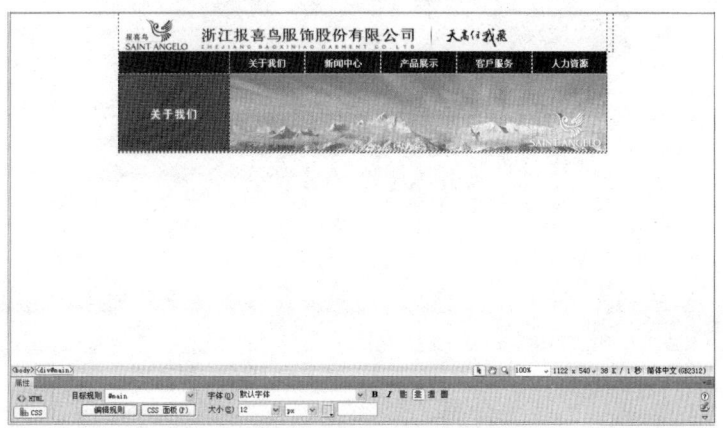

图10-65　插入图像后的样式效果

27 继续插入Div标签，新建CSS规则并设置相应的参数值，其中包括"方框"、"背景"、"边框"属性的设置，在插入的Div标签中插入6段文字，为每段文字均添加一个链接地址，通过CSS样式规则调整这6段文字的列表样式（操作方法可参照步骤15至步骤24），如图10-66所示。

28 继续插入Div标签，新建CSS规则并设置相应的参数值，其中包括"方框"、"背景"、"边框"属性的设置，插入网页的正文内容，读者可参考本书配套资源文件范例文件自行添加，完成后的效果如图10-67所示。

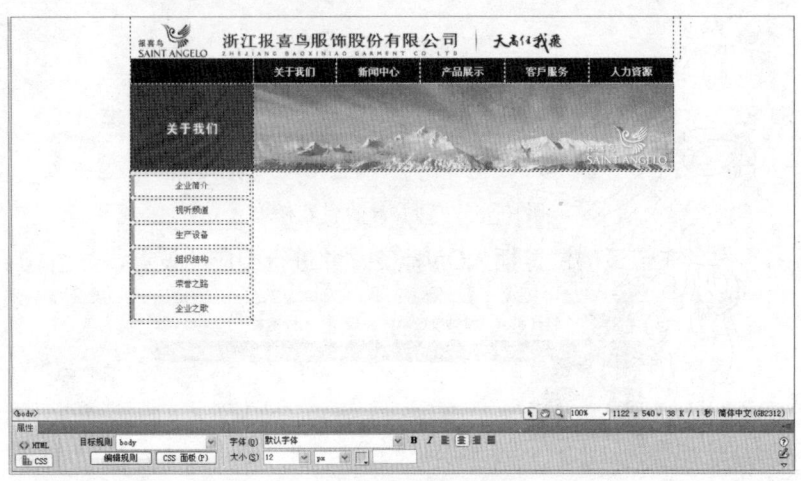

图10-66　调整插入的样式列表

29 继续插入Div标签，在新建CSS规则中设置"类型"、"背景"、"方框"等属性，并在插入的Div标签中插入版权内容，读者可参照本书配套资源文件，通过CSS样式的设置调整版权文字的效果，如图10-68所示。

30 至此，整个Div+CSS布局就完成了，按下"F12"键，在浏览器中预览整个页面的效果，如图10-69所示。

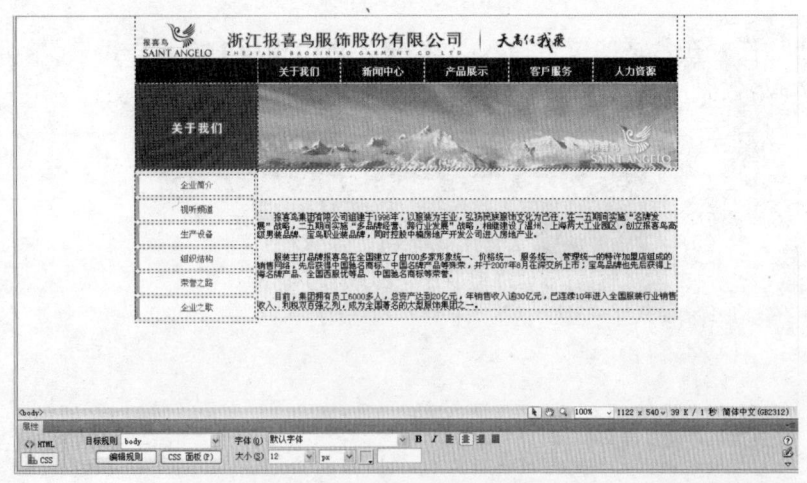

图10-67　插入正文内容效果

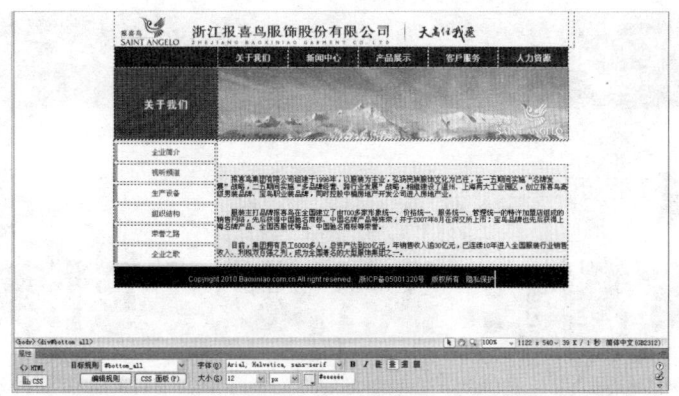

图10-68　插入版权内容

图10-69　预览效果

10.4 答疑与技巧

问 Dreamweaver CS6中包括哪些Spry Div构件?

答 Dreamweaver CS6的Spry Div构件可以为页面添加如Spry菜单栏、Spry选项卡式面板、Spry折叠式、Spry可折叠面板、Spry工具提示等效果。

问 使用Div+CSS布局的关键技术包括哪些?

答 主要包括Div标签和CSS层叠样式表的使用,其中Div负责结构布局,而CSS层叠样式负责样式的美化。

结束语

Dreamweaver CS6的结构视图功能使人们有理由相信,Div元素在网页排版上的作用将逐渐失去。但Div元素的动态变化却得到了越来越广泛的使用。从很多著名网站的广告效果中就可以发现层在这方面得天独厚的优势。Div元素的效果,已经成为优秀设计不可缺少的因素。运用好Div元素,可以使受平面局限的网页获得更广阔的空间。

Chapter 11

第11章
综合实例1：制作数字引擎页面

本章导读

　　本例制作的数字引擎网站提供包括域名注册、主机租用、企业邮局、网站建设、推广服务在内的完整的网络平台产品线供用户选择，本章主要介绍的是"数字引擎"网站的首页和内容页面的制作过程。此网站整体配色使用蓝色和白色，给用户简洁清新的感觉。

11.1 案例分析

本例的数字引擎网站的颜色搭配以蓝色和白色为主色调，给人轻快、专业的感觉。网站首页的布局结构采用了多行的形式，在页面的顶部和底部制作了一个能够跟随浏览器缩放的表格，而页面中主体内容表格的宽度则是固定的。在页面顶部制作了一个Flash动画的通栏广告，给人视觉上的冲击。网站的内容页面则采用了两列的布局形式，保留页面的顶部和底部区域，在内容部分插入了一个两列的表格来进行制作，然后在每一列中继续拆分成多行制作实际的内容。

11.2 最终效果

在使用Dreamweaver制作实际网页之前，先使用Fireworks制作了"数字引擎"首页页面和内容页面的效果图，如图11-1所示。

图11-1　数字引擎页面效果图

11.3 制作思路

▌ 用Fireworks切片输出。

2 定义CSS样式。

3 制作数字引擎网站的首页页面和内容页面。

11.4 操作步骤

本网站的实现过程分为五大模块，首先需要定义站点并制作首页页面切片，然后创建出网站的"CSS样式表"，接下来制作首页，最后制作内容页面。

11.4.1 创建Web站点

1 启动Dreamweaver，选择"站点"→"新建站点"命令，在弹出的"站点设置对象"对话框中，选择"高级设置"选项卡。

2 在"站点名称"文本框中输入文本"szyq"；在"本地站点文件夹"文本框中找到前面创建的文件夹"szyq"，如图11-2所示。

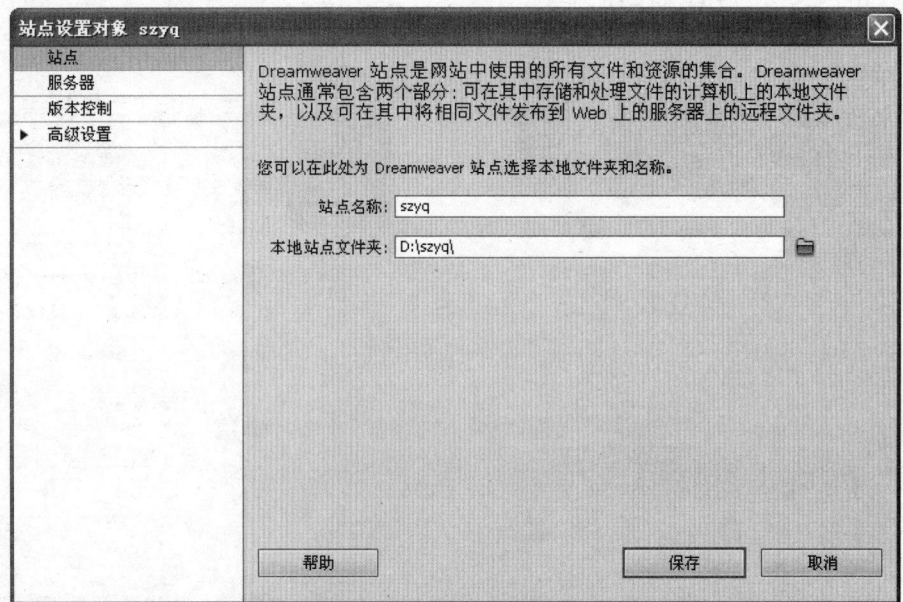

图11-2 设置本地站点参数

11.4.2 制作首页页面切片

接下来制作首页效果图切片，目的是为了生成网站中所使用的素材图像，具体操作步骤说明如下。

1 启动Fireworks CS5软件，打开内容页面的效果图，绘制切片，如图11-3所示。

说明 在上面的切图中有8张图像是要以背景图像形式切出来的。主要作用是放在Dreamweaver CS6的表格中作为背景图像在上面添加文字，如图11-4所示。

2 优化切片后，输出到当前站点中，如图11-5所示。

图11-3 给首页效果图添加切片

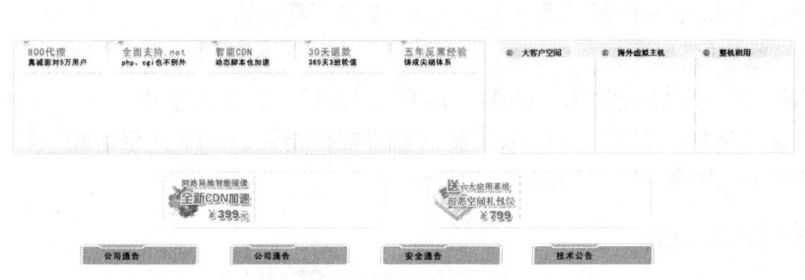

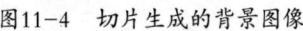

图11-4 切片生成的背景图像

图11-5 输出切片到当前站点中

11.4.3 制作网页中的样式表

接下来制作整个网站所用到的样式表文件，具体操作步骤说明如下。

1 制作一个外部的连接样式，命名为"style.css"。

2 在样式表文件"style.css"中输入下列样式代码。

```
BODY {
  FONT-SIZE: 11px; LINE-HEIGHT: 1.5em; FONT-FAMILY: Arial, Helvetica, "宋
```

```
体", sans-serif;

    BACKGROUND-IMAGE: url(../img/newbj.gif); MARGIN: 0px; BACKGROUND-REPEAT:
repeat-x
    }
    TD {
    FONT-SIZE: 11px; LINE-HEIGHT: 1.5em; FONT-FAMILY: Arial, Helvetica, "宋
体", sans-serif
    }
    INPUT {
    FONT-SIZE: 11px; LINE-HEIGHT: 1.5em; FONT-FAMILY: Arial, Helvetica, "宋
体", sans-serif
    }
    SELECT {
    FONT-SIZE: 11px; LINE-HEIGHT: 1.5em; FONT-FAMILY: Arial, Helvetica, "宋
体", sans-serif
    }
    A:link {
     COLOR: #4a4a4a; TEXT-DECORATION: none
    }
    A:visited {
     COLOR: #4a4a4a; TEXT-DECORATION: none
    }
    A:hover {
     COLOR: #f54b1a; TEXT-DECORATION: underline
    }
    A:active {
     COLOR: #f54b1a; TEXT-DECORATION: underline
    }
```

11.4.4 制作首页

对于首页的制作，本着"从上到下，从左到右，从外到内"的原则来对效果图进行分析，然后进行实际的页面表格制作。

1 双击"文件"面板中的"index.html"，进入页面编辑状态，打开Dreamweaver CS6的"CSS样式"面板，单击面板左下角的"附加样式表"按钮，把上面制作好的CSS样式文件"style.css"附加到当前网页中。

2 选择"插入"→"表格"命令（快捷键为"Ctrl+Alt+T"组合键），在页面中插入一个1行2列的表格，同时设置表格的"宽度"为770像素，"边框粗细"、"单元格边距"和"单元格间距"都为0像素，如图11-6所示。

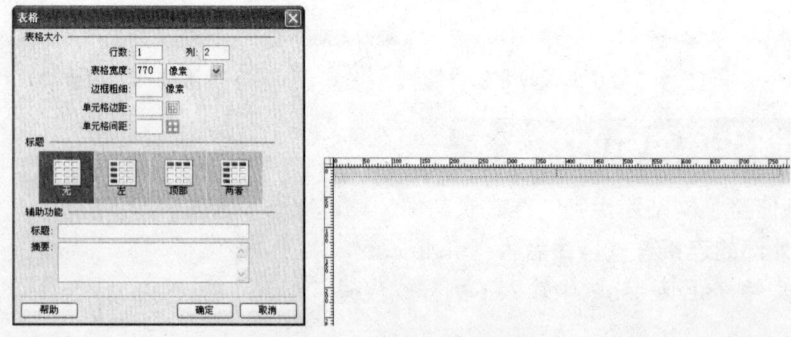

图11-6 插入1行2列的表格

3 在"属性"面板中设置表格的"对齐"属性为居中对齐。

4 选择这个表格的第1列单元格，插入Flash动画。选中插入到表格中的Flash动画，在"属性"面板中单击"参数"按钮，在弹出的对话框中设置参数，如图11-7所示。

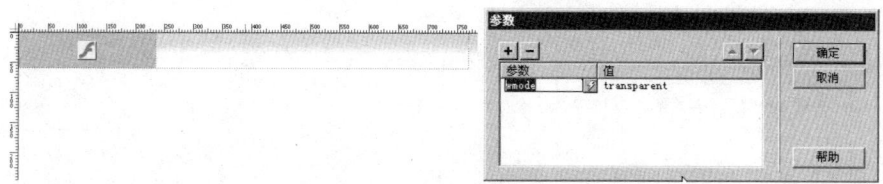

图11-7 在第一个单元格中插入Flash动画

5 选择"插入"→"表格"命令在第二个单元格里插入一个4行1列的表格，"宽度"为90%。设置单元格"对齐"属性为右对齐。分别在第2行和第3行插入图像并输入文字，且设置为右对齐，如图11-8所示。

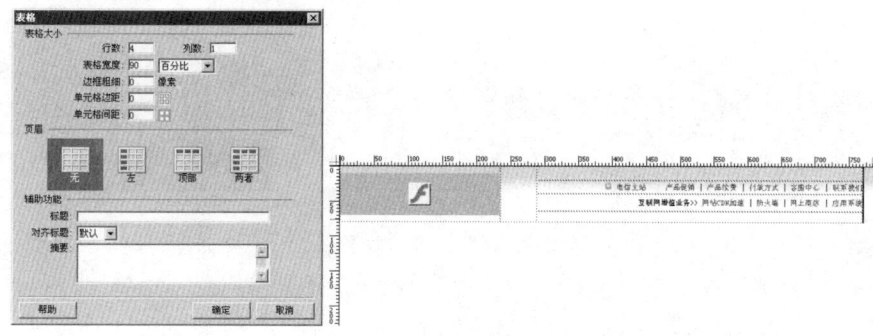

图11-8 在第二个单元格插入4行1列的表格

6 选择"插入"→"表格"命令，继续插入1行3列的表格，"宽度"为100%，作为导航条。添加"背景图像"，设置第二个单元格的"宽度"为770像素，"高度"为21像素。在中间的单元格中插入一个1行15列的表格，"宽度"为96%。在单元格内依次插入图像输入导航文字，然后给每列文字加链接（可直接选中文字，在"属性"面板的"链接"文本框中添加），效果如图11-9所示。

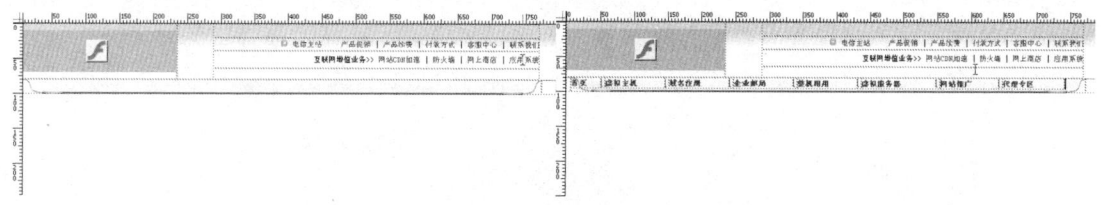

图11-9 插入1行3列的表格

7 选择"插入"→"表格"命令，插入一个3行1列的表格，"宽度"为770像素，居中对齐。设置第1个和第三个单元格"高度"为5像素。在中间的单元格内插入背景图像和Flash动画，如图11-10所示。

8 选择"插入"→"表格"命令，插入一个2行1列的表格，"宽度"为770像素，居中对齐。选择"插入"→"表单"→"表单"命令，在第1行插入"表单域"。第2行设置"高度"为4像素，如图11-11所示。

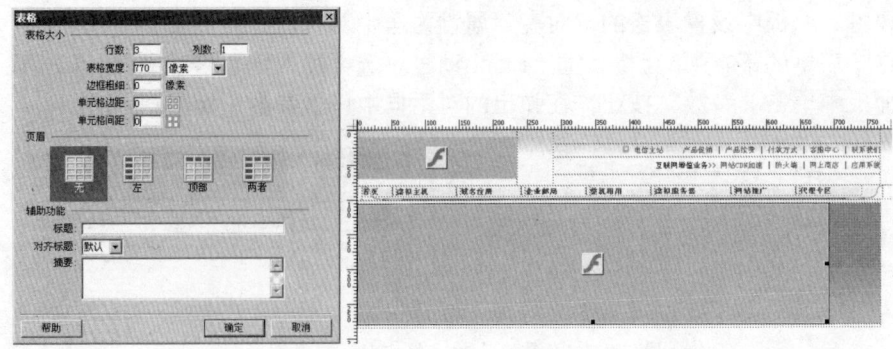

图11-10 插入3行1列的表格，并且添加相应内容

9 在这个表单域里插入一个1行6列的表格，"宽度"为770像素，插入背景图像，设置"高度"为26像素。在第1列插入图像，设置"宽度"为167像素，如图11-13所示。

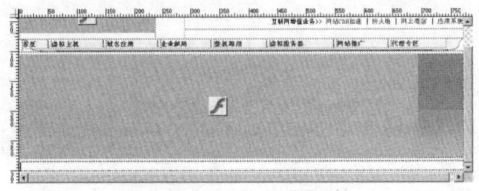

图11-11 插入表单域

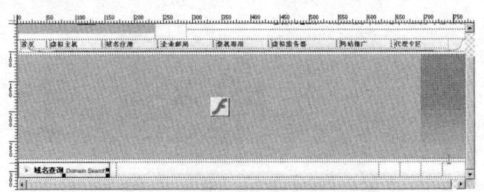

图11-12 插入1行6列的表格

10 在第2列输入文字，第3列选择"插入"→"表单"→"文本域"命令，插入"文本域"，在"属性"面板中设置"字符宽度"为22像素，"类型"为单行，设置第3列单元格"宽度"为140像素，如图11-13所示。

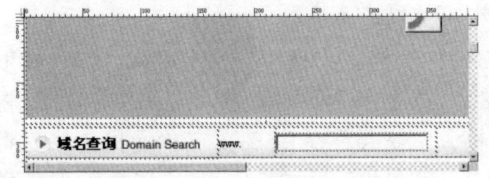

图11-13 在单元格中插入文本字段

11 设置第4列单元格"宽度"为70像素，选择"插入"→"表单"→"列表/菜单"命令，在"属性"面板中设置"类型"为菜单，单击"列表值"按钮，在弹出的对话框中输入相应的值，在"初始化时选定"列表里选中想要的初始值，如图11-14所示。

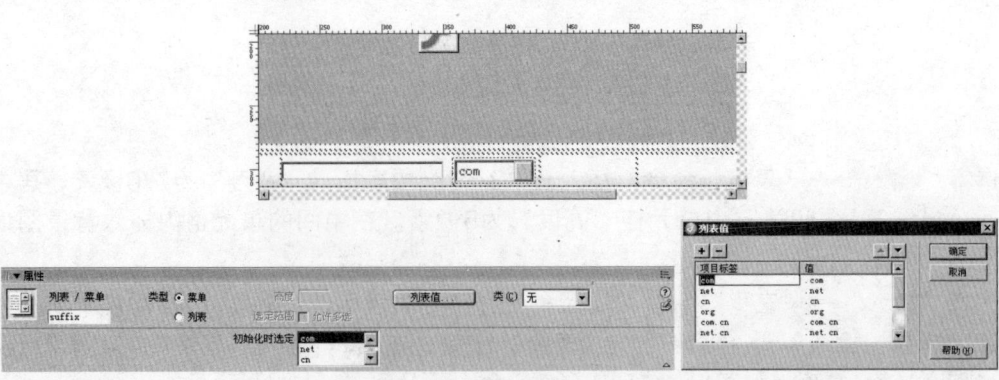

图11-14 在单元格中插入菜单

12 在第5列选择"插入"→"表单"→"图像域"命令，单元格"宽度"为78像素。第6列插入图像，如图11-15所示。

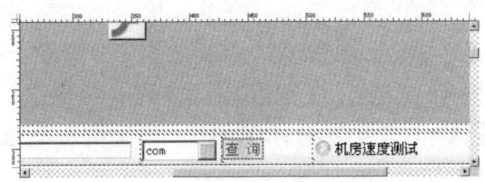

图11-15 在单元格插入图像域

13 插入一个1行3列的表格，居中对齐。在第一个单元格里插入3行1列的表格，"宽度"为200像素，第1行与第2行分别插入背景图像，第3行也插入图像。设置第1行的"背景图像"为"more"，第2行内插入一个8行1列的表格，输入文字，如图11-16所示。

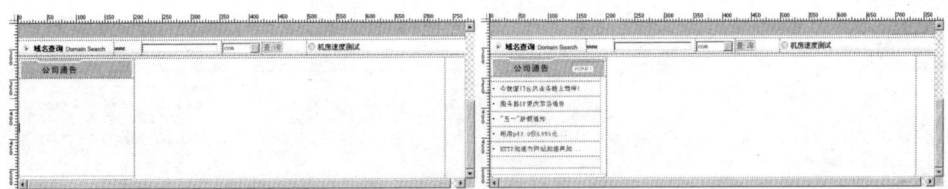

图11-16 插入一个1行3列的表格

14 将中间第2列"宽度"设为5像素，第3列插入6行5列的表格，"宽度"为565像素。在第1列的第1行、第2行、第3行、第5行、第6行分别添加"背景图像"并插入图像，单元格"宽度"为185像素，在第4行输入文字。后面第3列和第5列做法相同，如图11-17所示。

图11-17 插入表格后效果

15 插入3行1列的表格，设置第1行和第3行单元格"高度"为5像素。给第2行单元格添加"背景图像"，设置"宽度"为182像素。在这个表格之上插入一个2行9列的表格，"宽度"为754像素。设置第1行"宽度"为135像素，"高度"为60像素。第2行分别在第1、3、5、7、9列输入文字，如图11-18所示。

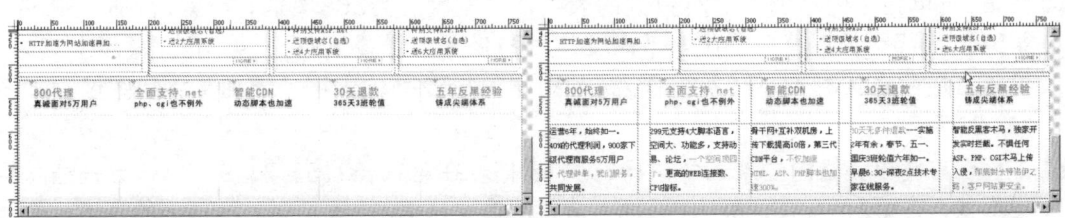

图11-18 在表格中插入背景入和文字

16 我们继续观察一下，下面的网页结构属于左右结构，所以我们插入一个1行3列的表格。

先看左边，"新品速递"、"安全通告"、"技术公告"几个版块和上边"公司通告"的表格大体结构相同，可进行复制粘贴修改，如图11-19所示。

17 设置第2列单元格"宽度"为5像素。第三个单元格内是上下结构，先看上面，插入一个1行1列的表格，"宽度"为565像素，"高度"为210像素。在单元格内插入"背景图像"，再插入一个3行5列的表格，设置第1行第1列的"宽度"为185像素，"高度"为40像素。第3列和第5列的"宽度"为180像素，"高度"同第1列一样。在第2行和第3行分别插入图像和文字，如图11-20所示。

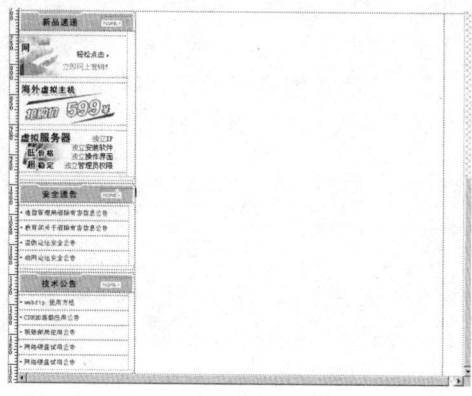

图11-19　复制粘贴表格　　　　　　　　图11-20　插入图像和文字

18 给每行文字加链接（可直接选中文字，在"属性"面板的"链接"文本框中添加），如图11-21所示。

19 下面是一个2行2列的表格。第1行第1列"宽度"为381像素，"高度"为5像素，第2列"高度"相同。第2行第1列插入一个3行1列的表格，在第1行、第3行分别插入图像，第2行插入背景图像，如图11-22所示。

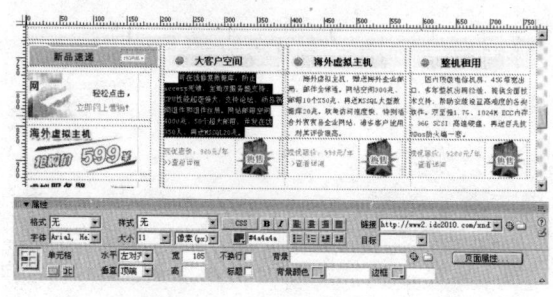

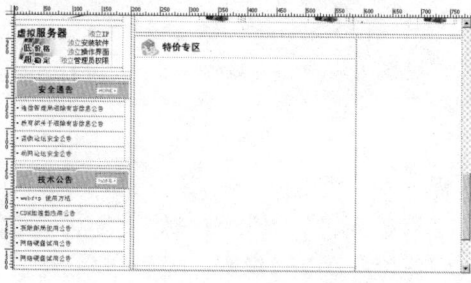

图11-21　给文字添加链接　　　　　　　图11-22　插入表格及图像

20 在第2行单元格内添加一个7行1列的表格，"宽度"为368像素。在第1行插入图像，第3行、第5行插入背景图像，"高度"为91像素。设置第2行、第4行"高度"均为5像素。最后在第3行、第5行、第7行分别插入1行2列的表格，添加文字和图像，如图11-23所示。

21 下面在右侧单元格内插入一个11行1列的表格。在第1、3、5、7、9、11行分别插入相应图像，在第2、4、6、8、10行插入背景图像。在第2行插入一个2行1列的表格，并添加文字。第4、6、8、10行均插入3行1列的表格，每个表格的第1列高度都为3像素，在第2列和第3列添加文字，如图11-24所示。

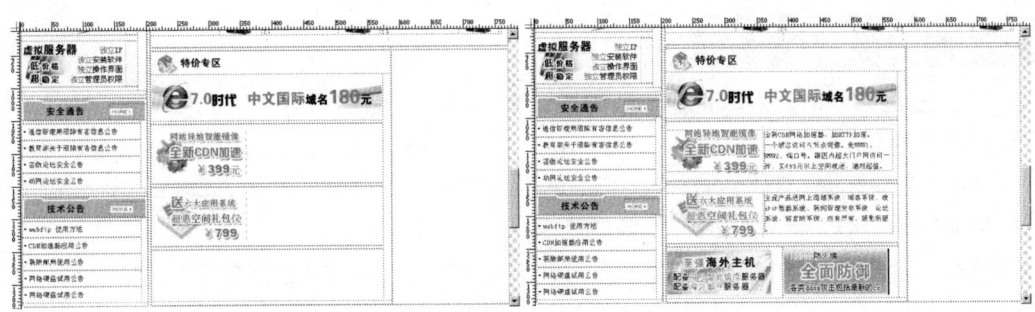

图11-23 插入7行1列的表格

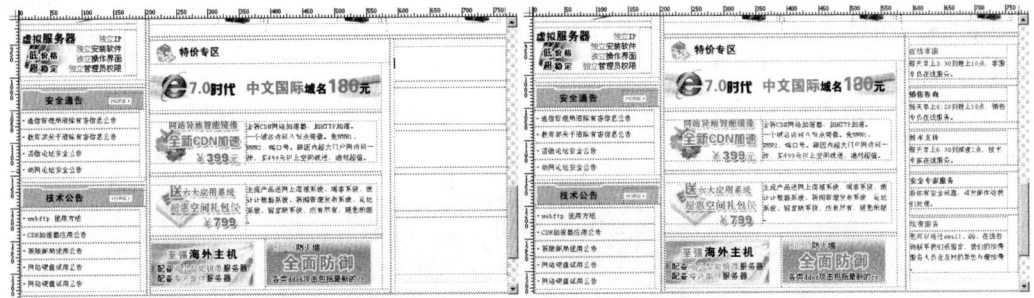

图11-24 添加11行1列表格

22 接下来网页底部与顶部的做法基本相同，可参照上面的操作去做，效果如图11-25所示。

23 至此首页就制作完毕了，保存文件后，按"F12"键在IE浏览器中预览效果，如图11-26所示。

图11-25 网页底部效果图　　　　图11-26 在浏览器中预览网页效果

11.4.5　制作内容页面

1　在Fireworks 8中打开内容页面的效果图，添加切片，如图11-27所示。

2　切片完毕后优化输出。文件名为"xnzj"，将所有切片生成的图像都放置到当前站点的"img"文件夹中。重新创建一个新的网页文件"xnzj.html"。进入Dreamweaver CS6的页面编辑状态，开始制作内容页面效果。

3　首页和内容页面的顶端、底端部分是相同的，样式表文件的添加方式也完全一致，可参照首页制作。

4　插入一个1行2列的表格，"宽度"为770像素。在"属性"面板中单击"拆分单元格"按钮，在弹出的"拆分单元格"对话框里选择拆分成"行"，"行数"为2，如图11-28所示。

5　设置第一列单元格"高度"为6像素，"宽度"为10像素，"背景颜色"为"#e5e5e5"，如图11-29所示。

图11-27　内容页面效果图切片

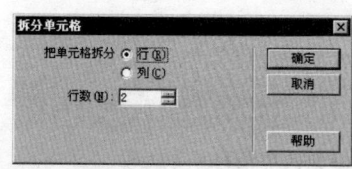

图11-28　拆分单元格

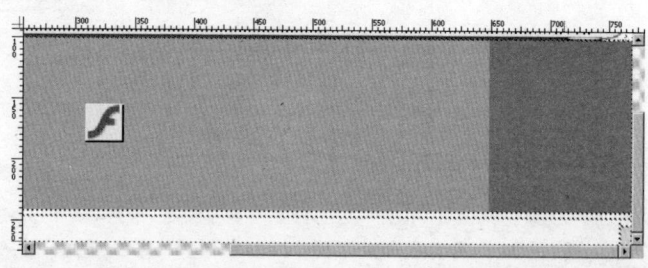

图11-29　给单元格设置"高度"和背景颜色

6 在左面单元格中插入一个1行2列的表格，"宽度"为100%，单元格"间距"为1像素，"背景颜色"为"#bbbbbb"。

7 在第1列中设置"宽度"为200像素，"背景颜色"为"#ffffff"，如图11-30所示。

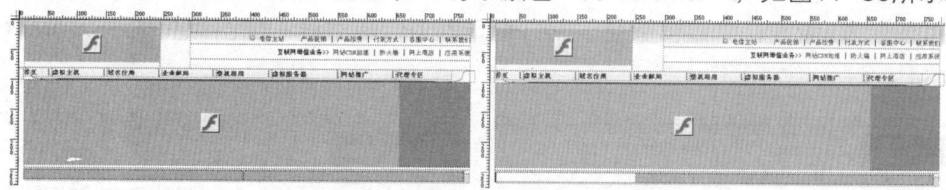

图11-30 给表格设置间距和背景颜色

8 插入一个6行1列的表格，"宽度"为200像素。设置第1行单元格"背景颜色"为"#004378"，"高度"为45像素，并插入图像。设置第2行单元格"背景颜色"为"#00a2be"，"高度"为3像素。在第4行插入背景图像，"高度"为41像素，如图11-31所示。

9 在第3行单元格内插入一个22行2列的表格，"宽度"为182像素。设置第1、4、9、14行"高度"为5像素。在第2、3、7、8、10、12、13、15、17、18、20、21行内分别添加图像和文字，并给文字添加链接，如图11-32所示。

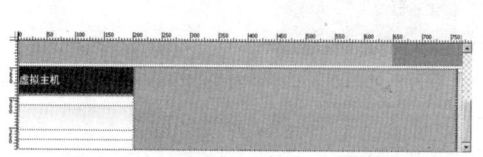

图11-31 插入图像

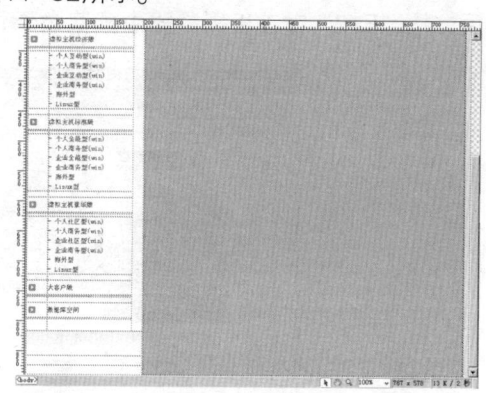

图11-32 插入22行2列的表格，并且添加内容

10 在第5行单元格内插入一个10行1列的表格，"宽度"为186像素。在第1、3、5行插入背景图像，设置"高度"为49像素，添加文字和链接。设置第2、4、6、8行"高度"均为8像素。在第7行和第9行插入图像，如图11-33所示。

11 设置右边单元格的"背景颜色"为"#ffffff"。插入一个2行1列的表格，"宽度"为550像素。在"属性"面板中设置第1行单元格"高度"为31像素，"水平对齐"属性为右对齐，"垂直对齐"属性为底部。插入一个1行3列的表格，"宽度"为300像素，在第1列和第3列插入图像，在第2列添加"背景图像"并添加文字，如图11-34所示。

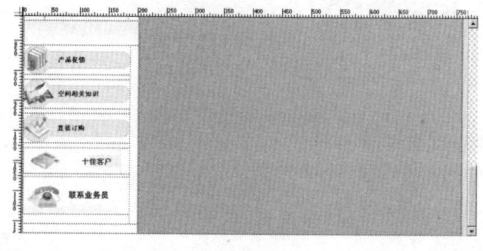

图11-33 在第5行单元格内插入一个10行1列的表格

图11-34 插入2行1列的表格

12 在下面单元格内插入2行1列的表格，"宽度"为540像素，设置第1行"高度"为15像素，在第2行插入图像，如图11-35所示。

13 下面再插入一个2行2列的表格，"宽度"为550像素，"单元格间距"为3像素，"边框粗细"为1像素，"边框颜色"为"#cbcbcb"，然后添加图像和文字，如图11-36所示。

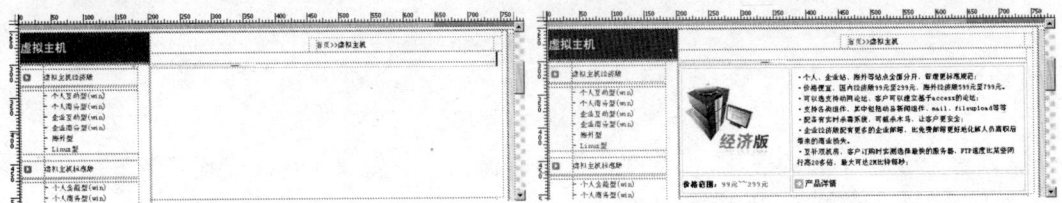

图11-35　插入2行1列的表格　　　　图11-36　插入2行2列的表格并设置间距和边框

14 "标准版"和"豪华版"两个版块的表格结构和上面刚刚做的"经济版"结构相同，可以直接复制粘贴再做修改。

15 网页底部与首页的相同，可参照首页制作。这样，内容页面就制作完毕了，保存文件后，按"F12"键在IE浏览器中预览效果，如图11-37所示。

图11-37　内容页面完成效果图

11.5 答疑与技巧

问 如何制作一个边框为1像素的表格？

答 我们要通过表格的设置来完成，或许你会说，这还不简单嘛！建立一个1行1列的表格，然后将它的"边框粗细"属性值设为1像素不就可以了。实际上，用这种方法制作的表格根本不是所说的边框为1像素的方格，而是要"粗"得多！

同样先插入一个1行1列的表格，将表格的"边框粗细"、"单元格边距"设置为0像素，"单元格间距"设置为1像素。设置表格的"背景颜色"为红色（即为边框的颜色），同时设置单元格的"背景颜色"为白色（即同背景色）即可。

问 如何避免别人把你的网页放在框架中？

答 只需要在网页源代码的＜head＞＜/head＞之间加入以下代码内容。

```
<script language="javascript"><!--
if (self!=top){top.location=self.location;}
--></script>
```

问 如何安排不支持"框架"的浏览器显示内容？

答 很简单，只需要在源代码中加入下面的内容就可以了。

```
<BODY><noframes>---本网页中包含有框架结构，如果你不能正常显示的话，请下载新的浏览器版本或更换主流浏览器---</noframes></BODY>
```

Chapter **12**

第12章
综合实例2：
帆布鞋网站设计制作

本章导读

    本章主要介绍如何制作简单并且漂亮的小型网站，这种类型的网站能够完美地配合一些专业及小型企业的宣传。其特点就是简单，没有复杂的特效，没有过多的文字和图像，但是对于小型公司或者一个小的分支机构来说，这种网站设计是非常适合的。

    本例的设计主题是"帆布鞋"，页面效果清新、开阔，搭配简短的文字介绍，可以很好地配合产品图像及产品的展示。这种设计属于小而精的设计，但并不是简单地将一个大版面减去一半。在设计这种版面时难度并不大，容易维护而且方便阅读，完成效果如下图所示。

    漂亮的字体制作成的标题放置在一个白色的版面中，传达了一种安静、自信的气息，整个版面显得简约、精致。

12.1 思路分析

很多综合性网站都在网页上挤满了海量的信息，但对于很多小型企业来说，他们只希望自己的网页显得精致、优雅、专业，而且个性十足。小版面能够轻松地做到这一点，而设计一个这样的版面关键是要分配好各个区域。

12.1.1 页面布局形式

初看导读中的网页效果图，好像只有两个区域，一个是白色区域，一个是着色区域，但实际上是由四个区域组成，如图12-1所示。标志区域与白色的主要信息区域形成了强烈的对比。

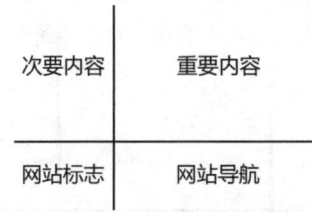

图12-1 页面的布局

在开始设计这个布局时，首先要确定一些位置关系。读者可以利用在文章后面所提供的模板尺寸来设计。当然，如果希望自己能够独立设计布局，也可以了解一下这里是如何创建一个这样的布局的。

首先，页面整体的尺寸为720像素×480像素，即宽高比为5：3。然后将页面的宽度和高度同时三等分，如图12-3所示。

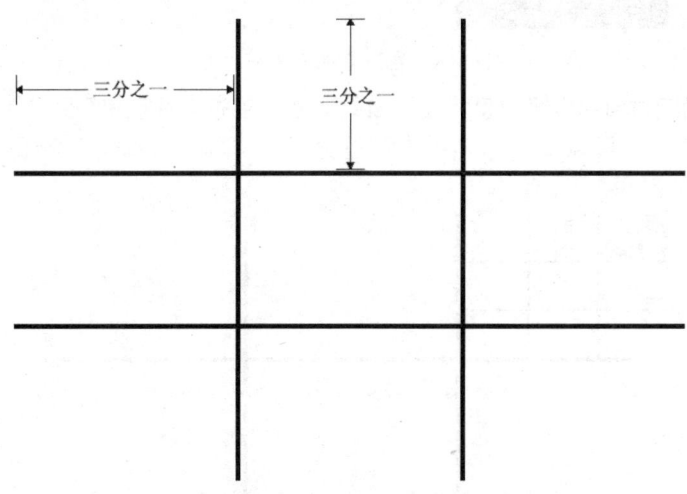

图12-2 划分页面的区域

可以将底部占三分之一的标志区域加上一种较深的颜色。同时，导航区域的颜色与标志区域的颜色略有不同，最简单的方法是在图像软件中，把导航区域的颜色调整为标志区域颜色透明度的80%，这样看起来仍然浑为一体，如图12-3所示。

如果底部区域的颜色反差较大，则形成一种分离感，应该避免，如图12-4所示。

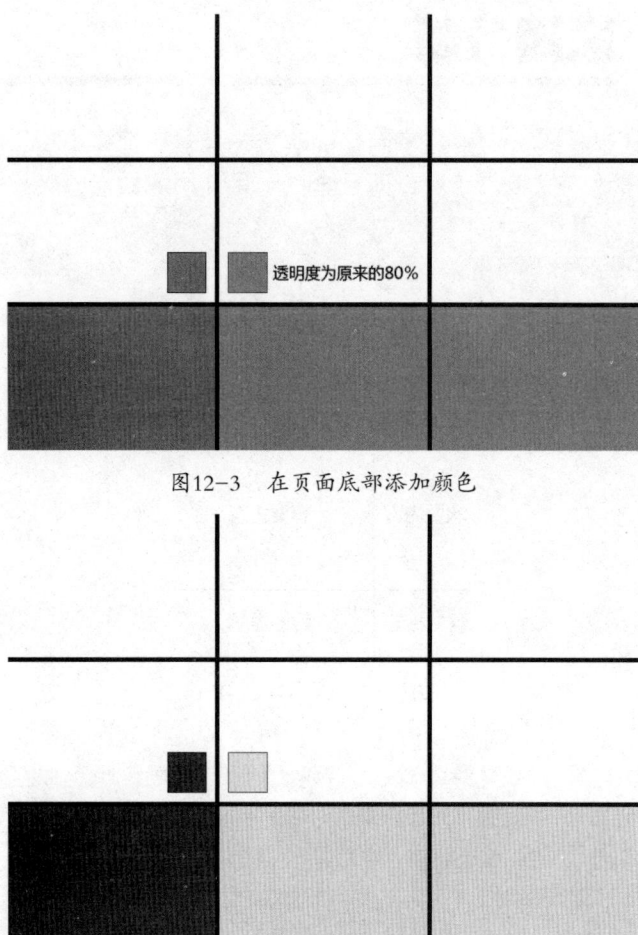

图12-3　在页面底部添加颜色

图12-4　应避免颜色差别过大

接下来需要确定页面中内容信息距离页面的边距，首先来确定左侧距、顶边距和底边距。

将上面三分之一的区域的宽与高再次三等分，即可得到一个矩形范围，注意看左上角的深色区域，如图12-5所示。

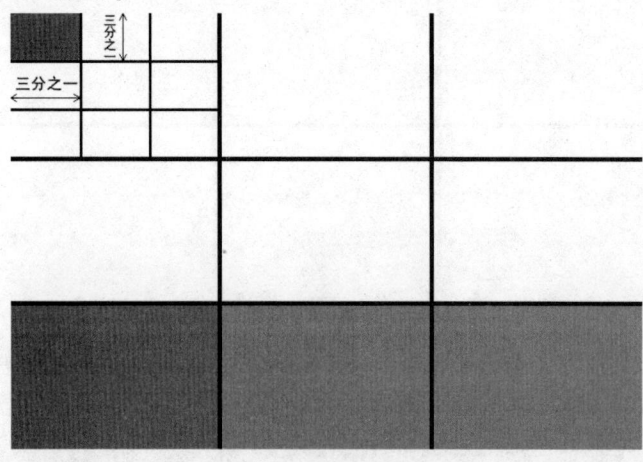

图12-5　继续三等分

　　使左侧距和这个深色矩形的宽度相等，使顶边距和这个深色矩形的高度相等。左侧距与顶边距设为该区域的三分之一的距离。在内容区域中，顶边距和底边距比左侧距要窄一些，如图12-6所示。

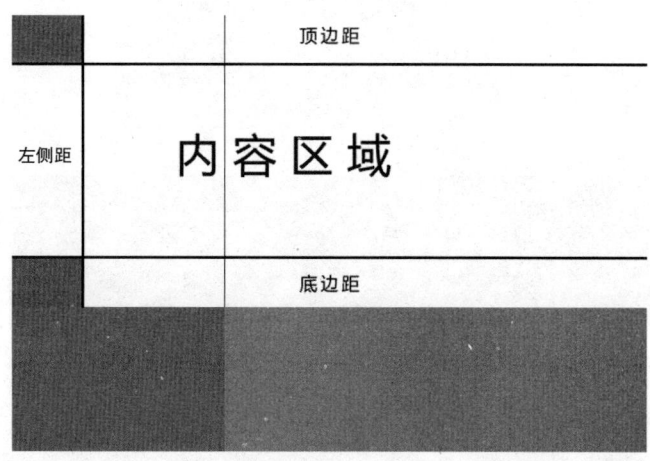

图12-6　确定左侧距、顶部距和底边距

　　将左侧距加宽到150%来作为右侧距，这也就意味着，右侧距与左侧距比例仍为3：2。这些数值并不需要精确到像素，这样做的目的，只是为了尽可能让各种比例统一，从而使页面效果更加和谐一致。通过这样的划分，就形成一个放置内容的区域，如图12-7所示。

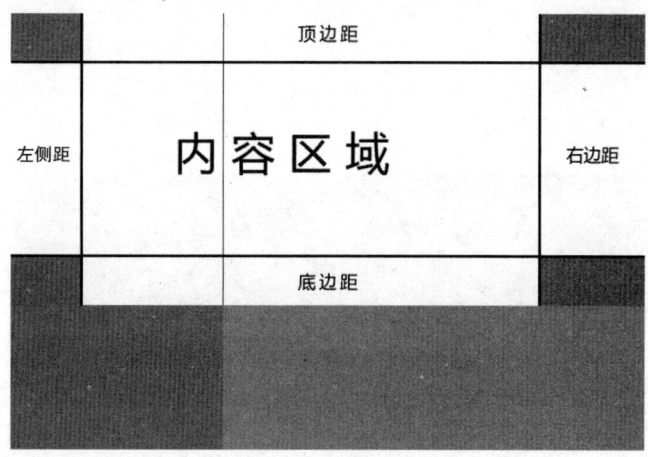

图12-7　确定右侧距

12.1.2　添加文字和图像

　　页面中元素的排列应该以底线为基准，这与设计一般的网页刚好相反，因为一般的网页中，标志及导航都是放在上面。而在本例中，它们都在底部，所以我们安排元素时应该从下到上来配合这种转变。

　　如图12-8所示，无论是文字还是图片，都需要以页面中的圆点为准。这也就意味着，所有的文字与图片都要接触到这个基线，这样文字与图片的交接处才显得整洁。

　　每一个页面可以放置少量的文字或少量的图片，当然，也可以同时放置文字与图片。主要信息放在右侧，次要信息放在左侧。

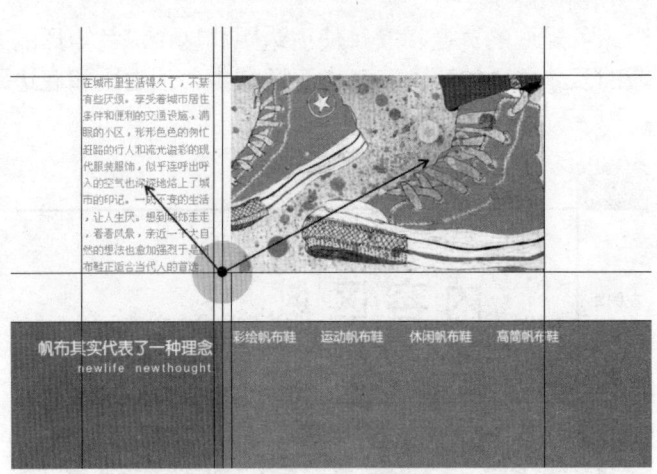

图12-8　对齐页面中的所有内容

如图12-9所示，在右侧所放置的主要文字，都是同一字号，同一种字体。但标题是粗体，颜色也是采用底部区域的颜色，这样可以与底部区域形成协调感。通过加大段落之间的空间而不是采用首行缩进的形式来区分各个段落。

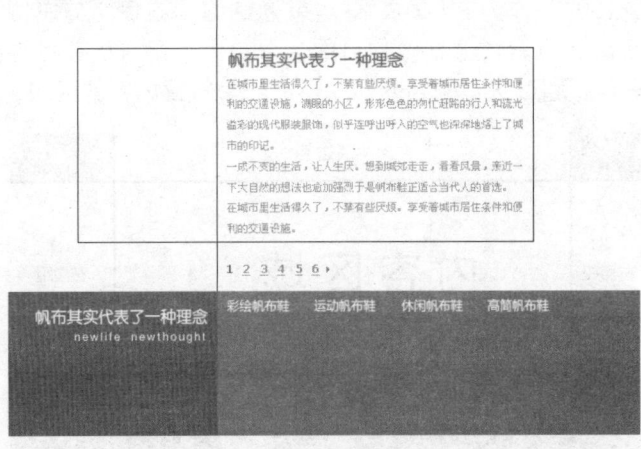

图12-9　主要信息放置在页面右侧

文字的底部应该到达内容区域的底部，并且不应该过于拥挤。如果内容太多，一页放不下，那就加多一页，不要硬塞进去。同时，在下面加上各个页面的链接。

将一张小图像放置在左侧的区域中，图片的底部与内容区域的底部对齐，最后出来的效果就是一个呈拱形的开阔空间包围着信息元素，漂亮而且容易阅读，如图12-10所示。

提示 图12-9中，无论是图片还是文字，都没有将信息区域完全填满。

这种布局无论是在放置一张图像还是多张图像时都非常适用，这些图像可以是你的产品图、说明图或者其他宣传图片等。

善于利用白色空间，一张小图片放在一个大空间时可以产生一种力量感，也会更清晰。效果比放上一张大图片要好得多，更容易吸引读者的眼光，如图12-11所示。

图12-10 放置小图像

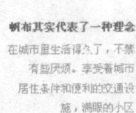

图12-11 小图像产生大的冲击力

标志同样具有这样的力量，蓝色的空间引导你的眼睛到上方的标志中，提醒标志的存在。

每一个网页可以同时放置两张、三张、四张甚至更多的图片，将整体的图片安排成矩形的形状，如图12-12所示。

图12-12 放置多张图像

所有的图片都是同一尺寸或同一形状的效果最好，如果希望图片尺寸不一样，那就让它们的尺寸反差大一点。图片与图片之间要有间隔，不要连在一起。

应避免文字环绕图像的形式，图像与文字应该泾渭分明，图像在一边，文字在另一边，这样才不会显得过于拥挤复杂，如图12-13所示。

同时在导航的下方制作下拉形式的二级菜单，二级菜单可以让浏览者更深入了解网站中的内容，二级菜单的文字要适当地小于导航的文字，这样才能够与导航的文字形成对比。在鼠标移动到的二级菜单上时，可以在其左侧显示一个小三角形。同时，选中的二级菜单应变为粗体显示，如图12-14所示。

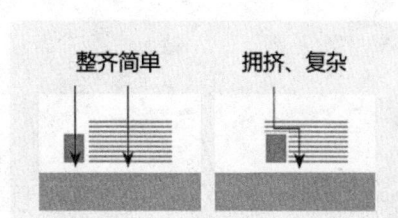

图12-13 文字和图像的环绕形式　　　　　　　图12-14 制作二级菜单

在导航的上方可以制作三级链接，水平摆放，间隔较大，三级链接可以让浏览者观看更多的页面。激活的链接以粗体显示，而且颜色与底部区域颜色搭配，如图12-15所示。

1 2 3 4 5 6 ▶

图12-15 制作三级链接

本章所用的尺寸如图12-16所示，读者可以对照这个模板进行参考。

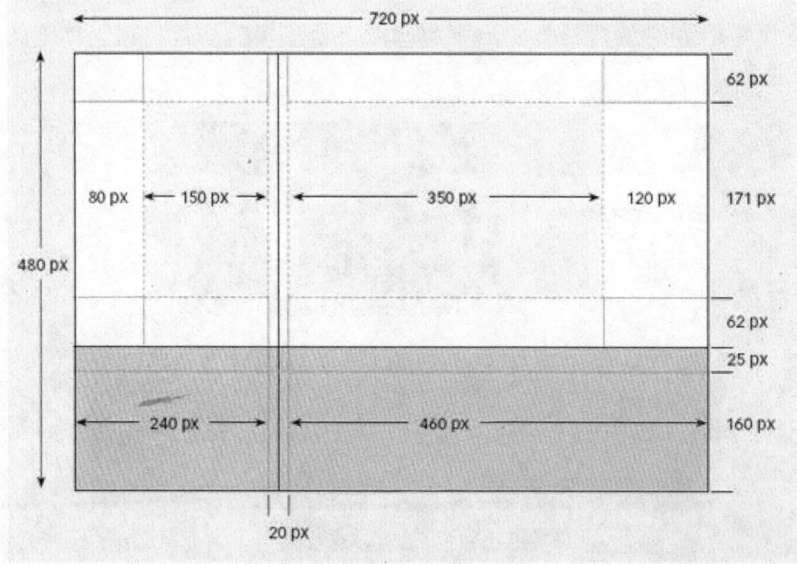

图12-16 本章案例尺寸模板

12.2 实现步骤

通过上面的讲解，读者已经大概了解这种小型网站的设计要点，下面再使用Photoshop把这个网站的页面设计出来，并且在Dreamweaver中进行布局，具体操作如下。

12.2.1 制作效果图

1 新建一个Photoshop文件，在弹出的"新建文档"对话框中设置画布的"宽度"为720像素、"高度"为480像素，背景颜色为白色，如图12-17所示。

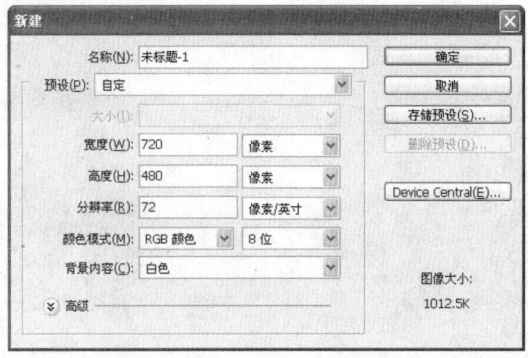

图12-17 "新建文档"对话框

2 选择"视图"→"标尺"（快捷键为："Ctrl+R"）命令，打开Photoshop的标尺，然后按照上面介绍的布局形式，使用标尺来构建页面布局，如图12-18所示。

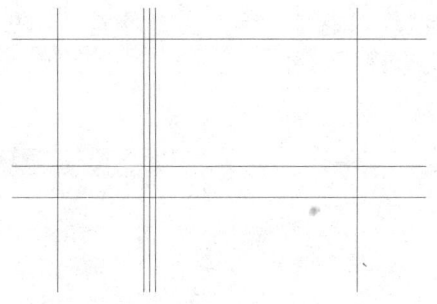

图12-18 使用参考线构建页面布局

提示 对参考线进行定位可以从"视图"菜单中选择"新建参考线"命令，在弹出的对话框中输入具体数值即可。关于参考线的具体参数可以参考图12-16的模板来制作。

3 使用"矩形"工具，在画布左下角三分之一处绘制一个矩形，并且填充蓝色，颜色值为"#2F6DBB"，如图12-19所示。

4 继续使用"矩形"工具，在画布右下角三分之一处绘制一个矩形，并且在"属性"面板中更改这个矩形的透明度为原来的"80%"，如图12-20所示。

5 使用"文本"工具，在画布左下角的蓝色矩形上输入文字"帆布其实代表了一种理念"，在"字符"面板中设置"字体"为方正准圆简体、"字号"为18点、"消除锯齿级别"为浑厚、填充白色，如图12-21所示。

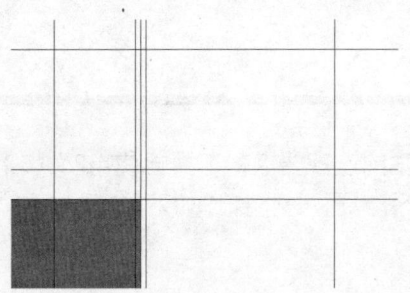

图12-19　在画布下方绘制矩形

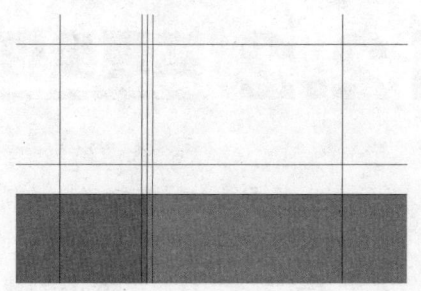

图12-20　绘制另外一个调整透明度的矩形

6 继续输入文本"newlife newthought"，对齐到上面文本的右下方，在"字符"面板中设置"字体"为Verdana、"字号"为12点、"消除锯齿级别"为无、"字距"为10、填充白色，如图12-22所示。

图12-21　设置文字属性

图12-22　设置文字属性

7 在画布右上方的内容区域输入信息文字，在"字符"面板中设置"字体"为宋体、"字号"为12点、"消除锯齿级别"为无、"字顶距"为22.8点、填充颜色值为"#999999"，如图12-23所示。

图12-23　设置文字属性

8 复制画布左下角的文字"帆布其实代表了一种理念"和"newlife newthought"，粘贴到画布上方的内容区域，分别更改"字号"为30和18。颜色填充同样的灰色，如图12-24所示。

9 使用"文本"工具，在画布的下方制作导航，在"属性"面板中设置"字体"为微软雅黑、"字号"为14、"消除锯齿级别"为强力除锯齿、填充白色，然后调整每个导航之间的距离为30像素，如图12-25所示。

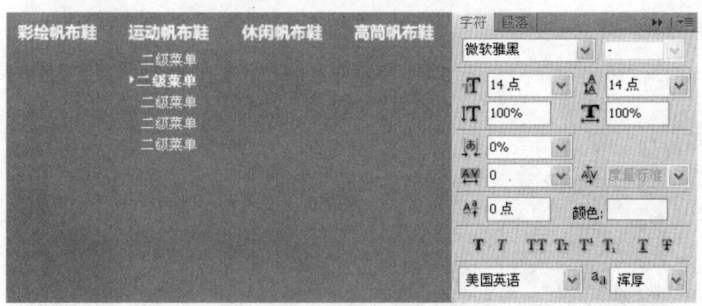

图12-24　复制文字、更改字号和颜色

图12-25　制作导航

10 使用"文本"工具，在导航的下方制作二级菜单，其各个菜单项的字体设置和内容信息完全一样。为了突出被选中的状态，在被选中的文字左侧添加箭头素材图像，并且把文字加粗，如图12-26所示。

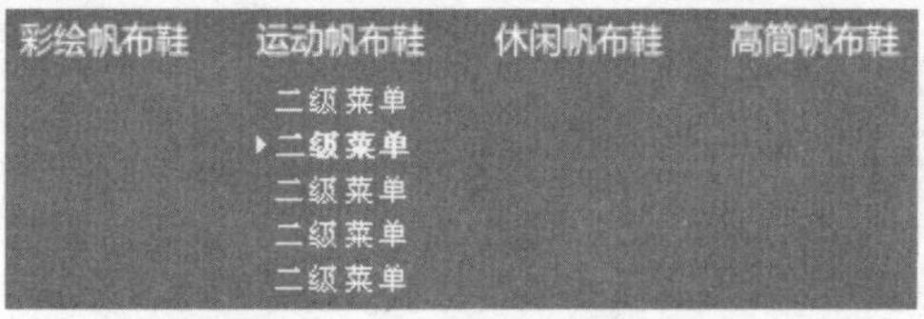

图12-26　制作二级菜单

11 使用"矩形"工具，在画布内容区域的下方，制作三级链接，其文字属性设置和文字"newlife newthought"完全一样，只是在没有访问的链接文字上增加了下画线效果，而正在访问的链接更改颜色为底部同样的蓝色，如图12-15所示。

12 最终完成的效果如导读中图片所示，需要注意的是内容和参考线的对齐方式，这一点非常重要，如图12-27所示。

图12-27　制作三级链接

这样，整个网站的首页就制作完毕了，接下来制作其内容页面，内容页面和首页的布局基本相同，所不同的就是内容区域的信息。

13 选择"文件"→"另存为"命令，把这个制作好的页面保存成另外一个文档，然后删除内容区域的文字，如图12-28所示。

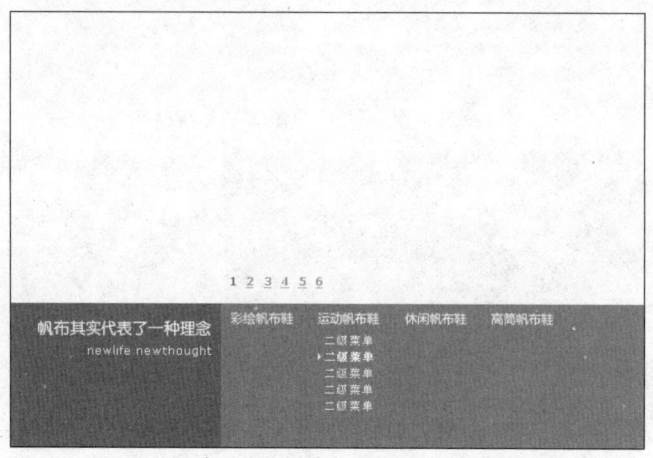

图12-28　删除内容区域的文字信息

14 按照前面介绍的方法，通过更改内容区域的信息，就可以轻松制作出这个网站的内容页面，如图12-29所示。

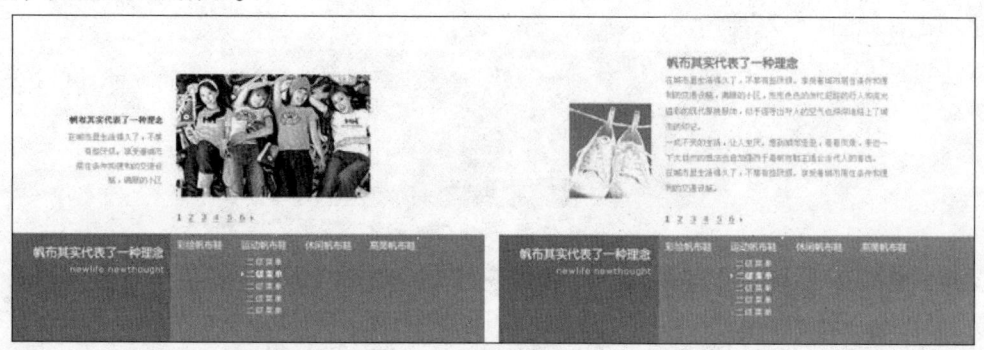

图12-29　制作内容页面

12.2.2　切片、优化和导出

效果图制作完毕后，就应该对效果图进行切片、优化和导出，这样才能够使用生成的素材进行布局。

15 在Photoshop中打开制作好的网站首页，进行切片，使用工具栏中的"切片"工具，在需要切片的位置绘制出相应的切片，效果如图12-30所示。

说明 之所以为切片网站标志区域的文字，是因为这里的文字使用了特殊的字体，并且是中英文两种文字的结合，如果直接使用脚本布局会比较麻烦，导航也是同样的道理。

16 切片添加完毕后，选择"文件"→"存储为Web和设备所用的格式"命令，打开优化窗口，如图12-31所示。

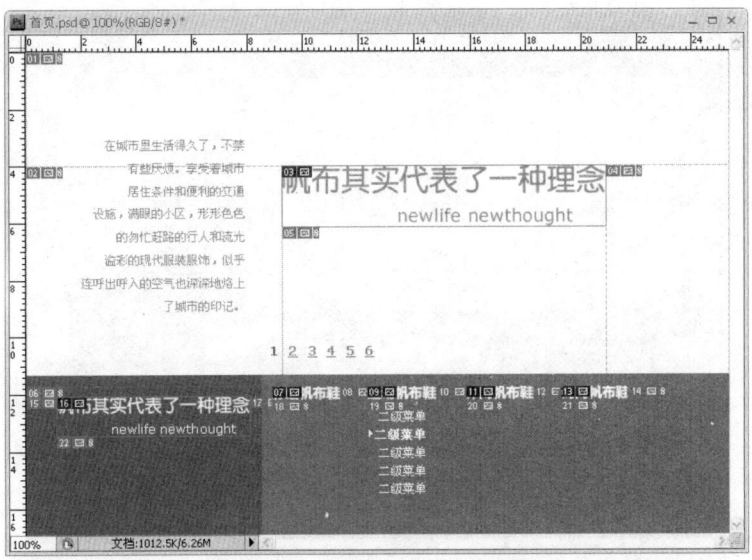

图12-30　给页面添加切片

图12-31　Photoshop的"存储为Web和设备所用的格式"对话框

17 在"存储为Web和设备所用的格式"对话框的左侧依次选择每个切片，在窗口的右侧进行相应的优化设置，然后可以在左侧的"优化"窗口中查看优化后的效果和文件量，如图12-32所示。

18 本例中所有的切片都可以优化为gif格式。

19 优化完毕后，在"存储为Web和设备所用的格式"对话框中双击切片，在弹出的"切片选项"对话框中可以设置是否保留已切切片的图像，把不需要保留的部分设置为"无图像"，这样导出以后就不会随之生成多余的图像了，如图12-33所示。

图12-32　在"存储为Web和设备所用的格式"对话框中对切片进行优化

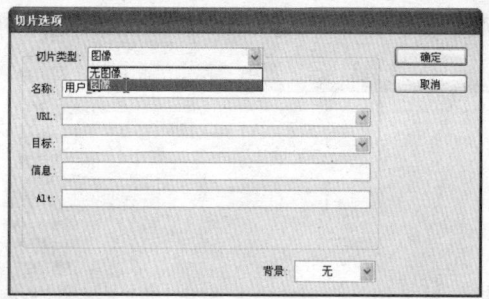

图12-33　Photoshop的"切片选项"对话框

20 设置完毕，单击"存储为Web和设备所用的格式"对话框右下角的"存储"按钮即可。在导出时，所保存的位置一定要选择一个盘符，但不要保存到C盘。然后在硬盘的根目录建立一个文件夹，命名为"sail"，网站中的所有内容都保存到这个文件夹中。在后面使用Dreamweaver布局的时候，将会把这个文件夹定义为Web站点。

21 这样Photoshop就能够自动生成网页和相应的切片图像了，如图12-34所示。

图12-34　导出切片生成的图像

22 对其他内容页面的切片，由于内容页面和首页相比只有部分的内容不同，所以在切片的时候只需要把不同的内容切片输出即可，相同的内容由于首页已经切片过一次，所以就不用再次进行切片了，如图12-35所示。

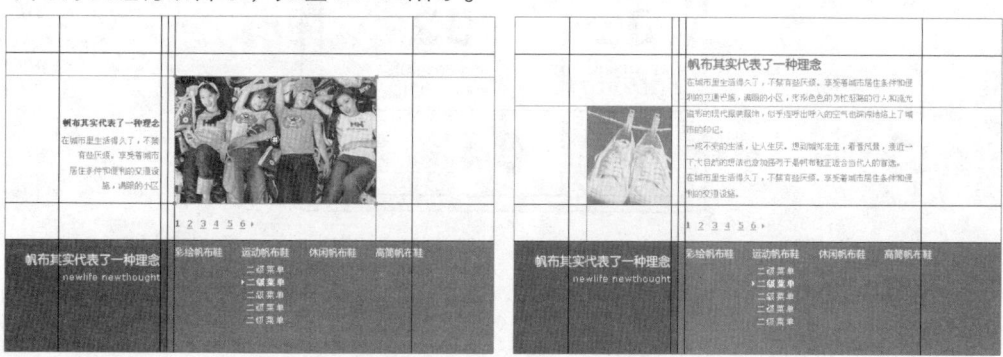

图12-35 对内容页面进行切片

23 同样地，内容页面的切片也应该优化，这里可以把图像优化为jpg格式，因为这两张图像都是色彩丰富的照片，优化完毕后导出到同样的文件夹内。

12.2.3 布局页面

效果图导出后，就可以使用这些素材在Dreamweaver中进行布局了，现在的布局技术包括表格布局和Web标准布局，也就是俗称Div+CSS布局。在本例中，主要说明如何使用Web标准来布局这个页面，并且能够使布局出来的页面适应IE6.0版本浏览器和Firefox火狐浏览器。

在具体布局之前，先分析一下页面的构成，这样就能够明确所需要创建的布局结构是什么样的，如图12-36所示。

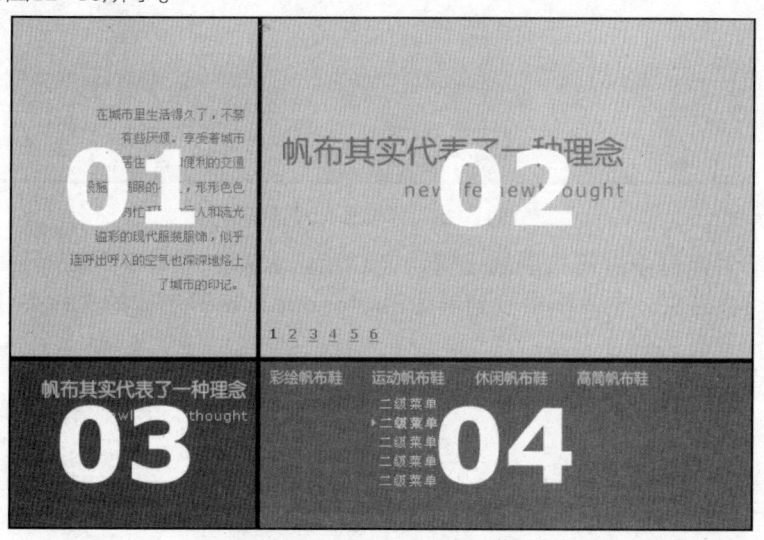

图12-36 页面的布局形式

可以把页面划分为四个区域，使用"div"布局的话，每个区域就是一对"div"标签，所以整个页面由四对"div"标签构成。但是还需要注意的是整个页面的内容是在浏览器中居中对齐的，也就是说还应该有一对"div"标签专门用来包含所有的内容。这样的话，整个页面需要5个"div"标签来实现布局，如图12-37所示。

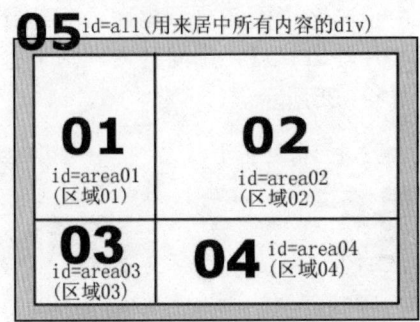

图12-37　页面"div"的构成形式

24 启动Dreamweaver，选择"站点"→"新建站点"命令，选择"站点"选项卡，如图12-38所示。

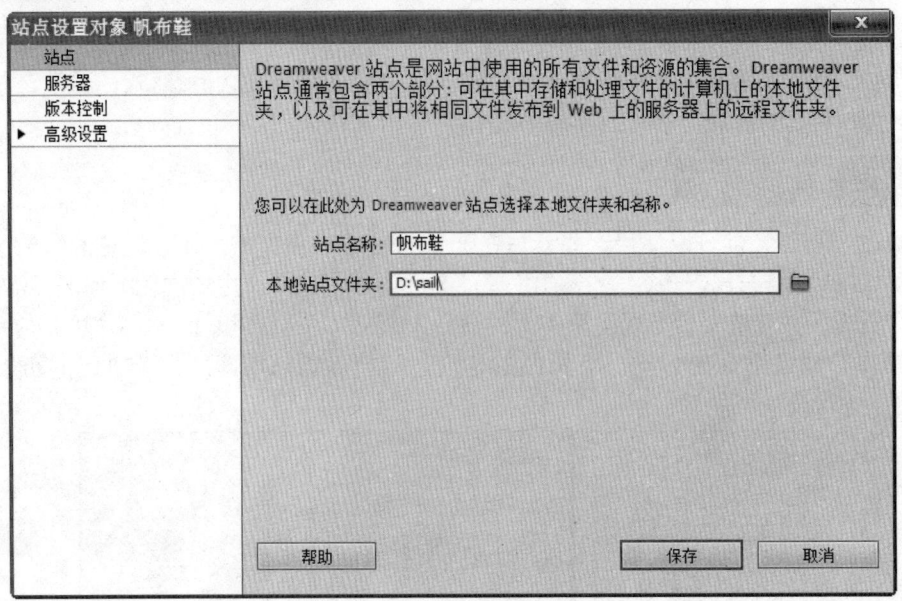

图12-38　"站点"对话框

25 在"站点"对话框中进行相应的设置，在"站点名称"文本框中输入"帆布鞋"；在"本地站点文件夹"文本框中找到前面Photoshop导出时生成的文件夹"sail"，如图12-38所示。

26 全部设置完毕，单击"确定"按钮即可创建这个Web站点。

27 按快捷键"F8"，打开Dreamweaver的"文件面板"。把Photoshop切片生成的网页文件"index.html"删除。

28 在"文件面板"的空白区域单击鼠标右键，在弹出的菜单中选择"新建文件"命令，创建一个新的网页文件，并且更改其文件名为"index.html"，如图12-39所示。

图12-39　在站点中创建新的文件

29 双击这个"index.html"文件，这样就可以在Dreamweaver的编辑窗口打开这个页面了，如图12-40所示。

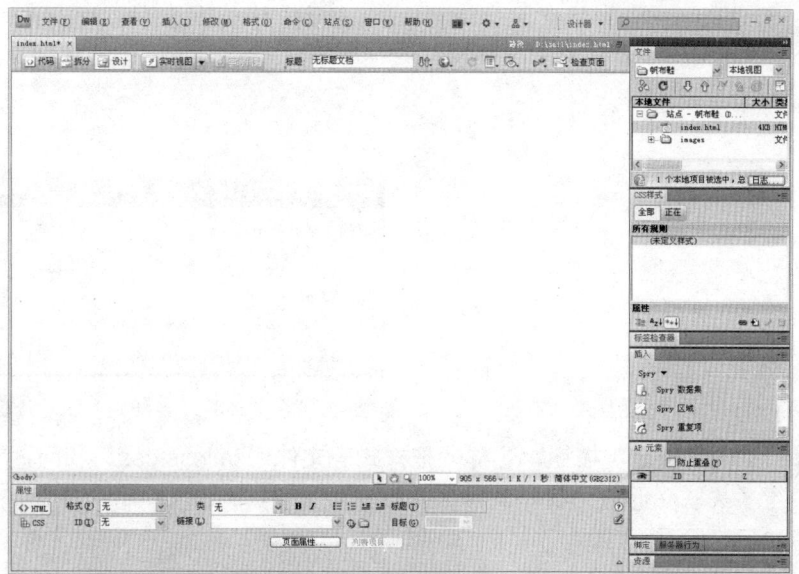

图12-40　在Dreamweaver的编辑窗口打开页面

30 选择"文件"→"新建"（快捷键为："Ctrl+N"）命令，在弹出的"新建文档"对话框中选择"空白页"→"CSS"，单击"确定"按钮，创建一个空白的样式表文件，如图12-41所示。

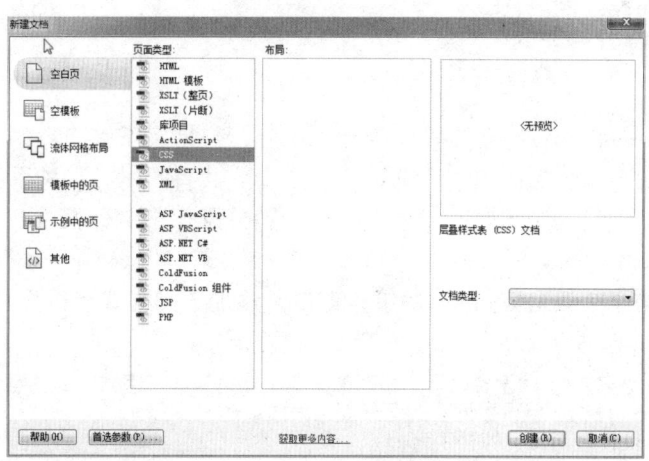

图12-41　创建一个空白的样式表文件

31 选择"文件"→"保存"命令，把这个空白的样式表文件保存到当前站点的"style"文件夹中，并且命名为"sailcss"。

32 在Dreamweaver的文档编辑窗口中切换到"index.html"页面，选择"窗口"→"CSS样式"（快捷键为："Shfit+F11"）命令，打开Dreamweaver的"CSS样式"面板，

如图12-42所示。

33 单击"CSS样式"面板右下角的"附加样式表"按钮 ，在弹出的"链接外部样式表"对话框中进行相应的设置，点击"浏览"按钮，找到刚刚保存的样式表文件"sailcss.css"，如图12-43所示。

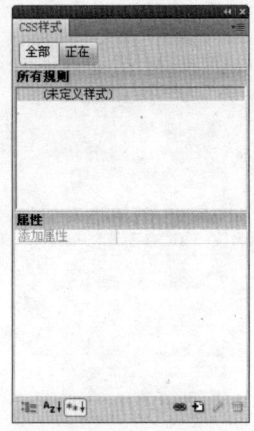

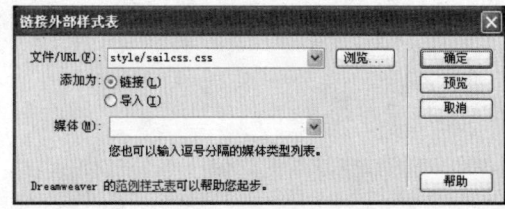

图12-42　Dreamweaver的"CSS样式"面板　　　图12-43　在"链接外部样式表"对话框中进行设置

34 设置完毕，点击"确定"按钮，这样就把样式表文件"sailcss.css"和网页文件"index.html"进行了关联。而这个操作实际上是在网页文件"index.html"中的"head"区域中添加了如下的代码：

```
<link href="style/sailcss.css" rel="stylesheet" type="text/css" />
```

35 切换到网页文件"index.html"的编辑窗口，在"body"标签之间添加下列(X)HTML标记：

```
<div id="all">
   <div id="area01"></div>
   <div id="area02"></div>
   <div id="area03"></div>
   <div id="area04"></div>
</div>
```

其中最外面的一对"div"标签被命名为"all"，包括了所有内容的"div"，其作用是把所有内容居中对齐。在"all"的"div"标签中，一共有四对并列关系的"div"标签，分别命名为"area01"～"area04"，这四个"div"分别用来制作页面中的四个不同的内容区域。

36 切换到样式表文件"sailcss.css"的编辑窗口，添加下列样式代码：

```
body{
   font:12px "宋体";/*设置网页中所有的文字字体为宋体，字号为12像素*/
   background:#fff;/*设置网页的背景颜色为白色*/
   margin:0;/*设置网页的外补丁为0*/
   padding:0;/*设置网页的内补丁为0*/
}
```

37 接下来在样式表中定义"all"的样式，目的是让所有的内容在浏览器中水平和垂直居中，添加下列样式代码：

```
#all {
```

```
position:absolute;/*对all进行绝对定位，即相对于网页的左上角位置*/
top:50%;/*距离顶部为50%*/
left:50%;/*距离左侧为50%*/
margin:-240px 0 0 -360px;/*设置all的外补丁为负值，并且为其宽度和高度的一半*/
width:720px;/*设置其宽度为720像素*/
height:480px;/*设置其高度为480像素*/
}
```

38 切换到样式表文件"sailcss.css"的编辑窗口，定义"area01"即第一个区域的样式，添加下列样式代码：

```
#area01{
    width:230px;/*区域01的宽度，这里的实际宽度为240像素，但是由于右侧的内补丁为10像素，所以实际的高度值应该为240-10＝230像素*/
    height:235px;/*区域01的高度，这里的实际高度为320像素，但是由于顶部的内补丁为85像素，所以实际的高度值应该为320-85＝235像素*/
    float:left;/*区域01左浮动*/
    padding:85px 10px 0 0;/*设置区域01的顶部内补丁为85像素，右侧的内补丁为10像素;*/
    text-align:right;/*文本居右对齐*/
    line-height:18px;/*设置行高为18像素*/
    color:#999;/*设置文字的颜色为灰色*/
}
```

39 切换到网页文件"index.html"的编辑窗口，在名称为"area01"的"div"标记之间添加下列(X)HTML脚本：

```
<div id="area01">
```

在城市里生活得久了，不禁
有些厌烦。享受着城市
居住条件和便利的交通
设施，满眼的小区，形形色色
的匆忙赶路的行人和流光
溢彩的现代服装服饰，似乎
连呼出呼入的空气也深深地烙上
了城市的印记。

```
</div>
```

在浏览器中预览制作好的效果如图12-44所示。

图12-44　制作好的区域01的效果

40 切换到样式表文件"sailcss.css"的编辑窗口，定义"area02"即第二个区域的样式，添加下列样式代码：

```
#area02{
    width:470px;/*区域02的宽度，这里的实际宽度为480像素，但是由于左侧的内补丁为10像素，
所以实际的高度值应该为480-10＝470像素*/
    height:30px;/*区域02的高度，这里的实际高度为320像素，但是由于顶部的内补丁为290像素，
所以实际的高度值应该为320-290＝30像素*/
    float:left;/*区域02左浮动*/
    background:url(../images/index3.gif) no-repeat 10px 110px;/*添加背景图像，并
且设置背景图像不平铺，距离区域02的左侧10像素，顶部110像素*/
    padding:290px 0 0 10px;/*设置区域02的内补丁，距离顶部290像素，左侧10像素*/
}
```

区域02的制作思路是把标题图片作为背景添加到这个区域中，并且可以利用样式表的
背景属性任意确定其位置。同时在区域02的底部还有文字链接，这个就需要插入文字来实
现了，把文字放置到区域02的底部是通过设置区域02顶部的内补丁来实现的。

41 切换到网页"index.html"的编辑窗口，在名称为"area02"的"div"标记之间添加下
列(X)HTML脚本：

```
<div id="area02">
    <a href="http://www.go2here.net">1</a>
    <a href="http://www.go2here.net">2</a>
    <a href="http://www.go2here.net">3</a>
    <a href="http://www.go2here.net">4</a>
    <a href="http://www.go2here.net">5</a>
    <a href="http://www.go2here.net">6</a>
</div>
```

42 切换到样式表文件"sailcss.css"的编辑窗口，定义区域02中链接的样式，添加下列样
式代码：

```
#area02 a{
    margin:0 5px;/*设置链接的左右外补丁为5像素*/
    color:#999;/*设置字的颜色为灰色*/
    font:"Verdana, Arial, Helvetica, sans-serif";/*设置字体*/
    font-weight:800;/*字体加粗*/
}
#area02 a:visited{
    color:#2F6DBB;/*设置字的颜色为蓝色*/
    text-decoration: none;/*去掉链接的下画线*/
}
```

在浏览器中预览制作好的效果如图12-45所示。

图12-45　制作好的区域02的效果

43 在样式表中定义区域03的样式，添加下列样式代码：

```
#area03{
    width:240px;/*区域03的宽度*/
    height:160px;/*区域03的高度*/
    clear:left;/*区域03居左浮动*/
    float:left;/*清除区域03左侧的浮动*/
    background:#2F6DBB url(../images/index16.gif) no-repeat 20px 30px;
}
```

在浏览器中预览制作好的效果如图12-46所示。

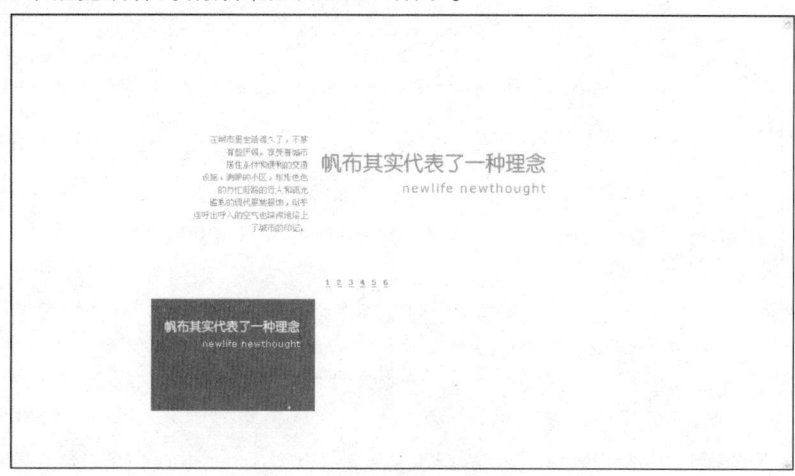

图12-46 制作好的区域03的效果

44 然后定义区域04的样式，添加下列样式代码：

```
#area04{
    width:470px;/*区域04的宽度，这里的实际宽度为480像素，但是由于右侧的内补丁为10像
素，所以实际的高度值应该为480-10＝470像素*/
    height:150px;/*区域04的高度，这里的实际高度为160像素，但是由于顶部的内补丁为10像
素，所以实际的高度值应该为160-10＝150像素*/
    background:#598AC9;/*设置背景颜色*/
    float:left;/*区域04居左浮动*/
    padding:10px 0 0 10px;/*设置区域04的内补丁，距离顶部10像素，左侧10像素*/
}
```

45 切换到网页"index.html"的编辑窗口，在名称为"area04"的"div"标记之间添加下
列(X)HTML脚本：

```
<div class="menu">
    <ul
        <li><a href="#"><img src="images/index7.gif" width="70" height="15"
border="0" />
            <!--[if IE 7]><!--></a><!--<![endif]-->
            <!--[if lte IE 6]><table><tr><td><![endif]-->
            <ul>
                <li><a href="#">二级菜单</a></li>
                <li><a href="#">二级菜单</a></li>
                <li><a href="#">二级菜单</a></li>
                <li><a href="#">二级菜单</a></li>
                <li><a href="#">二级菜单</a></li>
```

```
            </ul>
            <!--[if lte IE 6]></td></tr></table></a><![endif]-->
        </li>
    <li><a href="#"><img src="images/index9.gif" width="70" height="15" border="0" />
            <!--[if IE 7]><!--></a><!--<![endif]-->
            <!--[if lte IE 6]><table><tr><td><![endif]-->
            <ul>
                <li><a href="#">二级菜单</a></li>
                <li><a href="#">二级菜单</a></li>
                <li><a href="#">二级菜单</a></li>
                <li><a href="#">二级菜单</a></li>
                <li><a href="#">二级菜单</a></li>
            </ul>
            <!--[if lte IE 6]></td></tr></table></a><![endif]-->
        </li>
    <li><a href="#"><img src="images/index11.gif" width="70" height="15"
border="0" />
            <!--[if IE 7]><!--></a><!--<![endif]-->
            <!--[if lte IE 6]><table><tr><td><![endif]-->
            <ul>
                <li><a href="#">二级菜单</a></li>
                <li><a href="#">二级菜单</a></li>
                <li><a href="#">二级菜单</a></li>
                <li><a href="#">二级菜单</a></li>
                <li><a href="#">二级菜单</a></li>
            </ul>
            <!--[if lte IE 6]></td></tr></table></a><![endif]-->
        </li>
    <li><a href="#"><img src="images/index13.gif" width="70" height="15" border="0" />
            <!--[if IE 7]><!--></a><!--<![endif]-->
            <!--[if lte IE 6]><table><tr><td><![endif]-->
            <ul>
                <li><a href="#">二级菜单</a></li>
                <li><a href="#">二级菜单</a></li>
                <li><a href="#">二级菜单</a></li>
                <li><a href="#">二级菜单</a></li>
                <li><a href="#">二级菜单</a></li>
            </ul>
            <!--[if lte IE 6]></td></tr></table></a><![endif]-->
        </li>
    </div>
```

这段脚本的作用是制作二级下拉菜单，所有的下拉菜单效果都是通过列表（ul和li）结合样式表来完成的。

16 切换到样式表文件"sailcss.css"的编辑窗口，添加定义下拉菜单的样式代码：

```
ul{
    padding:0;/*设置ul的内补丁为0*/
    margin:10px 0 0 0;/*设置ul的顶部外补丁为10像素*/
    list-style:none;/*去掉列表前的符号*/
}
.menu li{
    float:left;/*向左浮动li*/
    position:relative;/*把li相对定位*/
    margin-right:20px;/*设置每个li右侧的外补丁为20像素，用来控制每个按钮之间的距离*/
}
```

```
.menu ul ul{
    visibility:hidden;/*把ul的可见性为隐藏*/
    position:absolute;/*对ul进行绝对定位*/
    left:3px;/*距离左侧为3像素*/
    top:15px;/*距离顶部为15像素*/
}
.menu table{
    position:absolute;/*对表格进行绝对定位*/
    top:0;/*距离顶部为0*/
    left:0;/*距离左侧为0*/
}
.menu ul li:hover ul,.menu ul a:hover ul{
    visibility:visible;/*设置可见性为可见*/
}
.menu a{
    display:block;/*把a标签转化为块级别元素*/
    padding:2px 5px;/*设置a的内补丁，上下距离为2像素，左右距离为5像素*/
    margin:3px;/*设置a的外补丁为3像素*/
    color:#fff;/*设置链接文字的样式为白色*/
    text-decoration:none;/*去掉链接文字的下画线*/
}
.menu a:hover{
    border:0;/*设置边框为0*/
}
.menu ul ul li {
    clear:both;/*清除左右两侧的浮动*/
    text-align:left;/*文字居左对齐*/
    font-size:12px;/*字号大小为12像素*/
    margin:-3px 0;/*设置顶部外补丁为-3像素。目的是收缩每个菜单项之间的上下距离*/
}
.menu ul ul li a{
    width:100px;/*设置宽度为100像素*/
    height:10px;/*设置高度为10像素*/
    padding-left:10px;/*设置左侧内补丁为10像素，用来控制小箭头和文字之间的距离*/
}
.menu ul ul li a:hover{
    background:url(../images/index22.gif) no-repeat left center;/*定义鼠标滑
过状态的背景图像为小箭头，不重复，居左中对齐。*/
}
```

47 制作完毕，在浏览器中预览的效果如图12-47所示。

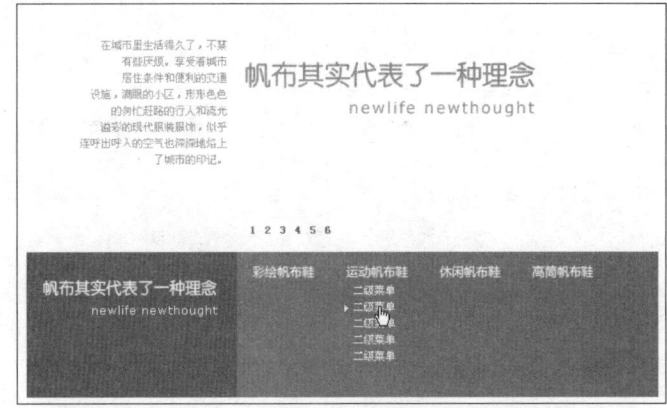

图12-47　在浏览器中预览的效果

48 切换到网页 "index.html" 的编辑窗口，选择 "文件" → "另存为" 命令，把这个生成的网页保存成另外一个网页文件，命名为 "page01"。

49 由于内容页面和首页只是在区域01和区域02的内容中有所不同，所以需要修改样式名称，给这两个区域重新定义样式，就可以制作出内容页面，如图12-48所示。

图12-48　制作内容页面

Chapter 13

第13章
综合实例3：网页顽主工作室
网站设计

本章导读

对于标准型网站设计而言，一切都显得那么有条有理：页眉、通栏、导航、内容区域、页脚等部分一个不少，其基本布局结构如右侧图所示。

这种"标准"的布局设计适合各种类型的网站，所不同的只是修改内容区域的列数。下面有一些商业网站的页面截图，从图中可以看出虽然设计风格、颜色和主题不同，但是网页的布局形式基本都是一样的，如下图所示。

页眉	包括LOGO和导航
内容区域	
页脚	

在设计中经常会碰到这样的情况，客户总是会要求在设计中加上很多的信息，但得到的效果却是不尽如人意，当然信息众多并不能成为做不好设计的借口。在本章中，将通过一个虚拟的网页顽主论坛工作室的网页设计，来学习如何设计制作这种"标准"型的网站，完成效果如下图所示。

13.1 思路分析

　　网页顽主论坛工作室是一个以设计、培训为主要业务的工作室，其网站也是为了这个工作室服务的，主要对培训的课程，学校的环境等进行相应的介绍和说明。

　　在设计这样一个网站时，往往需要将很多不同的信息同时放上去，一个都不能少。但这样出来的效果往往差强人意，就像现在很多的网站一样，信息密集，显得非常拥挤复杂。

　　"标准"型网站之所以吸引浏览者，是因为网站虽然有很多信息，但却给浏览者留下美好的印象。主要通过两个途径实现这种效果：

　　1. 尽可能地减少元素数量，只保留最重要的部分。
　　2. 网页中的各种细节都经过精心的处理。

　　最好的设计往往就是最简单的设计：一个明确的主题，一幅图片，少量的文字，开放的空间。这种风格的设计清晰、漂亮，让人印象深刻。

13.1.1　页面布局形式

　　网站的页面尺寸并不走极端，不会太长，大多数页面上的内容不需要拖动就可以轻易浏览，这是一种方便浏览者阅读的屏幕尺寸。每个页面由三个区域构成，每一个区域负责不同的信息，最上方及最下方的区域内容是固定的，改变的只是中间区域的内容，如图13-1所示。

　　不同的颜色定义了不同的区域。白色区域是内容区域，这个区域通过上方颜色较深的页眉与下方颜色较浅的页脚来确定范围，如图13-2所示。

图13-1　页面的布局形式

图13-2　划分页面的区域

网页的页眉和页脚是固定内容的区域，包含了页面中各种基本元素：标志、链接、搜索等内容。中间白色区域的内容则是变化的，主要展示不同的事件信息、新闻简讯等内容。如图13-3所示，这个页面结构相当紧凑，可以有效地组织各种内容，比起那种需要拖动滚动条的页面更容易阅读。紧凑，是"标准"型网站设计的关键。

图13-3　页面的结构

13.1.2　页眉的设计

页眉由两种不同颜色的矩形构成：绿色及棕色。这两种颜色构成了一个简单坚实的页眉，并统领着这个网站。标志及链接文字则反转成白色字体。为了柔和视觉效果，左方还使用了类似于阳光照射所呈现的一个非常微弱的渐变，如图13-4所示。

图13-4　页眉的颜色构成

图13-5　首字母放大

漂亮的字体可以说是这个网站一个吸引人的视觉元素，英文字母采用了"Caslon Pro"字体。古典且全部大写的字母传达出一种艺术及传统的气息，同时对单词首字母做了放大处理，如图13-5所示。

在文字上方紧凑的小字母，是一个次要的文字信息，并且字母的大小和下方的中文保持一致，但是字符间距不同。下方的中文使用标准的"新宋体"，通过增加文字之间的字符间距，给人以优雅、权威的感受。

为了增加视觉上的层次感，给文字添加了非常弱的投影效果，如图13-6所示。

页眉右方远处有两个固定的链接和搜索块，文字的颜色显得相当低调，但由于处于页眉的区域内，没有人会忽视它的存在，如图13-7所示。

图13-6　给文字添加投影效果

图13-7　页眉的右侧

主导航的一级链接位于页眉下方的棕色矩形区域内。链接的字体、颜色及阴影与上方的标志呼应，使两者之间产生视觉上的联系，如图13-8所示。

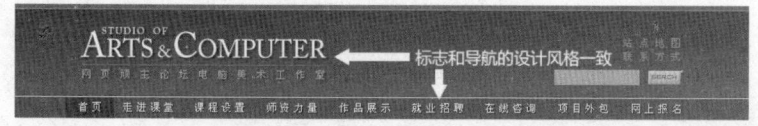

图13-8　导航中文字的颜色和标志颜色一致

绿色及棕色虽然是两种不同的颜色，但如果将这两种颜色转换成灰度显示，可以发现他们的灰度色值是基本一样的，这个隐藏的共同点使这两种颜色在视觉上既有区别，又有联系，如图13-9所示。

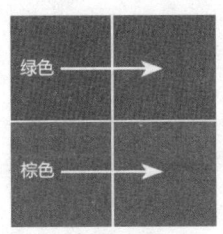

图13-9　去色后有相同的灰度

导航中文字的间距比较宽松，与普通的字符间距相比，呈现一种轻松气息，也传达了一种从容及尊严。在屏幕显示时，字母间距较大也更容易阅读，如图13-10所示。

首页　　走进课堂　　课程设置　　师资力量　　作品展示

图13-10　增加导航字符间距

对于导航链接的背景颜色来说，三种不同亮度的棕色确定了链接是三种不同的状态。最亮的棕色用于正常状态的链接，最暗的棕色用于激活状态的链接，而处于中间亮度的棕色用于鼠标划过状态的链接，如图13-11所示。

当浏览者打开网站的某个一级链接时，在内容页面左侧会显示相应的二级链接。二级链接的字体及颜色在细节上的变化都在暗示读者这是另外的一些信息。但字体及尺寸仍然与一级链接相同，如图13-12所示。

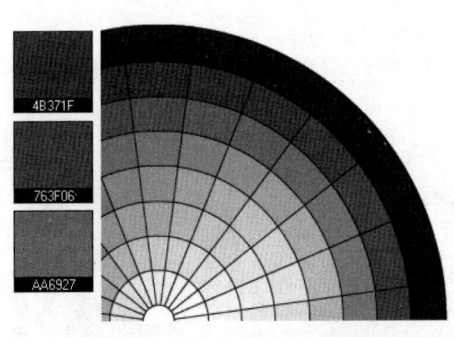

图13-11　小图像产生大的冲击力

图13-12　内容页面的二级链接

这个网站给人一种和谐的感觉，首先是因为只使用了少量的字体，其次在制作二级链接时，仍保持相同的字体，只是更改其颜色，如图13-13所示。

在鼠标移动到二级链接上的时候，可以更改其背景颜色，同时打开相应的三级链接，如图13-14所示。把三级链接的文字颜色更改为灰色，虽然链接使用的都是同一种字体，但是由于颜色的不同，也能够呈现不同的信息。

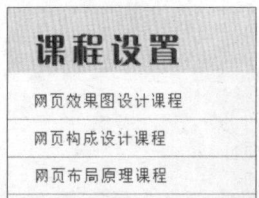

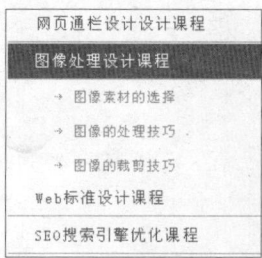

图13-13　更改二级链接的颜色　　　　　图13-14　三级链接效果

13.1.3　通栏的设计

对于整个网站来说，好的通栏设计能够起到画龙点睛的作用，对于一个以教育培训为主要业务的工作室而言，培训效果、教学环境是每一个学员最关心的问题，下面我们来看看这里是怎么做的。

首先选择两张素材图像，这是在无数张素材图像中精选出来的，如图13-15所示。

之所以会选择这两张图像素材，是因为浏览者通过第一张图像能够看到干净、明亮的教学环境，而从第二张图像中能够感受到轻松、舒适的课堂氛围，有很强烈的带入感。

其次，两张图像的视觉方向非常的吻合，都是从右向左，如图13-16所示。

图13-15　通栏所用的图像素材　　　　　图13-16　素材图像的视觉方向

这样把素材组合在一起，不会让人感觉很生硬，如图13-17所示。浏览者的视线会从电脑前的练习者开始，然后逐步过度到走廊深处的大门，就好像打开大门看到了很多人在电脑前练习一样，有一种豁然开朗的感觉。

把右侧的图像处理成照片的效果，给人更真实的感觉，更有说服力。

最后在通栏将近二分之一高度的部分绘制一个半透明的矩形，添加一句很煽情的口号，完美的通栏设计就这样完成了，如图13-18所示。

图13-17　通栏效果　　　　　　　图13-18　通栏的最终效果

13.1.4　内容区域的设计

页眉与页脚之间的白色区域是我们的中心区域，也是这个网站的视觉焦点所在。每一个页面中的文章，都显得相当简短，而且采用和印刷的图书一样的文字排版方式，行距非常大。正文采用宋体字，整个页面显得清爽而不窒息，其书本气息让人能够舒适阅读，如图13-19所示。

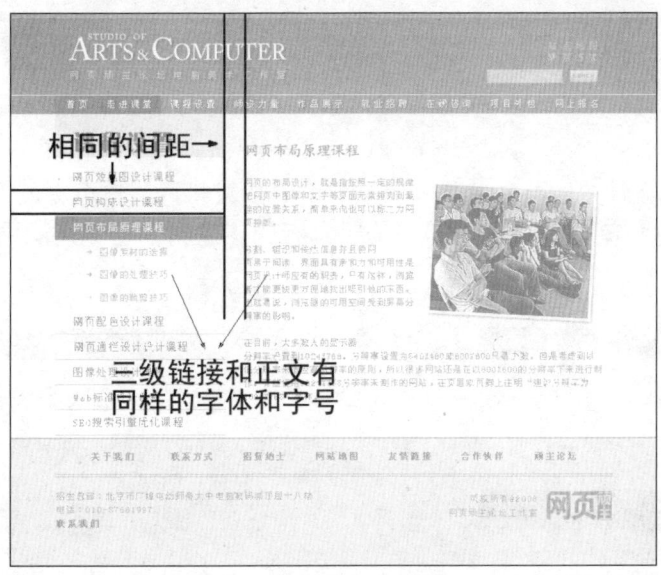

图13-19　制作三级链接

一般书籍的文字宽度都是在45-65个字符，这是能够令人舒适阅读的宽度。行距较大，传递出一种视觉上的宁静感，也使文字信息显得较为轻松。一般来说，文字越长，行距越大，如图13-20所示。

图13-20　根据字符长度调整行距

13.1.5　页脚的设计

精心设计的页脚是有很大作用的，不要将页脚想象成一条多出来的"尾巴"，而应该将它看作是一个支撑点，支撑着上述所有内容的一个区域。页脚区域中放置的也是一些固定不变的内容，如链接、联系信息及标志等，如图13-21所示。

图13-21　网页的页脚

在网页的整体设计中，层次感是非常重要的。如果将页眉与页脚设计成相同的比重，给人的感觉就像奥利奥夹心饼干，它分散了读者的注意力，弱化了版面的力量感，如图13-22所示。

图13-22　页眉和页脚不应该设计成相同的比重　　　图13-23　每个区域应该有明显的层次

相反，三个区域呈现层次感使得每个区域都能够正确承担起自己的任务。一定要记住的是，浏览者的眼睛永远会集中在中心区域内，所以这里要放置最重要的信息。周围所放置的是支持性的内容，如图13-23所示。

13.1.6　字体的选择

这个网页中，正文的字体全部采用中文宋体，12像素，可以说这是一种在屏幕上显示的最佳字体。

宋体字是印刷行业应用得最为广泛的一种字体，根据字的外形的不同，又分为书宋和报宋。宋体是起源于宋代雕版印刷时通行的一种印刷字体。宋体字的字形方正，笔画横平竖直，横细竖粗，棱角分明，结构严谨，整齐均匀，有极强的笔画规律性，从而使人在阅读时有一种舒适醒目的感觉。在现代印刷中主要用于书刊或报纸的正文部分。

在网页设计中，宋体也被广泛应用于网页的正文，就算在低分辨率的情况下，仍然表现出众。如果是标题或者导航中的文字，可以适当增加字号，为14像素或者更高，如图13-24所示。

宋体12像素

这个网页中，正文的字体采用中文宋体和新宋体，12像素，可以说这是一种在屏幕上显示的最佳字体。如果是标题或者导航中的文字，可以适当增加字号，为14像素或者更高。

宋体14像素

这个网页中，正文的字体采用中文宋体和新宋体，12像素，可以说这是一种在屏幕上显示的最佳字体。如果是标题或者导航中的文字，可以适当增加字号，为14像素或者更高。

图13-24　字体的选择

13.2 实现步骤

通过上面的讲解，读者已经了解这种"标准"型网站的设计要点，下面再使用 Fireworks 把这个网站的页面设计出来，并且在 Dreamweaver 中进行布局，具体操作如下。

13.2.1 制作结构底图

首先来完成网站首页效果图的制作。

1 新建一个 Fireworks 文件，在弹出的"新建文档"对话框中设置画布的"宽度"为900像素、"高度"为1010像素，背景颜色为白色，如图13-25所示。

2 选择"视图"→"标尺"（快捷键为："Ctrl+Shift+R"）命令，打开 Fireworks 的标尺，使用辅助线来构建页面布局，具体尺寸和坐标可以参考源文件，如图13-26所示。

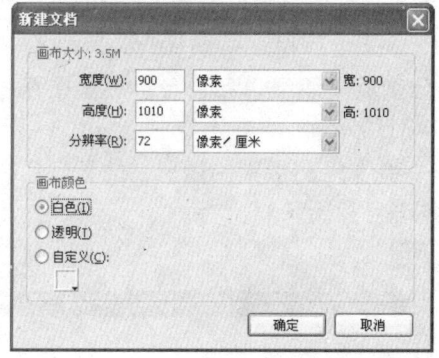

图13-25 "新建文档"对话框

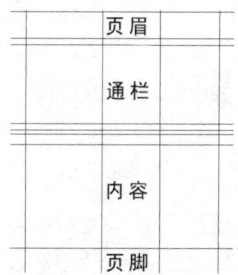

图13-26 使用辅助线构建页面布局

3 使用"矩形"工具，在画布上方绘制一个矩形，宽度和画布一样，"高度"为6像素，并且填充浅棕色，颜色值为"#75731C"，如图13-27所示。

4 继续使用"直线"工具，在刚刚绘制的矩形下方绘制一根1像素的细线，填充颜色为"#9E9F59"，如图13-28所示。

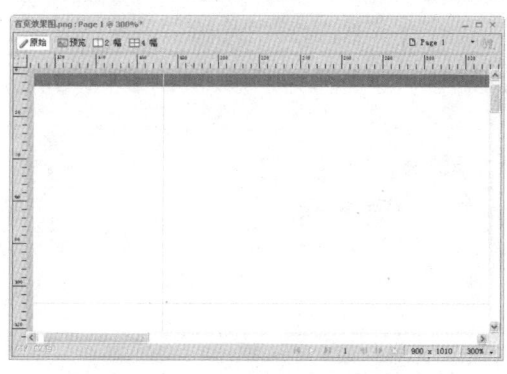

图13-27 在画布上方绘制矩形

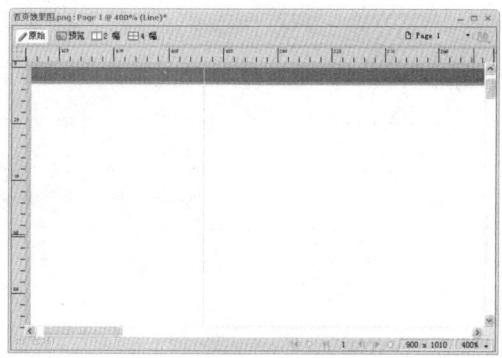

图13-28 在矩形的下方绘制细线

5 使用"矩形"工具，在前面绘制的矩形的下方绘制一个新的矩形，"宽度"和画布一致，"高度"为102像素，填充垂直的线性渐变色，颜色由"#4B531A"过渡到"#706E21"，如图13-29所示，这个矩形用来制作页眉。

6 在页眉矩形的下方绘制一个新的矩形，用来制作导航，"高度"为27像素，填充深棕色，颜色值为"#97530A"，如图13-30所示。

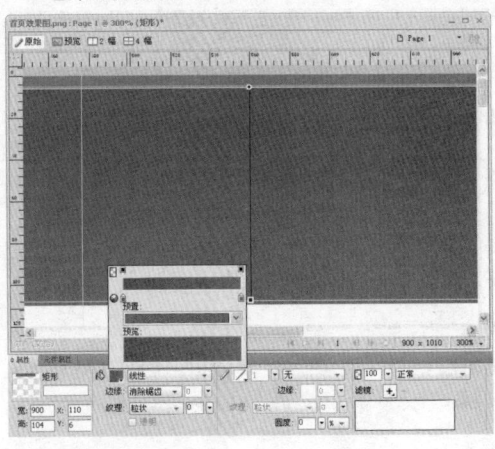

图13-29　制作页眉

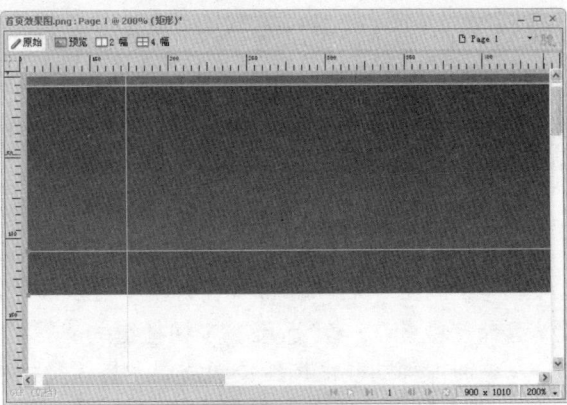

图13-30　制作导航

7 使用"直线"工具，绘制两根1像素的直线，分别填充深绿色和白色，放置在页眉矩形的下方，把页眉和导航分隔成两部分，如图13-31所示。

8 然后制作通栏和内容之间的间隔矩形，绘制一个高度为24像素的矩形，放置到通栏的下方，填充深棕色，颜色值为"#624327"，如图13-32所示。

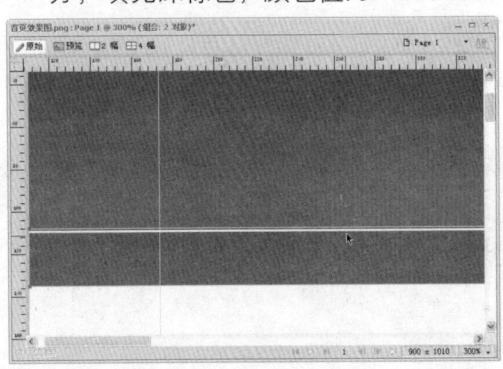

图13-31　绘制直线

图13-32　绘制矩形

9 在间隔矩形的左右两端，添加两个不同颜色的矩形，颜色值为"#C0AEA0"，如图13-33所示。

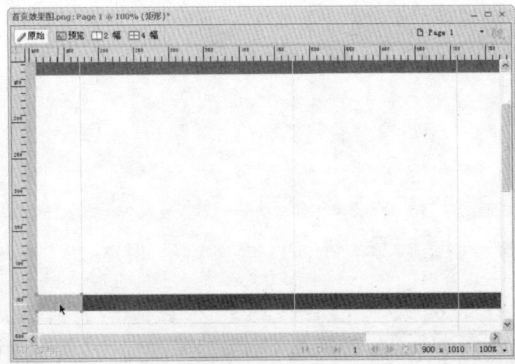

图13-33　绘制矩形

10 使用"直线"工具，在间隔矩形的上方绘制一根1像素的，填充为白色的细线。

11 在页面的下方绘制一个"宽度"和画布一致，"高度"为550像素的矩形，填充颜色为"#DFDAD6"，用来制作内容区域，如图13-34所示。

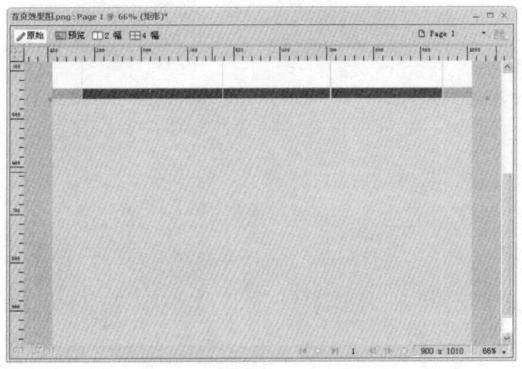

图13-34　绘制矩形，制作内容区域

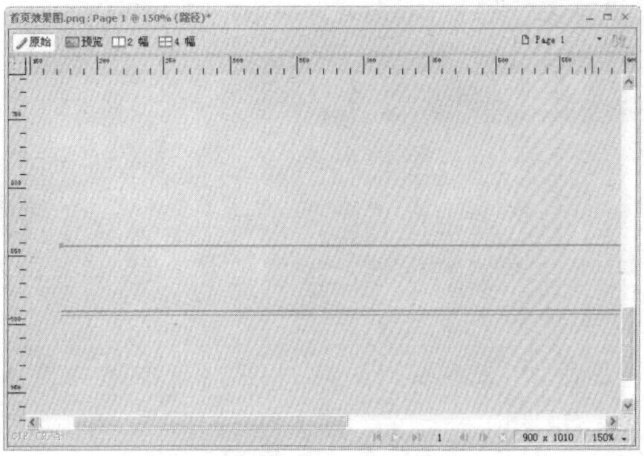

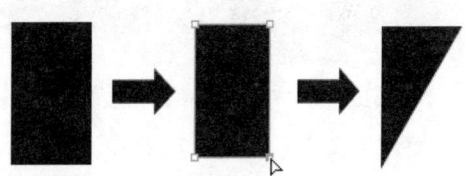

图13-35　绘制直线

12 在页面底部的内容区域，绘制三条细线，用来分隔内容和页脚，填充颜色为"#9D8A79"，如图13-35所示。

13 在内容区域的左上角绘制一个矩形，填充和背景一样的颜色，"宽度"为237像素，"高度"为144像素，并且设置透明度为原来的"80%"，对齐到如图13-36所示的位置。

14 使用矩形工具，绘制一个矩形，然后使用"部分选定"工具，删除矩形底部的一个路径点，把这个矩形变为一个三角形，如图13-37所示。

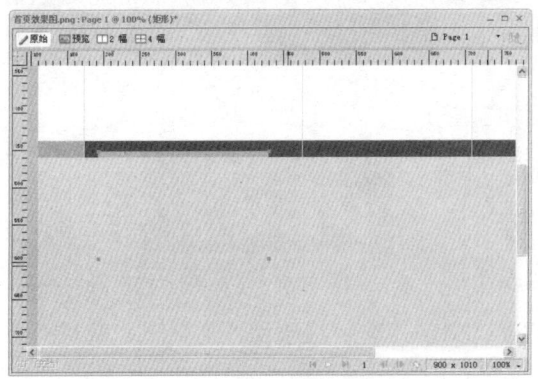

图13-36　制作背景效果

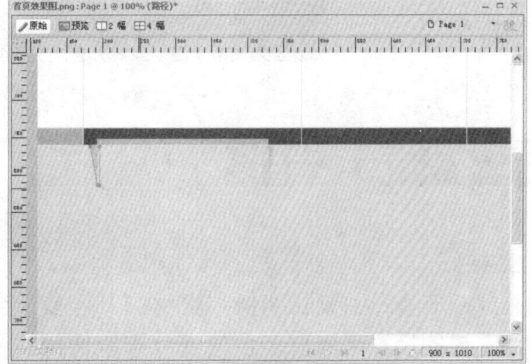

图13-37　把矩形变形为三角形

15 给这个三角形填充颜色"#C7C2BE"，并且设置边缘的羽化值为"5"，放置到刚刚绘制的矩形的下方，用来制作阴影效果，如图13-38所示。另外一边复制，然后水平翻转即可。

图13-38　制作矩形的阴影效果

　　到此位置，整个页面的结构底图就制作完毕了，可以把整个图层的名称更改为"背景"，然后锁定这个图层，后面的制作将在新的图层里完成，这样在以后修改的时候就会非常地方便，如图13-39所示。

图13-39　分图层来制作不同的内容

13.2.2　页眉设计

　　在"层"面板中新建一个图层，更改其名称为"页眉"，页眉中所有的内容都制作在这个图层中。在页眉中包括网站的标志、搜索框和一级链接导航，下面来依次实现：

16 使用"文本"工具，在画布中输入大写字母"ART&COMPUTER"，字体为"Adobe Caslon Pro"，其中字母"A"和"C"的字号为42像素，"&"的字号为20像素，其他字母的字号为30像素，如图13-40所示。

17 继续输入文字"STUDIO OF"，字体不变，更改字号为"11像素"，放置在大文字的左上角位置，如图13-41所示。

图13-40　输入文字并且设置属性

图13-41　输入文字并且设置属性

18 在文字"ART&COMPUTER"的下方绘制一条直线，并且添加文字"网页顽主论坛电脑美术工作室"，字体为宋体，字号为12像素，边缘设置为"不消除锯齿"，最终效果如图13-42所示。

19 在页眉的右侧，制作搜索块和链接，如图13-43所示。

图13-42　制作好的网站标志效果

图13-43　制作搜索块和链接

20 使用"文本"工具，在导航区域添加相应的导航文字，选中状态和激活状态的背景颜色不一样，可以在相应的文字下面绘制矩形，效果如图13-44所示。

图13-44　制作一级链接导航

13.2.3　通栏设计

　　在"层"面板中新建一个图层，更改其名称为"通栏"，在这个图层中设计网站的通栏效果图。本例中，通栏的具体尺寸为"775×300"像素。设计通栏具体操作步骤如下：

21 打开准备好的素材图像"素材01"，复制到效果图通栏的位置，由于图像素材尺寸大于通栏的尺寸，所以多余的部分可以使用"矩形选取框"工具选中并且删除，如图13-45所示。

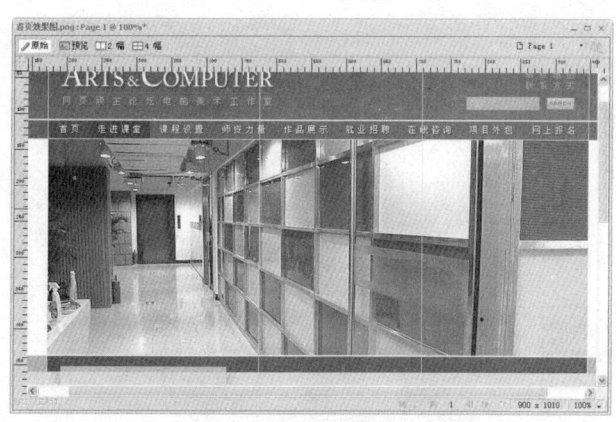

图13-45 添加图像素材到效果图

 **提示** 在"属性"面板中，给图像素材添加两次锐化滤镜，这样可以使图像更清晰。后面所有的图像都可以添加锐化滤镜，一般添加一次即可，下面就不再复述。

22 在新窗口中打开素材"素材02"，使用"裁剪"工具裁剪所需要的部分，如图13-46所示。重点保留的部分包括桌子上的花和正在使用电脑的学员。可以说黄色的花在这张素材中是一个亮点。

图13-46 对图像素材进行裁剪

23 选中图像，在"属性"面板的滤镜菜单中添加"Photoshop动态效果"滤镜，在填充的对话框中选中"笔触"复选框，设置笔触大小为8像素，"位置"为内部，填充颜色为白色，效果如图13-47所示。

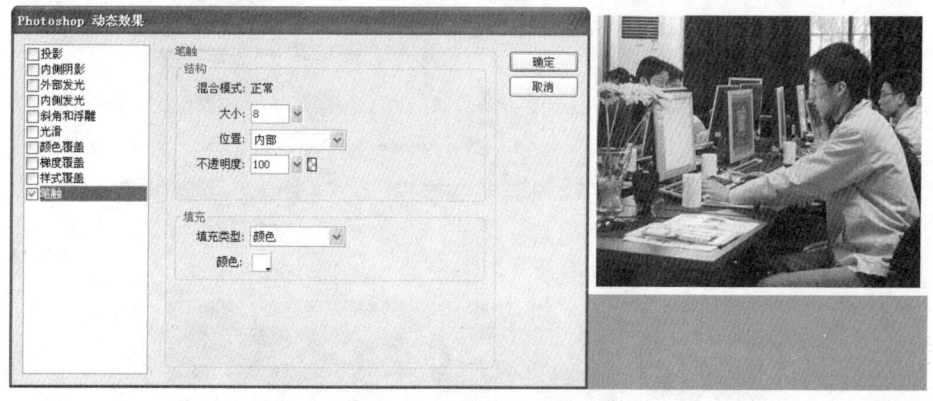

图13-47 给图像添加白色边框

24 同时可以给图像素材添加锐化滤镜，然后按快捷键"Ctrl+Shift+Alt+Z"命令，把图像平面化所选，这样做的目的是为了把滤镜合并到图像的像素中去。

25 按快捷键 "Ctrl+Shift+T"，打开Fireworks的 "数值变形" 面板，把图像旋转3°，复制到如图13-48所示的位置。

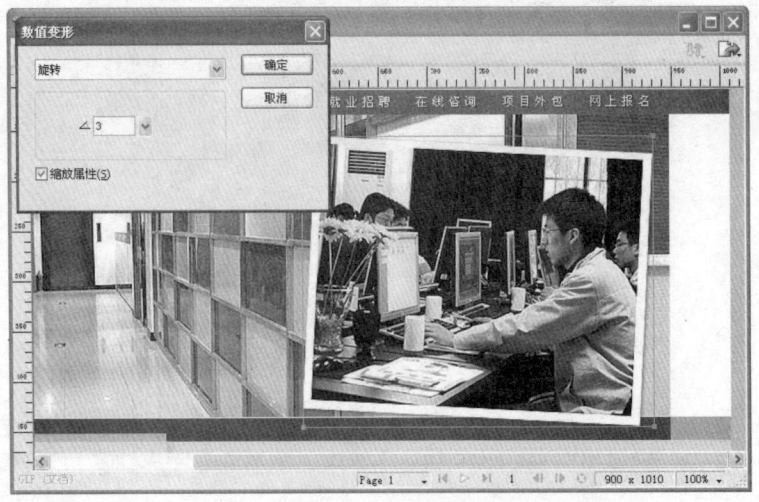

图13-48　旋转并且复制到相应的位置

26 使用矩形工具，在通栏上绘制一个 "宽度" 为775像素，"高度" 为125像素的矩形，填充黑色，设置透明度为 "40%"，放置到两张素材的中间层的底部，如图13-49所示。

图13-49　制作半透明的矩形

27 在这个半透明矩形上输入文字 "学习成就梦想设计放飞激情网页顽主工作室带您走上成功之路"，"字体" 为方正粗倩简体，填充白色，倾斜，并且添加投影滤镜。通过调整文字的大小和字符间距来得到一种动态的感觉，如图13-50所示。

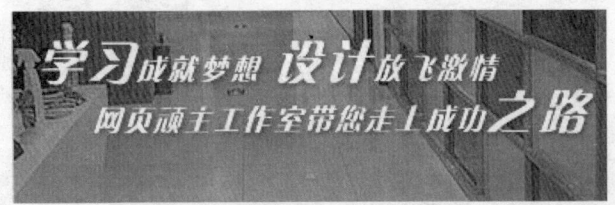

图13-50　制作通栏中的口号

13.2.4　制作内容区域

在"层"面板中新建一个图层，更改其名称为"内容"，在这个图层中来制作网站的内容区域。网站首页的内容区域划分为三列，全部由文字和图像组合而成，如图13-51所示。

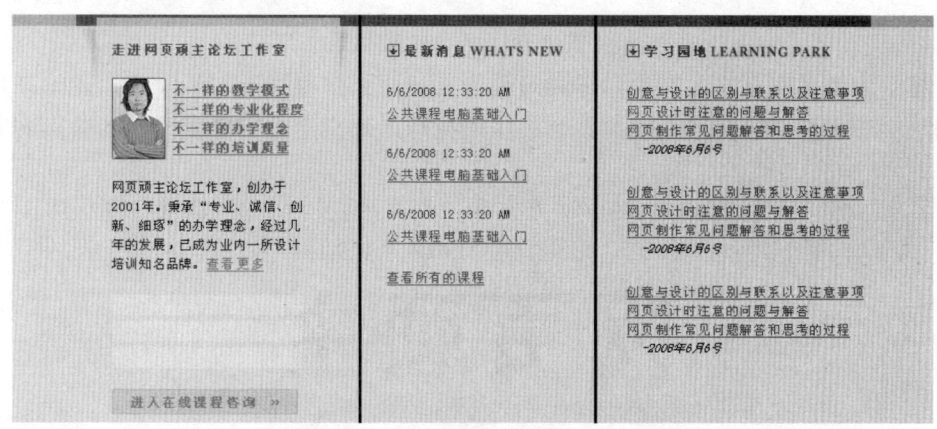

图13-51　首页内容区域的结构

28 使用"文本"工具在内容区域输入相应的内容文字，所有的字体都为宋体，"字号"为12像素，"边缘"为不消除锯齿。

29 对于链接文字可以添加下画线，标题文字加粗。

30 不同部分的文字用颜色加以区分，大部分的字都是绿色，标题使用了棕色和蓝色，棕色和绿色是一种近似色，而棕色和蓝色是强烈的对比色，这里所用到的颜色和整个网站的颜色风格是统一的。如图13-52所示。

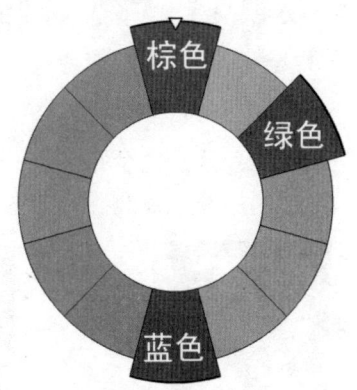

图13-52　文字所用的色彩

对于内容区域的制作，需要重点注意的是字符间距和行距的控制，不要在内容区域添加太多的内容，这样会显得拥挤不堪，少量的文字加上精致的图像，就已经能说明所有的问题。如果感觉内容过多放不下，可以考虑制作到其他的页面中去。

13.2.5　制作页脚

在"层"面板中新建一个图层，更改其名称为"页脚"，在这个图层中制作网站的页脚区域，如图13-53所示。

图13-53　网站的页脚

　　页脚主要由一些固定内容的链接和版权信息构成，但是在页脚的右边，添加了精心设计的网站标志，和页眉标志不同的是，这里的标志是对文字进行了变形得到的。具体制作步骤如下：

31 使用"文本"工具在页脚区域中输入文字"网页顽主"，在"属性"面板中设置"字体"为黑体，字号可以大一些，这里设置为90像素，加粗，如图13-54所示。

图13-54　输入文字

32 选择"文本"→"转换为路径"（快捷键为："Ctrl+Shift+P"）命令，把文本转换为路径，然后按快捷键"Ctrl+Shift+G"，取消路径的组合状态，如图13-55所示。

图13-55　把文本转换为路径

33 使用"钢笔"工具，在"网"字左上角添加两个路径点，如图13-56所示。

34 使用"部分选定"工具，把最左上角的路径点删除，如图13-57所示。

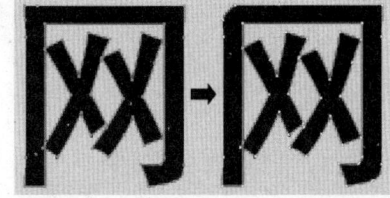

图13-56　在"网"字的左上角添加两个路径点　　　　图13-57　删除最左上角的路径点

35 使用同样的方法，把"网页顽主"四个字的左侧直线部分都更改为斜切的效果，如图13-58所示。

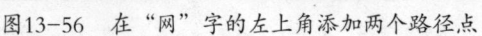

图13-58　对文字进行变形

36 更改"网页"两个字为绿色，颜色值为"#6D702B"，调整好字符之间的距离，然后按快捷键"Ctrl+Shift+Alt+Z"，依次把"网页"两个字平面化所选，如图13-59所示。

37 把"顽主"两个字垂直排列，更改填充颜色为灰色，颜色值为"#CECED0"，然后在文字的背景绘制一个和文字相同尺寸的矩形，填充和"网页"两个字同样的绿色，最后也平面化所选，如图13-60所示。

图13-59 对"网页"两个字进行编辑　　　　图13-60 对"顽主"两个字进行编辑

38 最后把"顽主"两个字的高度缩小到和"网页"两个字相同，标志就制作完毕了，适当调整大小，放置到页脚的右下角即可，如图13-61所示。

图13-61 放置标志到相应的位置

到此为止，首页效果就制作完毕了，如果需要继续制作内容页面，可以把首页的效果图另存为内容页面，删除中间的内容区域和通栏，添加新的内容即可，如图13-62所示。

图13-62 制作内容页面

13.2.6　切片、优化和导出

效果图制作完毕后，就应该对效果图进行切片、优化和导出，这样才能够使用生成的素材进行布局。

39 在Fireworks中打开制作好的网站首页，进行切片，对于可以直接选择的对象，如这里的文字，可以在选中后单击鼠标右键，在弹出的选项菜单中选择"插入矩形切片"（快捷键为："Alt+Shift+U"）命令，最终的切片效果如图13-63所示。

40 单击画布窗口上方的"2幅"按钮，切换到Fireworks的"2幅"优化窗口，如图13-64所示。

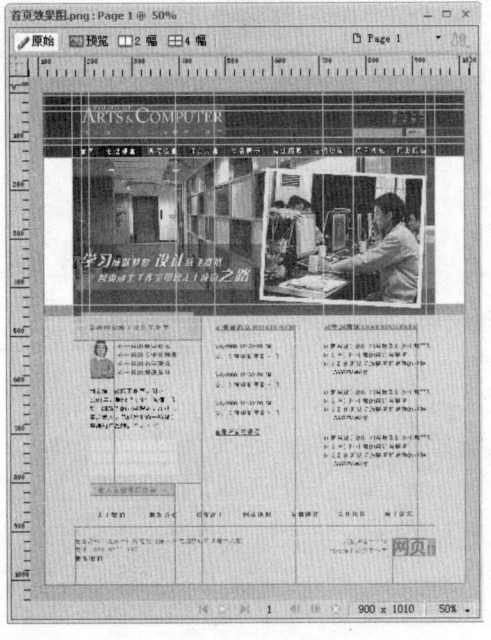

图13-63　给页面添加切片

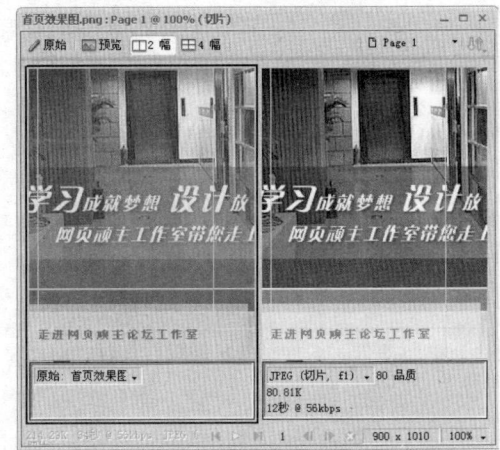

图13-64　Fireworks的"两幅"优化窗口

41 同时打开Fireworks的"优化"面板，在"2幅"窗口的左侧依次选择每个切片，在"优化"面板中进行相应地优化设置，然后在"2幅"窗口的右侧可以马上看到优化后的效果和文件量，如图13-65所示。

图13-65　在"优化"面板中对切片进行优化

提示　关于优化的具体设置和文件格式的选择，请参看第5章的相关部分。

42 本例中大部分切片都可以优化为gif格式，"索引调色板"统一选择"精确"。而对于通栏和颜色较多的图像，应该优化成jpg格式。

43 优化完毕后，选择"文件"→"导出"命令，这时会打开Fireworks的"导出"对话框，其设置如图13-66所示。

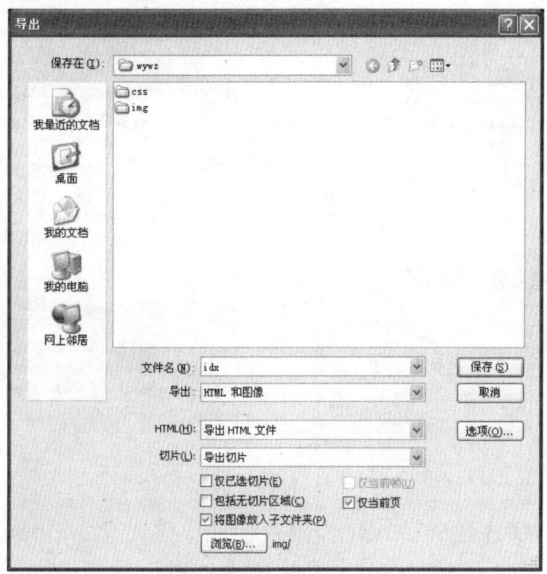

图13-66　Fireworks的"导出"对话框

44 导出时，在硬盘的根目录建立一个文件夹，命名为"wywz"，网站中的所有内容都保存到这个文件夹中。在后面使用Dreamweaver布局的时候，将会把这个文件夹定义为Web站点。

45 同时还应该设置"导出"面板中的"选项"菜单，设置完毕，单击"保存"按钮，这样Fireworks就能够自动生成网页和相应的切片图像了，如图13-67所示。

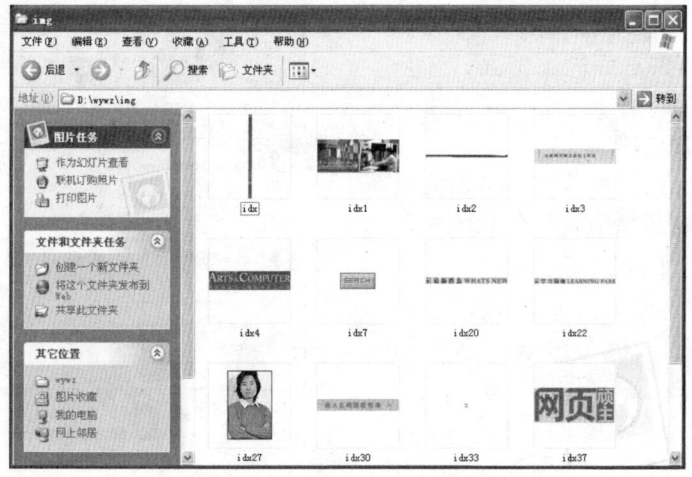

图13-67　导出切片生成的图像

46 对其他内容页面的切片，由于内容页面和首页相比只是有部分的内容不同，所以在切片的时候只需要把不同的内容切片输出即可，相同的内容由于首页已经切片过一次，所以就不用再次进行切片，如图13-68所示。

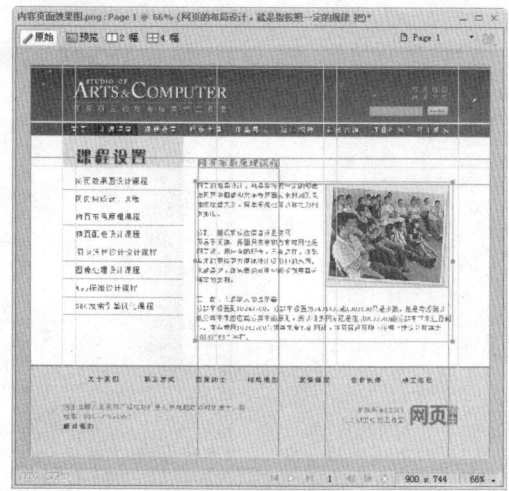

图13-68 对内容页面进行切片

47 同样地，内容页面的切片也应该优化，照片图像应该优化为jpg格式，因为照片的色彩非常丰富，而文字和标题应该优化成gif格式，优化完毕后导出到前面创建的"wywz"文件夹内。

13.2.7 布局页面

效果图导出后，就可以使用这些素材在Dreamweaver中进行布局了，现在的布局技术包括表格布局和Web标准布局，也就是俗称Div+CSS布局，在本例中，主要说明如何使用Web标准来布局这个页面，并且能够使布局出来的页面适应IE6.0版本浏览器和Firefox火狐浏览器。

在具体布局之前，先分析一下页面的构成，这样就能够明确所需要创建的布局结构是什么样的，如图13-69所示。

可以把页面划分为九个区域，使用"div"布局的话，每个区域就是一对"div"标签，由于内容区域需要一个"div"进行嵌套（为05整个内容区域），所以整个页面由十对"div"标签构成。

图13-69 页面的布局形式

提示　在本例中，布局所使用到的cs6代码是没有被精简的，目的是能够帮助读者学习Web标准布局技术，如果需要了解如何精简代码可以在本书配套资源文件中找到精简后的样式表代码。

48 启动Dreamweaver，选择"站点"→"新建站点"命令，选择"站点"选项卡，如图13-70所示。

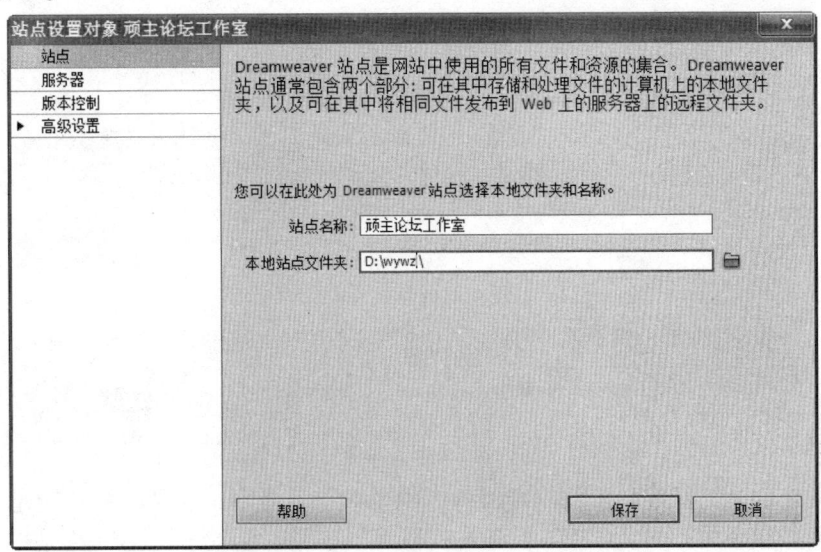

图13-70　"站点"对话框

49 在"站点"对话框中进行相应设置，在"站点名称"文本框中输入文本"顽主论坛工作室"；在"本地站点文件夹"文本框中找到前面Fireworks导出时生成的文件夹"wywz"，如图13-70所示。

50 全部设置完毕，单击"确定"按钮即可创建这个Web站点。

51 按快捷键"F8"，打开Dreamweaver的"文件面板"。把Fireworks切片生成的网页文件"idx.html"删除。

52 在"文件面板"的空白区域单击鼠标右键，在弹出的菜单中选择"新建文件"命令，创建一个新的网页文件，并且更改其文件名为"index.html"，如图13-71所示。

图13-71　在站点中创建新的文件

提示　如果需要布局，一定不能使用Fireworks切片生成的网页，而需要自己创建一个新的页面。

53 双击这个"index.html"文件，这样就可以在Dreamweaver的编辑窗口打开这个页面了，如图13-72所示。

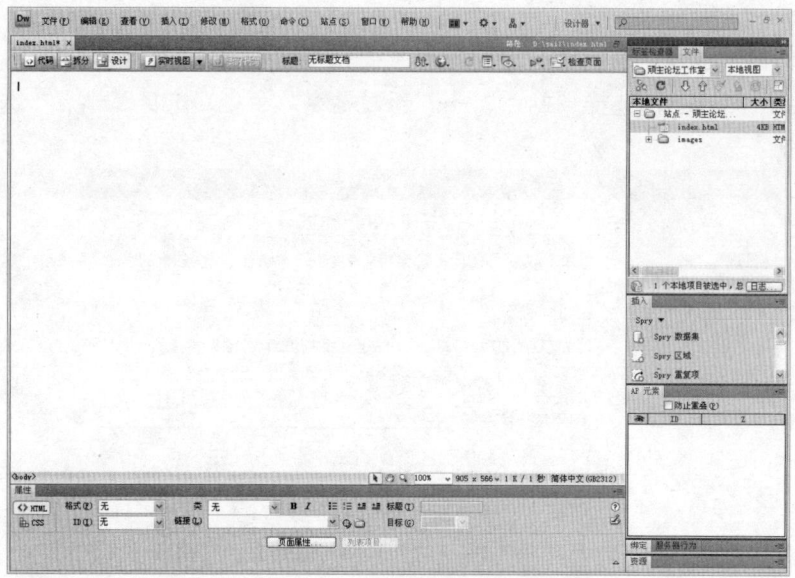

图13-72 在Dreamweaver的编辑窗口打开页面

54 选择"文件"→"新建"（快捷键为："Ctrl+N"）命令，在弹出的"新建文档"对话框中选择"空白页"→"CSS"，单击"确定"按钮，创建一个空白的样式表文件，如图13-73所示。

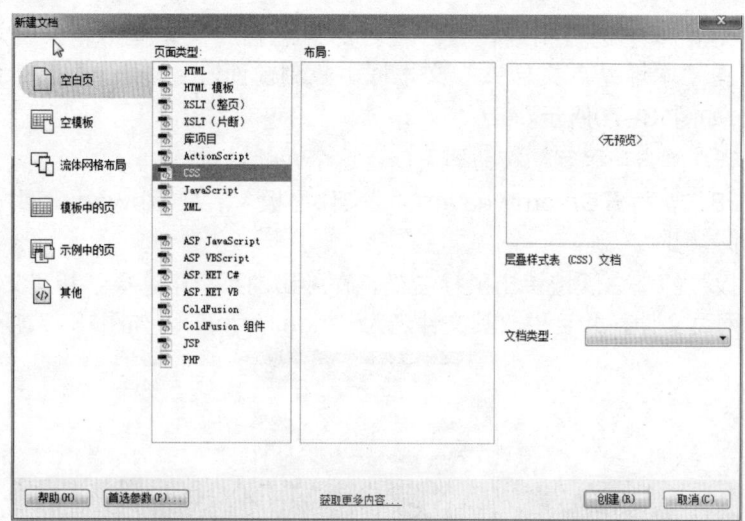

图13-73 创建一个空白的样式表文件

55 选择"文件"→"保存"命令，把这个空白的样式表文件保存到当前站点的"style"文件夹中，并且命名为"wzcss"。

56 在Dreamweaver的文档编辑窗口中切换到"index.html"页面，选择"窗口"→"CSS样式"（快捷键为："Shift+F11"）命令，打开Dreamweaver的"CSS样式"面板，如图13-74所示。

57 单击"CSS样式"面板右下角的"附加样式表"按钮 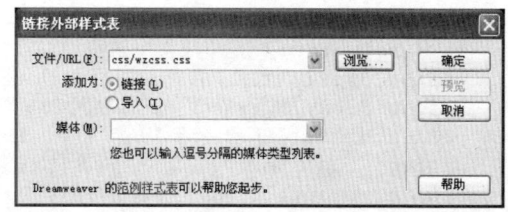，在弹出的"链接外部样式表"对话框中进行相应设置，点击"浏览"按钮，找到刚刚保存的样式表文件"wzcss.css"，如图13-75所示。

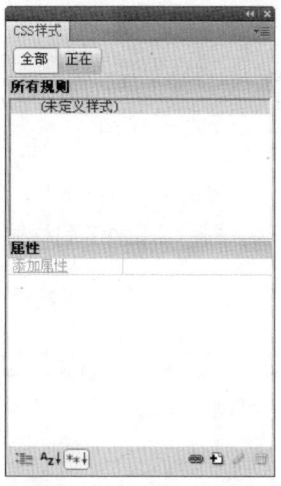

图13-74 Dreamweaver的"CSS样式"面板　　图13-75 在"链接外部样式表"对话框中进行设置

58 设置完毕，点击"确定"按钮，这样就把样式表文件"wzcss.css"和网页文件"index. html"进行了关联。而这个操作实际上是在网页文件"index.html"中的"head"区域中添加了如下的代码：

```
<link href="style/wzcss.css" rel="stylesheet" type="text/css" />
```

59 切换到网页文件"index.html"的编辑窗口，在"body"标签之间添加下列(X)HTML标记：

```
<div id="header"><!--下面的部分是页眉--></div>
<div id="nav"><!--下面的部分是导航--></div>
<div id="topimage"><!--下面的部分是通栏--></div>
<div id="topimage2"><!--下面的部分是通栏--></div>
<div id="content"><!--下面的部分是内容区域-->
    <div id="left"><!--下面的部分是内容区域里的左侧--></div>
    <div id="center"><!--下面的部分是内容区域里的中间--></div>
    <div id="right"><!--下面的部分是内容区域里的右侧--></div>
</div>
<div id="btnav"><!--下面的部分是底部导航区域--></div>
<div id="footer"><!--下面的部分是页脚区域--></div>
```

这里一共包含十个"div"，用来制作整个页面的结构。

60 切换到样式表文件"wzcss.css"的编辑窗口，添加下列样式代码：

```
body{
    font:12px "宋体";/*设置网页中所有的文字字体为宋体，字号为12像素*/
    background:#fff;/*设置网页的背景颜色为白色*/
    margin:0;/*设置网页的外补丁为0*/
    padding:0;/*设置网页的内补丁为0*/
}
```

通过上面的代码，首先对整个页面的样式进行定义，并且把页眉作为背景图像平铺在网页的顶部，在浏览器中预览的效果如图13-76所示。

图13-76 定义body的样式

61 接下来在样式表中定义"header"的样式，也就是定义页眉的结构，添加下列样式代码：

```
#header{
margin:0 auto;/*把页面水平居中*/
width:736px;/*定义宽度，总宽度为775像素，减去左右内补丁以后的实际宽度为736像素*/
height:83px;/*定义高度，总高度为109像素，减去上边的内补丁以后的实际宽度为83像素*/
padding-left:19px;/*左边的内补丁为19像素*/
padding-top:26px;/*顶边的内补丁为26像素*/
padding-right:20px;/*右边的内补丁为20像素*/
}
```

62 切换到网页文件"index.html"的编辑窗口，在名称为"header"的"div"标记之间添加下列(X)HTML脚本：

```
<div id="header">
    <form>
    <img src="img/idx4.gif" width="307" height="66" />
    <table width="155" height="20" border="0" cellpadding="2" cellspacing="0">
        <tr>
         <td height="5" colspan="2" align="right"><img name="" src="" width="1"
height="5" alt="" style="background-color: #54591C" /></td>
        </tr>
        <tr>
        <td colspan="2" align="right">站点地图</td>
        </tr>
        <tr>
        <td colspan="2" align="right">联系方式</td>
        </tr>
        <tr><td><input name="" type="text" id="inputtext" /></td>
        <td><input name="" type="image" src="img/idx7.gif" /></td></tr>
    </table>
    </p>
    </form>
</div>
```

整个页眉分成左右两个部分，左边的是网站标志图像，右边的则是表单和链接，为了能够使表单排列得更加整齐，这里使用了一个三行一列的表格来制作表单区域。

63 切换到样式表文件"wzcss.css"的编辑窗口，定义"header"中内容的样式，添加下列样式代码：

```
#header img {
    float:left;/*把页眉中的标志图像左浮动*/
}
#header table{
```

```
    float:right;/*把页眉中制作表单区域的表格右浮动*/
    text-align:right;/*文本居右对齐*/
    color:#9C9E77;/*设置文字的颜色*/
}
#inputtext{
    width:105px;/*重新定义表单元素的宽度*/
    font:16px;/*表单中文字的大小*/
    color:#FFF;/*表单中文字的颜色*/
    height:18px;/*重新定义表单的高度*/
    background:#B4B6A0;/*重新定义表单的背景颜色*/
    margin-right:10px;/*表单的右侧外补丁为10像素*/
    border:0;/*表单的边框为0*/
}
```

这样就对页眉中内容的样式进行了定义，在浏览器中预览的效果如图13-77所示。

图13-77　制作好的页眉效果

 提示 　在布局的过程中，如何能够确定对象的具体宽高和位置，可以通过在Fireworks中打开效果图，计算辅助线的坐标来得到，例如页眉中的网站标志图像，距离页眉顶边和左边的距离，可以通过观察效果图中辅助线的坐标值来得到，如图13-78所示。

图13-78　在Fireworks中查看对象的位置

64 切换到网页文件"index.html"的编辑窗口，在名称为"nav"的"div"标记之间添加

下列(X)HTML脚本:

```
<a href="#">首页</a>
<a href="#">走进课堂</a>
<a href="#">课程设置</a>
<a href="#">师资力量</a>
<a href="#">作品展示</a>
<a href="#">就业招聘</a>
<a href="#">在线咨询</a>
<a href="#">项目外包</a>
<a href="#">网上报名</a>
```

这里的导航是简单的文字链接,但是可以通过定义链接的伪类,实现简单的交互效果。

65 切换到样式表文件"wzcss.css"的编辑窗口,定义"nav"即导航的样式,添加下列样式代码:

```
#nav{
    width:775px;/*定义导航的宽度*/
    height:27px;/*定义导航的高度*/
    margin:0 auto;/*水平居中对齐*/
    margin-top:1px;/*顶边的外补丁为1像素*/
    line-height:25px;/*行高为25像素*/
    text-align:center;/*文字居中对齐*/
    margin-bottom:-2px;/*底边的外补丁为-2像素*/
}
#nav a{
    width:86px;/*定义每个链接的宽度,这个值是用通栏的宽度775像素除以栏目的数量9得到的*/
    display:block;/*把a标签转换为块级别元素,只有这样才能设置宽高*/
    float:left;/*把转换后的a标签向左浮动,这样可以使a标签排列在一行中*/
    color:#FFF;/*设置链接文字的颜色为白色*/
    text-decoration:none;/*去掉链接的下画线*/
    letter-spacing:6px;/*设置字符间距为6像素*/
}
#nav a:hover{
    background:#763F06;/*定义鼠标划过状态下链接的背景颜色*/
}
#nav a:active{
    background:#4B371F;/*定义激活状态下链接的背景颜色*/
}
```

在浏览器中预览制作好的效果如图13-79所示。

图13-79 制作好的交互导航效果

66 切换到样式表文件"wzcss.css"的编辑窗口，定义"topimage"和"topimage2"及通栏的样式，添加下列样式代码：

```
#topimage{
    background:url(../img/idx1.jpg) no-repeat center #FFF;/*把通栏图像作为背景
添加到这个div里*/
    width:100%;/*设置宽度为100%，即和浏览器一样宽*/
    height:302px;/*设置高度，和通栏图像一样高*/
}
#topimage2{
    background:url(../img/idx2.jpg) #C0AEA0 no-repeat center;/*把通栏图像作为
背景添加到这个div里*/
    width:100%;/*设置宽度为100%，即和浏览器一样宽*/
    height:23px;/*设置高度，和通栏图像一样高*/
}
```

在浏览器中预览制作好的效果如图13-80所示。

图13-80 制作好的通栏效果

67 在样式表文件"wzcss.css"的编辑窗口中，继续定义"content"即内容区域的样式，添加下列样式代码：

```
#content{
    width:775px;/*定义内容区域的宽度*/
    height:400px;/*定义内容区域的高度*/
    margin:0 auto;/*水平居中对齐*/
    border-bottom:#9D8A79 1px solid;/*底边框为1像素，实线，深棕色*/
}
```

68 切换到网页"index.html"的编辑窗口，在名称为"left"的"div"标记之间添加下列(X)HTML脚本：

```
<img src="img/idx27.jpg" width="52" height="77" border="0" alt="著名讲师刘涛" />
<p><a href="#">不一样的教学模式</a><br />
  <a href="#">不一样的专业化程度</a><br />
  <a href="#">不一样的办学理念</a><br />
  <a href="#">不一样的培训质量</a></p>
<p>网页顽主论坛工作室，创办于2001年。秉承"专业、诚信、创新、细琢"的办学理念，经过几年
的发展，已成为业内一所设计培训知名品牌。<a href="#">查看更多</a></p>
<table width="100%" border="0" cellspacing="0" cellpadding="4">
```

```
<form>
  <tr>
    <td><label>
      <select name="select" id="select">
        <option>课 程 设 置:</option>
      </select>
    </label></td>
  </tr>
  <tr>
    <td><select name="select2" id="select2">
      <option>教 学 环 境:</option>
    </select></td>
  </tr>
  <tr>
    <td><select name="select3" id="select3">
      <option>就 业 优 势:</option>
    </select></td>
  </tr></form>
</table>
<img src="img/idx30.gif" width="181" height="24" border="0" alt="进入在线课
程咨询" />
```

在左侧区域中，包含图像、文字段落和表单元素，和前面一样，表单元素可以嵌套在一个表格中，这样可以使表单元素对齐。

69 切换到样式表文件"wzcss.css"的编辑窗口，定义区域"left"中内容的样式，添加下列样式代码：

```
#left{
    width:185px;/*定义左侧区域的宽度，其总宽度应该为185+35+83＝303*/
    height:351px;/*定义左侧区域的高度，其总高度应该为351+49＝400*/
    background:url(../img/idx3.gif) no-repeat;/*定义左侧区域顶边的背景图像*/
    padding-top:49px;/*顶边的内补丁为49像素*/
    padding-left:35px;/*左侧的内补丁为35像素*/
    padding-right:83px;/*右侧的内补丁为83像素*/
    float:left;/*向左浮动*/
}
#left img{/*左侧区域内的图像*/
    float:left;/*向左浮动*/
    margin-right:10px;/*右侧的外补丁为10像素*/
}
#left a{/*左侧区域内的链接*/
    color:#5D6D2C;/*定义链接文字的颜色*/
    line-height:18px;/*定义行高为18像素*/
    font-weight:700;/*文字加粗*/
}
#left select{/*左侧区域内的下拉菜单*/
    background:#E5E2DD;/*定义背景颜色*/
    color:#333;/*定义文字颜色*/
    width:185px;/*定义下拉菜单的宽度*/
}
```

```
#left table{/*左侧区域内的表格*/
    margin-bottom:20px;/*定义表格的底边外补丁为20像素*/
}
```

在浏览器中预览制作好的效果如图13-81所示。

图13-81　制作好的左侧区域效果

70 切换到网页"index.html"的编辑窗口，在名称为"center"的"div"标记之间添加下列(X)HTML脚本：

```
<p>6/6/2008 12:33:20 AM<br />
    <a href="#">公共课程电脑基础入门</a></p>
    <p>6/6/2008 12:33:20 AM<br />
    <a href="#">公共课程电脑基础入门</a></p>
    <p>6/6/2008 12:33:20 AM<br />
    <a href="#">公共课程电脑基础入门</a></p>
<p><a href="#">查看所有的课程</a></p>
```

71 切换到样式表文件"wzcss.css"的编辑窗口，定义区域"center"中内容的样式，添加下列样式代码：

```
#center{
    width:233px;/*定义中间区域的宽度*/
    height:343px;/*定义中间区域的高度*/
    background:url(../img/idx20.gif) no-repeat 0 17px;/*定义中间区域的背景图像*/
    padding-top:57px;/*顶边的内补丁为57像素*/
    float:left;/*向左浮动*/
}
#center p{/*中间区域的段落*/
    line-height:25px;/*定义行高为25像素*/
}
#center a{/*中间区域的链接*/
    color:#5D6D2C;/*定义链接文字的颜色*/
}
```

在浏览器中预览制作好的效果如图13-82所示。

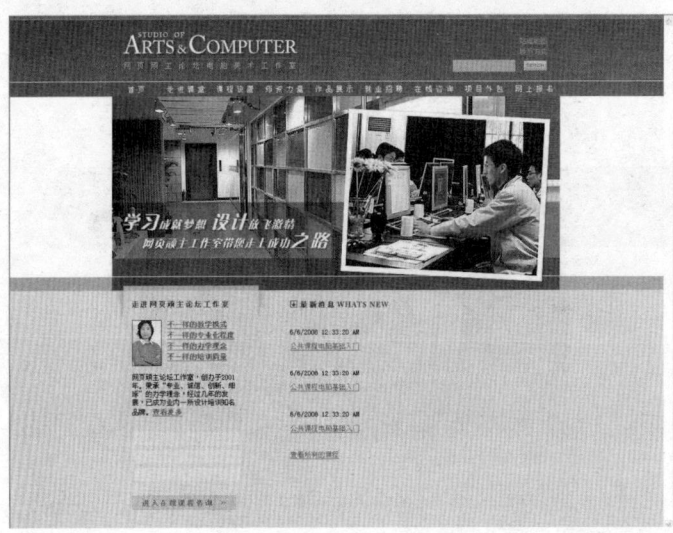

图13-82　制作好的中间区域效果

72 切换到网页"index.html"的编辑窗口，在名称为"right"的"div"标记之间添加下列 (X)HTML脚本：

```
<p><a href="#">创意与设计的区别与联系以及注意事项网页设计时注意的问题与解答网页制作常
见问题解答和思考的过程</a><br />
-2008年6月6号</p>
<p><a href="#">创意与设计的区别与联系以及注意事项网页设计时注意的问题与解答网页制作常
见问题解答和思考的过程</a><br />
-2008年6月6号</p>
<p><a href="#">创意与设计的区别与联系以及注意事项网页设计时注意的问题与解答网页制作常
见问题解答和思考的过程</a><br />
-2008年6月6号</p>
```

73 切换到样式表文件"wzcss.css"的编辑窗口，定义区域"right"中内容的样式，添加下列样式代码：

```
#right{
    background:url(../img/idx22.gif) no-repeat 0 17px;/*定义右侧区域的背景图像
和其位置*/
    float:left;/*向左浮动*/
    padding-top:57px;/*顶边的内补丁为57像素*/
    width:230px;/*定义右侧区域的宽度*/
    height:343px;/*定义右侧区域的高度，总高度应该为343+57＝400像素*/
}
#right p{/*右侧区域中的段落*/
    line-height:16px;/*定义行高为16像素*/
    color:#000;/*定义文字的颜色为黑色*/
}
#right a{/*右侧区域的链接*/
    color:#5D6D2C;/*定义文字链接的颜色*/
}
```

在浏览器中预览制作好的效果如图13-83所示。

图13-83 制作好的右侧区域效果

74 切换到网页"index.html"的编辑窗口，在名称为"btnav"的"div"标记之间添加下列 (X)HTML脚本：

```
<a href="#">关于我们</a><a href="#">联系方式</a><a href="#">招贤纳士</a><a href="#">网站地图</a><a href="#">友情链接</a><a href="#">合作伙伴</a><a href="http://www.go2here.net">顽主论坛</a>
```

75 切换到样式表文件"wzcss.css"的编辑窗口，定义区域"btnav"中内容的样式，添加下列样式代码：

```
#btnav{
    width:775px;/*定义底部导航的宽度*/
    height:50px;/*定义底部导航的高度*/
    background:url(../img/idx33.gif) repeat-x bottom;/*定义底部导航的背景图像和位置*/
    margin:0 auto;/*水平居中对齐*/
    text-align:center;/*文本居中对齐*/
    line-height:50px;/*行高为50像素*/
}
#btnav a{/*底部导航里的链接*/
    margin:0 20px;/*定义链接左右两边的外补丁为20像素*/
    color:#804A15;/*定义文字链接的颜色*/
    font-weight:700;/*文字加粗*/
    text-decoration:none;/*去掉链接文字的下画线*/
}
```

在浏览器中预览制作好的效果如图13-84所示。

76 切换到网页"index.html"的编辑窗口，在名称为"footer"的"div"标记之间添加下列(X)HTML脚本：

```
<p id="text1">招生总部：北京市广埠屯幼师旁大中电脑数码城顶层十八楼<br />
电话：010-87661997<br />
<a href="mailto:froglt@163.com">联系我们</a></p>
<p id="text2"><img src="img/idx13.gif" width="93" height="39" border="0" alt="网页顽主论坛工作室" />版权所有@2008<br />
网页顽主论坛工作室</p>
```

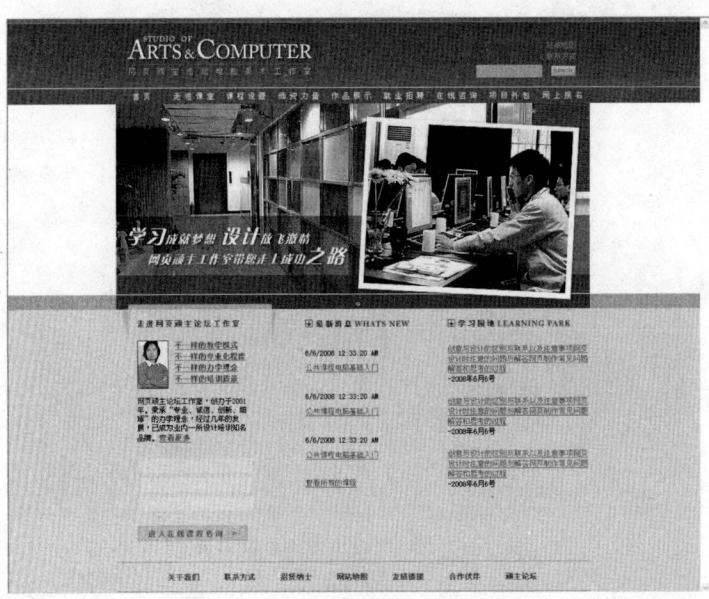

图13-84　制作好的底部导航区域效果

77 切换到样式表文件"wzcss.css"的编辑窗口，定义区域"footer"中内容的样式，添加
下列样式代码：

```
#footer{
    width:775px;/*定义页脚的宽度*/
    height:100px;/*定义页脚的高度*/
    padding-top:20px;/*顶边的内补丁为20像素*/
    margin:0 auto;/*水平居中对齐*/
    color:#837D75;/*定义文字的颜色*/
    line-height:18px;/*行高为18像素*/
}
#text1{
    float:left;/*向左浮动*/
}
#text2 img{
    float:right;/*向右浮动*/
    margin-left:10px;/*左侧的外补丁为10像素*/
}
#text2{
    text-align:right;/*向右浮动*/
}
#footer a{
    color:#804A15;/*定义文字的颜色*/
    font-weight:700;/*文字加粗*/
    text-decoration:none;/*去掉链接文字的下画线*/
}
```

在浏览器中预览制作好的效果如图13-85所示。

图13-85　最终完成的效果

78 对于内容页面而言，只是中间区域有所不同，可以把首页另存为内容页面，进行相应地
修改即可。

附录A 站点的维护与上传

Dreamweaver CS6的功能不仅仅体现在制作网页上,它更是一个管理网站的工具。不同于普通的FTP上传软件,它对网站的管理更加科学、全面。

A.1 发布网站

打开Dreamweaver CS6的站点面板,将左侧视图切换到远端服务器视图状态,然后单击"连接"按钮,连接远端服务器。在弹出如图A-1所示的"站点设置对象"对话框中,单击"+"按钮,然后进行远端服务器的设置,如图A-2所示。

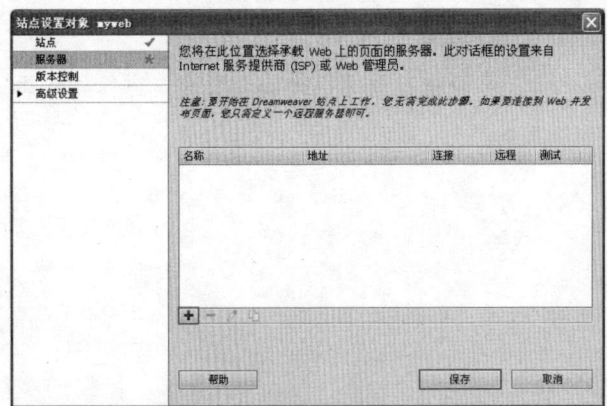

图A-1 "站点设置对象"对话框   图A-2 进行服务器的设置

A.1.1 上传文件

在上传文件之前首先要连接远端服务器,接下来上传文件的操作步骤说明如下。

1. 在本地站点浏览窗口中选择上传的文件或文件夹。
2. 单击上传文件的快捷按钮↑。软件会询问是否上传相关文件,相关文件即插入在网页中的图像和多媒体文件,可以根据实际情况选择是或否。

如图A-3所示的就是正在上传文件时的显示界面。

图A-3 正在连接上传

 **提示** 在文件名中不要使用特殊字符，否则有些服务器会自动更改文件名。如果上传的文件还没有保存，那么就有可能弹出一个对话框，要求用户保存文件。如果要立即保存，单击"是"按钮。如果想上传上一次保存的结果，单击"否"按钮。

A.1.2 下载文件

下载之前同样要链接远端服务器，下载文件的步骤说明如下。

1 在远端服务器浏览窗口中选择需要下载的文件或者文件夹。

2 单击下载文件按钮⬇，文件即会被下载到本地站点。

无论是下载文件还是上传文件，Dreamweaver都会自动记录各种FTP操作，遇到问题时可以随时打开"FTP记录"窗口查看FTP记录，如图A-4所示。

```
▼ 结果
搜索 验证 目标浏览器检查 链接检查器 站点报告 FTP记录 服务器调试

< 220 Microsoft FTP Service
> USER anonymous
< 331 Anonymous access allowed, send identity (e-mail name) as password.
> PASS
< 230 Anonymous user logged in.
> PWD
< 257 "/" is current directory.
> PWD
```

图A-4 FTP记录

A.1.3 同步文件

Dreamweaver中本地站点与远程站点的同步更新，也是其站点管理的主要功能。所谓同步更新是指让本地站点与远程站点的文件随时保持一致。这是一个非常不错的功能，特别是处在一个开发小组的工作环境中，也许会经常使用。另外，同步更新操作可以发生在文件、文件夹甚至整个站点。

设置本地站点与远程站点的同步更新操作步骤说明如下。

1 在站点窗口中选择需要同步更新的文件或文件夹。

2 选择"站点"菜单下的"同步"选项，会弹出如图A-5所示的对话框。

3 如果希望整个站点进行同步更新的话，在"同步"下拉菜单中选择"整个****站点"（星号代表站点名称）项。如果只同步更新某些文件，那么在"同步"下拉菜单中选择"仅选中的本地文件"选项。

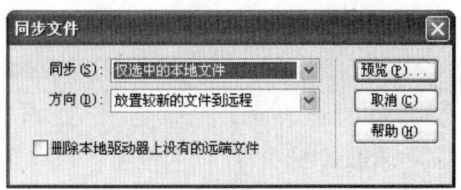

图A-5 同步文件

4 接下来要在"方向"下拉菜单中设置文件传输的方向，其中有三种不同的设置。

 **说明** 如果本地站点与远程站点的所有文件全部相同，那么会弹出一个警告窗口，提示你现在无须同步更新。

A.2 测试网站

无论是编程还是制作站点，测试工作都是不可或缺的步骤。有很多理由让用户测试自己的站点，例如不同浏览器能否浏览网站、不同显示分辨率的显示器能否显示网站、站点中有没有断开的链接等都需要进行测试。本节将讲述有关站点测试的问题。

A.2.1 检查目标浏览器

经常上网的用户应该非常了解，不同浏览器浏览同一网页显示的效果可能并不相同，这不能不说是一种遗憾，但对于普通浏览者来讲却是无能为力的。所以我们在制作网站的过程中要时刻注意网页的兼容性，如果你的网站有很多用户浏览，而你根本无法保证这些用户都使用同一版本的浏览器，那还是奉劝你针对一两种主要的浏览器进行站点开发，这样虽然使用其他浏览器浏览网页时产生错误的情况不可避免，但我们可以使其尽可能少地发生错误。

有时候要使网页在这几个版本的浏览器中都能够正常显示，也许是不可能的，那你所能做的只有找一个平衡点了。不过还有另外一种解决问题的方法，在浏览者进入浏览页面之前首先判断他们使用的是何种版本的浏览器，对于不同版本的浏览器调入不同的页面。但是这种方法也存在一个缺点，就是工作量要提高将近一倍，相当于你制作了两个或多个站点。

在Dreamweaver中制作的图像、文本等元素在不同浏览器中可能不存在太大的问题，而像样式、层、行为等元素在不同浏览器中就会有很大的差异，所以对这些元素要特别注意。

针对以上原因Dreamweaver CS6提供了网页检测功能，可以检测出在不同浏览器中网页的显示情况。在"文件"菜单下选择"检查页"→"浏览器兼容性"选项，会弹出如图A-6所示的检测"浏览器兼容性"窗口。

图A-6 目标浏览器检查

单击如图A-7所示的按钮，可以选择"设置"选项以打开如图A-8所示的对话框，用来选择不同的浏览器版本。

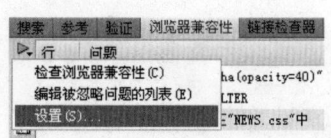

图A-7 单击"设置"选项

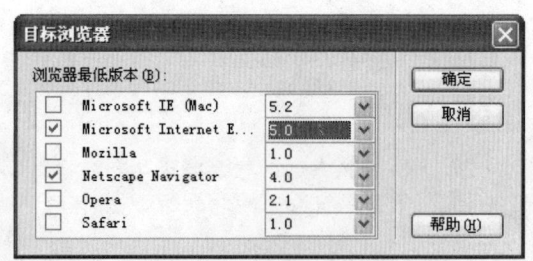

图A-8 选择浏览器版本

A.2.2 检查链接

检测网站中是否包含断开的链接也是站点测试的一个重要项目。Dreamweaver允许用户检测一个页面、部分站点乃至整个站点的链接。

在"文件"菜单下选择"检查页"→"检查链接"选项，会弹出如图A-9所示的"链接检查器"窗口。

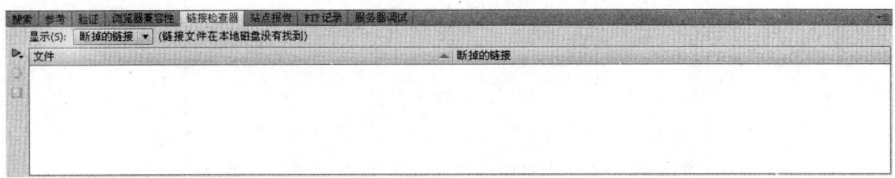

图A-9 链接检查器

单击如图A-10所示的按钮，可以检测不同的链接情况。

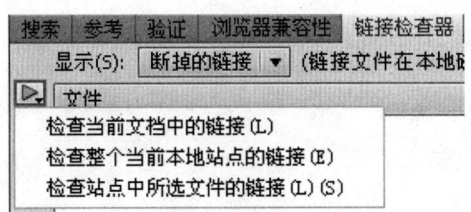

图A-10 单击按钮

如图A-11所示的是检测了整个网站的链接情况。用鼠标直接单击断开的链接，在链接的右侧会出现一个文件夹的图标，如图A-12所示，用户可以直接键入链接，也可以单击文件夹图标从中选择链接的文件。

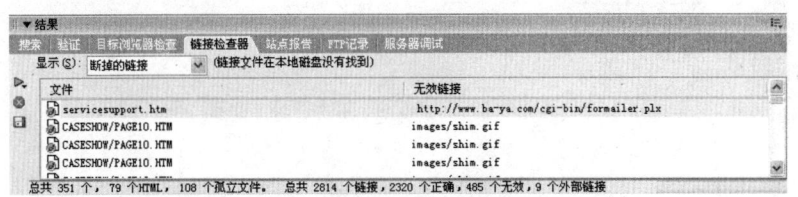

图A-11 整个网站的链接情况

图A-12 更改链接

A.2.3 创建站点报告

Dreamweaver能够自动检测网站内部的网页文件，生成关于文件信息、HTML代码信息的报告，便于网站设计者对网页文件进行修改。

创建网站报告的操作步骤说明如下：选择"站点"→"报告"命令，弹出对话框如图A-13所示。

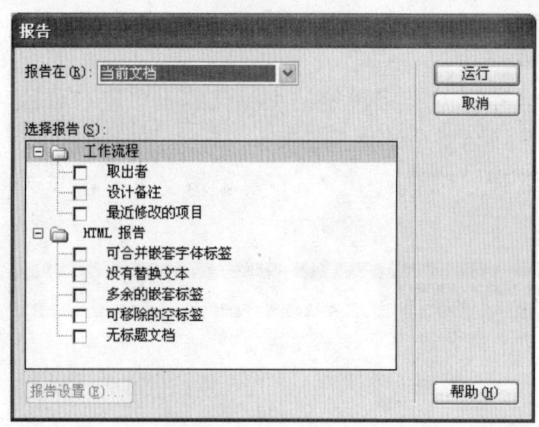

图A-13 "报告"对话框

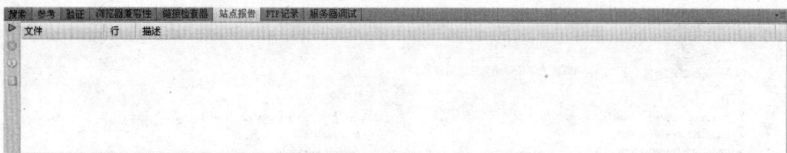

🔍 在"报告在"一项设定生成站点报告的范围，可以是当前文档、整个当前本地站点、站点中的已选文件、文件夹。

🔍 "取出者"显示当前网站的网页正在被取出的情况。

🔍 "设计备注"显示设定范围之内网页的设计备注信息。

🔍 "可合并嵌套字体标签"显示可以合并的文字修饰符。

🔍 "没有替换文本"将报告没有添加可替换的文字的图像<img>对象。

🔍 选中"多余的嵌套标签"，站点报告中将会显示网页中多余的嵌套符号。

🔍 选中"可移除的空标签"，报告中会显示空的可删除的HTML标签。

🔍 选中"无标题文档"，软件会报告没有设定标题的网页。

🔍 "最近修改的项目"报告最近修改了哪些项目。

设定完毕后，单击"运行"按钮生成网站报告，弹出窗口如图A-14所示。

图A-14 站点报告

A.3 使用设计备注

设计备注给站点管理注入了新的活力。当站点中的文件越来越多时，准确了解文件中的内容和文件的含义显得非常重要，而利用设计备注可以对整个站点或某一文件夹甚至是某一文件增加附注信息，这样用户就可以时刻跟踪、管理每一个文件，了解文件的开发信息、安全信息、状态信息等。

Dreamweaver能够支持多种文件类型使用设计备注保存设计信息，像普通的HTML文档、模板、Java Applets、ActiveX控件、图片文件、Flash动画、Shockwave电影等都可以使用设计备注功能。

实际上保存在设计备注中的设计信息是以文件的形式存在的，这些文件都保存在一个叫做"_notes"的文件夹中，文件的扩展名是".mno"。使用记事本等文本编辑软件打开这类文件，从中可以看到用户记录的设计信息。

1 在站点面板种选中要设置设计备注的文件，单击鼠标右键，在弹出的菜单中选择"设计备注"选项。

2 在弹出的窗口中，首先设置"基本信息"标签，如图A-15所示。

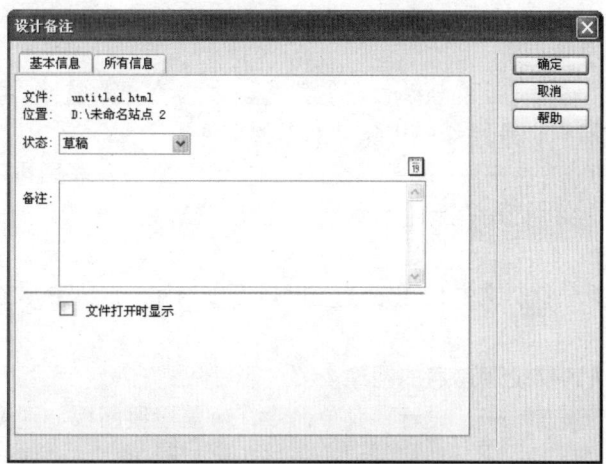

图A-15 设计备注基本信息

🔍 "状态"项用于选择当前文件的状态，如"草稿"、"最终版"等。

🔍 "备注"窗口中填写说明文字。

🔍 单击日期按钮可以插入当前的日期。

🔍 选中"文件打开时显示"复选项可以在打开文件时显示此文件的设计备注。

3 设置完"基本信息"标签之后，切换到"所有信息"标签，如图A-16所示。

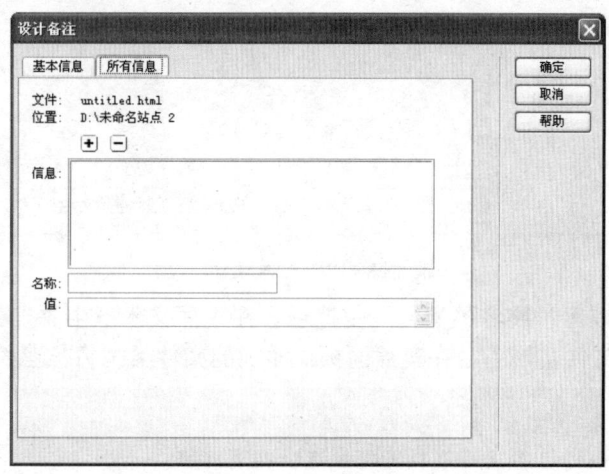

图A-16 设计备注所有信息

🔍 在"名称"栏写关键字。

🔍 在"值"项填写关键字对应的取值。

🔍 单击面板上的加号按钮，可将这一对值添加到"信息"窗口中。

🔍 选中相应的键值，单击面板上的减号按钮，可以删除信息。

4 设置完毕后单击"确定"按钮，将结果保存。

A.4 使用遮盖

对网站中某一类型的文件或者某些文件夹使用遮盖功能，可以在上传或下载的时候排除这一类型的文件和这些文件夹。对于一些较大的压缩文件，如果不希望每次都上传，也可以遮盖这些类型的文件。

除了上传和下载之外，Dreamweaver还会从报告、检查更改链接、搜索替换、同步、资源面板内容、更新库和模板等操作中排除被遮盖的文件。

在默认情况下，网站的遮盖都处于激活状态。如果关闭遮盖后再激活网站遮盖，可以在站点管理器下，切换到要激活遮盖的网站，选择"站点"→"遮盖"→"启用遮盖"菜单命令。

Dreamweaver不能对个别文件使用遮盖，但是可以对某一类型的文件使用遮盖。遮盖某一文件类型的方法说明如下。

1 将站点管理器切换到要设定遮盖的网站。

2 选择"站点"→"遮盖"→"设置"菜单命令，遮盖设置面板如图A-17所示。

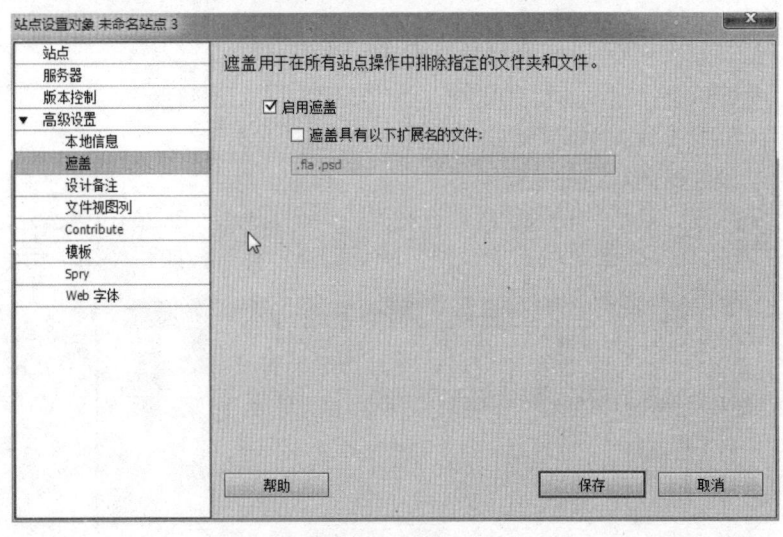

图A-17　遮盖设置

3 选中"遮盖具有以下扩展名的文件"复选项，在下面文本框中添加新的文件扩展名或者删除修改已有的文件扩展名，在遮盖面板上添加的文件类型将被遮盖。

提示　如果希望取消整个网站的遮盖，在站点面板中，取消"站点"→"遮盖"→"启用遮盖"复选项的选中状态即可。

A.5 取出和存回

当我们工作在一个开发小组中的时候，"取出"和"存回"功能就显得尤为重要。因为它可以提示其他小组成员或者作者自己，不要修改已有新版本而未上传的页面。

　　当我们对一个文件"取出"时，就相当于告诉其他小组成员，"我正在修改该文件，请不要修改它了。"这时Dreamweaver会在文件前做一个标记，绿色的标记表示该文件是由你"取出"的，红色标记表示文件是由其他小组成员"取出"的。将鼠标放到需要"取出"的文件之上，会看到"取出"成员的名称。

　　"存回"有两个主要功能：一个功能是将"取出"的文件恢复正常；另一个用途是将本地站点的文件进行只读保护，防止误修改。

　　另外，当服务器上的文件被"取出"后，Dreamweaver不会将文件的属性设为只读，也就是说，通过其他的FTP软件还是可以将该文件覆盖的。

说明　"取出"和"存回"文件后，Dreamweaver 会在被"取出"文件的同级目录下生成一个".lck"件，该文件是隐藏文件，用来记录"取出"信息，可将其删除。

　　在使用取出和存回功能以前，必须进行一些必要设置。切换到站点定义面板，如图A-18所示，选中"启用存回和取出"复选项，下面出现若干设置项目。

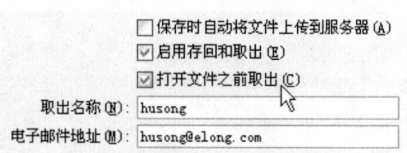

图A-18　启用存回和取出

[图标] 如果希望在站点管理器中双击打开文件的同时也取出文件，则选中"打开文件之前取出"复选项。

[图标] "取出名称"项填写的名称会自动出现在被取出文件的旁边，提示其他人是谁在修改这一文件。

[图标] "电子邮件地址"设定之后，其他人可以单击站点管理器中的"取出名称"，给当前取出此文件的人发送邮件。

　　取出的方法很简单，在站点管理器中选中一个或多个文件，单击站点管理器上方的取出按钮，文件即被取出。如图A-19所示即为被取出文件在站点管理器中被标注的情况。

本地文件	大小	类型	修改	取出者
□ 🗁　站点 - Dynamic...		文...	2003-1...	-
⊞ 🗀　Connections		文...	2003-1...	-
⊞ 🗀　images		文...	2003-1...	-
⊞ 🗀　media		文...	2003-1...	-
⊞ 🗀　scripts		文...	2003-1...	-
✓ count.mdb	612KB	Mi...	2003-1...	wangchunyan
✓ index.asp	1KB	Ac...	2003-1...	wangchunyan

图A-19　取出文件在站点管理中的情况

　　同样，存回的方法也很简单。选择已经被取出的文件，单击站点管理器上方的存回按钮即可。

附录B (X)HTML语法参考手册

B.1 (X)HTML文件的基本结构

编写(X)HTML文件的时候，必须遵循(X)HTML的语法规则。一个完整的(X)HTML文件由标题、段落、列表、表格、单词即嵌入的各种对象所组成。这些逻辑上统一的对象称为元素，(X)HTML使用标签来分割并描述这些元素。实际上整个(X)HTML文件就是由元素与标签组成的。

下面显示的就是一个(X)HTML文件的基本结构：

```
<html> html文件开始
<head> html文件的头部开始
……
……html文件的头部内容
</head> html文件的头部结束
<body> html文件的主体开始
……
……html文件的主体内容
</body> html文件的主体结束
</html> html文件结束
```

可以看到，(X)HTML代码分为三部分，其中：

"<html>……</html>"：告诉浏览器(X)HTML文件的开始和结束，其中包含<head>和<body>标签。html文档中所有的内容都应该在这两个标签之间，一个(X)HTML文档总是以<html>开始，以</html>结束的。

"<head>……</head>"：(X)HTML文件的头部标签，其中可以放置页面的标题以及文件信息等内容。通常将这两个标签之间的内容统称作(X)HTML的头部。一般来说，位于头部的内容都不会在网页上直接显示，而是通过另外的方式起作用，例如，标题是在(X)HTML的头部定义的，它不会显示在网页上，但是会出现在网页的标题栏中。

"<body>……</body>"：(X)HTML文件的主体标签，绝大多数(X)HTML内容都放置在这个区域里面。它通常在"</head>"标签之后，在"</html>"标签之前。

B.2 (X)HTML头部标签

"html"头部标签是"<head>"，主要包括对页面的一些基本描述语句，如标题和关键字等，前面讲到的javascript和css一般都是定义在"head"头元素中。通常将"<head>"与"</head>"标签之间的内容统称为(X)HTML的"头部"。一般来说，位于头部的内容都不会在网页上直接显示，而是通过其他的方式起作用，例如，标题是在(X)HTML的头部定义的，它不会显示在网页上，但是会出现在网页的标题栏中。

常用的头部标签内容如表B-1所示。

表B-1　头部标签

标　签	描　述
`<base>`	当前文档的 url 全称（基底网址）
`<title>`	设定显示在浏览器左上方的标题内容
`<isindex>`	表明该文档是一个可用于检索的网关脚本
`<meta>`	有关文档本身的元信息，例如用于查询的关键词、用于获取该文档的有效期等
`<style>`	设定CSS层叠样式表的内容，详见后面章节
`<link>`	设定外部文件的链接，详见后面章节
`<script>`	设定页面中程序脚本的内容，详见后面章节

"<head>"与"</head>"之间的内容不会在浏览器的文档窗口显示，但是，其间的元素有特殊重要的意义。下面就来分别介绍这些标签的作用。

B.2.1　标题标签<title>

(X)HTML文件的标题显示在浏览器的标题栏中，用以说明文件的用途。每个(X)HTML文档都应该有标题，在(X)HTML文档中，标题文字位于"<tilte>"和"</title>"标签之间。"<title>"和"</title>"标签位于(X)HTML文档的头部，即位于"<head>"和"</head>"标签之间。

网页标题的作用主要包括三方面：

- 它可以在使用网页编辑软件Dreamweaver构建网站结构图时显示在该网页文件的旁边，提示网页的内容。
- 可以在浏览者保存该网页后成为保存后网页的文件名。这是IE浏览器默认的设置。
- 可以在浏览者将该网页添加进收藏夹时成为收藏夹中该网页的名称。

B.2.2　基底网址标签<base>

"<base>"标签可以设置url地址，一般常用来设置浏览器中文件的绝对路径，然后在文件中只需写下文件的相对位置，在浏览器中浏览的时候这些位置会自动的附在绝对路径后面，成为完整的路径。在文档中所有的相对地址形式的url都是相对于这里定义的url而言的。一篇文档中的"<base>"标签不能多于一个，必须放于头部，并且应该在任何包含url地址的语句之前，如下所示：

```
<basehref="url"  target="window_name">
```

其中"href"属性指定了文档的基础url地址。该属性在"<base>"标签中是必须存在的。"target"定义的是打开页面的窗口，同框架一起使用。它定义了当文档中的链接被单击后，在哪一个框架集中展开页面。如果文档中的超级链接没有明确指定展开页面的目标框架集，则就使用这里定义的地址代替。

B.2.3　元信息标签<meta>

"<meta>"标签的功能是定义页面中的信息，这些文件信息并不会出现在浏览器页面的显示之中，只会显示在源代码中。

　　"<meta>"标签通过属性来定义文件信息的名称、内容等。"<meta>"标签是实现元数据的主要标签，它能够提供文档的关键字、作者、描述等多种信息，在(X)HTML的头部可以包括任意数量的"<meta>"标签。如表B-2所示。

表B-2　<meta>标签属性

标　　签	描　　述
http-equiv	生成一个http标题域，它的取值与另一个属性相同，如果http-equiv=expires，实际取值由content确定
name	如果元数据是以关键字／取值的形式出现的，则name表示关键字，如author或id
content	关键字／取值的内容

　　通过这些属性，可以建立多种多样的效果，实现多种多样的功能。

1. 定义编辑工具

　　使用Dreamweaver等多种编辑工具可以制作网页，在源代码中可以设定网页编辑器的名称，这个名称不会出现在浏览器的显示中。

```
<meta name="generator"  content="value">
```
　　"generator"为编辑器定义，"content"中定义编辑器的名称。

2. 设定关键字

　　关键字是为搜索引擎而提供的，如一个音乐网站，为了提高在搜索引擎中被搜索到的机率，可以设定多个和音乐主题相关的关键字以便搜索。这些关键字不会出现在浏览器的显示中。需要注意的是，大多数搜索引擎进行检索时都会限制关键字的数量，有时关键字过多该网页会在检索中被忽略。所以关键字的输入不宜过多，应切中主题。另外，关键字之间要用逗号分隔。

```
<meta name="keywords" content="value">
```
　　其中，"keywords"为关键字定义，"content"中定义关键字的内容。

3. 设定描述

　　对于一个网站的页面，可以在源代码中添加说明语句，用以将网站的主题描述清晰，这就是描述语句的作用。这个描述语句内容不会在浏览器中显示。说明文字可供搜索引擎寻找网页，还可存储在搜索引擎的服务器中在浏览者搜索时随时调用，还可以在检索到网页时作为检索结果返给浏览者。搜索引擎同样限制说明文字的字数，所以内容应尽量简明扼要。

```
<meta name="discription" content="value">
```
　　其中，"discription"为描述定义，"content"中定义描述的内容。

4. 设定作者

　　在页面的源代码中，可以显示页面制作者的姓名及个人信息。这可以在源代码中保留作者希望保留的信息。

```
<meta name="author" content="value">
```
　　"author"为作者定义，"content"中定义作者的个人信息。

5. 设定字符集

　　(X)HTML页面的内容可以用不同的字符集来显示，如中国常用的gb码（简体中文），中国台湾地区常用的big5码（繁体中文），欧洲地区常用的iso8859-1（英文）等。对于不同的字符集页面，如果用户的浏览器不支持该字符的显示，则浏览器中显示的都是乱码。这时就需要由(X)HTML语言来定义页面的字符集，用以告知浏览器以相应的内码显示页面内容。

```
<meta http-equiv="content-type"  content="text/html;charset=value">
```

其中，"http-equiv"传送"http"通信协议的标头，"content"中定义页面的内码，其中"charset"中写下内码的语系。

6. 设定自动刷新

使用"http-equiv"属性中的"refresh"能够设置页面的自动刷新，就是每隔几秒的时间刷新一次页面的内容。比如常用的互联网现场图文直播、论坛消息的自动更新等。

```
<meta http-equiv="refresh"  content="value">
```

其中，"http-equiv"传送"http"通信协议的标头，"refresh"代表刷新，"content"中写下刷新间隔的秒数。

7. 设定自动跳转

使用"http-equiv"属性中的"refresh"不仅能够完成页面自身的自动刷新，也可以实现页面之间的跳转过程。如网站地址有所变化时，希望在当前的页面中等待几秒钟之后就自动跳转到新的网站地址，这就可以通过设置跳转时间和地址来实现。自动跳转特性目前已经被越来越多的网网页所使用。例如，可以首先在一个页面上显示欢迎信息，经过一段时间，自动跳转到指定的网页。

```
<meta http-equiv="refresh" content="value;url=url_value">
```

其中，"http-equiv"传送"http"通信协议的标头，"refresh"代表刷新，"content"中写下跳转间隔的秒数以及跳转后打开的文件地址。

8. 设定转场效果

转场效果即网页过渡，是指当进入或离开网站时，页面具有不同的切换效果。添加此功能可以使网页看起来更具有动感。

```
<meta http-equiv="event" content="revealtrans(duration=value,transition=number)">
```

event设置页面进入或页面退出的时候产生的切换效果，如表B-3所示。

表B-3 切换效果的事件

事　件	描　述
page-enter	表示进入网页时有网页过渡效果
page-exit	表示退出网页时有网页过渡效果

"duration"中写下网页过渡效果的延续时间，单位为秒。"transition"中写下过渡效果的方式编号。过渡效果的编号及含义如表B-4所示。

表B-4 过渡效果的编号及含义

效　果	效果编号
盒状收缩	0
盒状展开	1

续表

效　　果	效果编号
圆形收缩	2
圆形展开	3
向上擦除	4
向下擦除	5
向左擦除	6
向右擦除	7
垂直百叶窗	8
水平百叶窗	9
横向棋盘式	10
纵向棋盘式	11
溶解	12
左右向中部收缩	13
中部向左右展开	14
上下向中部收缩	15
中部向上下展开	16
阶梯状向左下展开	17
阶梯状向左上展开	18
阶梯状向右下展开	19
阶梯状向右上展开	20
随机水平线	21
随机垂直线	22
随机	23

B.3　(X)HTML主体标签

　　(X)HTML的主体标签是"<body>"，在"<body>"和"</body>"中放置的是页面中的所有内容，如文字、如文字、图片、链接、表格、表单等。

　　"<body>"元素有很多自身的属性，如定义页面文字的颜色、背景的颜色、背景图像等，如表B-5所示。

表B-5　<body>元素的属性

属　　性	描　　述
text	设定页面文字的颜色
bgcolor	设定页面背景的颜色

续表

属　　性	描　　述
background	设定页面的背景图像
bgproperties	设定页面的背景图像为固定，不随页面的滚动而滚动
link	设定页面默认的链接颜色
alink	设定鼠标正在单击时候的链接颜色
vlink	设定访问过后的链接颜色
topmargin	设定页面的上边距
leftmargin	设定页面的左边距

B.3.1　文字颜色属性text

"<body>"元素的"text"属性可以改变整个页面默认文字的颜色。在没有对文字进行单独定义颜色的时候，这个属性将对页面中所有的文字产生作用。

```
<body text=color_value>
```

通过"text"属性定义了文字的颜色，"color_value"指的就是颜色的值。

B.3.2　背景颜色属性bgcolor

"<body>"元素的"bgcolor"属性用来设置整个页面的背景颜色。和文本颜色相似，也是使用颜色名称或者十六进制值来表现颜色效果。

```
<body bgcolor=color_value>
```

通过"bgcolor"属性定义了页面的颜色，"color_value"指的就是颜色的值。

B.3.3　背景图像属性background

页面中可以使用jpg或gif图片来表现，这些图片可以作为页面的背景图像，这可通过"<body>"语句中的"background"属性来实现。它和向网页中插入图片不同，背景图像将会放在网页的最底层，文字和其他图片等都位于它的上面。在默认的情况下，背景图片在水平方向和垂直方向上会不断重复出现，直到铺满整个网页。

```
<body background="img_file_url">
```

通过"background"属性定义了页面的背景图像，"img_file_url"指的是图像文件所在的路径，即指向图像文件所在位置的地址，也可以说是图像文件所在位置的统一资源定位符，这里不仅可以输入本地图像文件的路径和文件名称，也可以用url的形式输入其他位置的图像名称。如"http://www.go2here.net.cn/logo.gif"。

B.3.4　背景图像固定属性bgproperties

在默认的情况下，如果页面的内容较长，当拖动浏览器滚动条的时候，背景会随着文字内容的滚动而滚动。所谓背景图像固定，是指不论如何拖动浏览器的滚动条，背景都永远固定在相同的位置，并不会随着文字滚动而滚动。

```
<body background="img_file_url"  bgproperties=fixed>
```

通过"background"属性定义了页面的背景图像，"img_file_url"指的是图像文件所在的路径，

"bgproperties"定义背景属性，"fixed"就是设为固定的效果。

B.3.5　链接文字颜色属性link、alink、vlink

链接是网页中最基本的元素之一，在后面的章节中会详细介绍，这里只介绍修改页面链接文字颜色的方法。

在浏览器默认的情况下，链接文字的颜色为蓝色，访问过后的链接文字颜色为紫红色。这有助于用户判断是否单击过该链接。

在(X)HTML语言中，可以修改的链接状态共有三种，如表B-6所示。

表B-6　链接的不同状态

链接属性	描　述
link	设定默认的没有单击过的链接文字颜色
alink	设定鼠标按下链接文字时候的链接文字颜色
vlink	设定单击过后的链接文字颜色

```
<body link="color_value"  alink="color_value" vlink="color_value">
```

通过"link"、"alink"、"vlink"分别定义上表中规定的链接文字状态，"color_value"定义颜色的名称或十六进制值。

B.3.6　上边距属性topmargin

在(X)HTML页面中，可以定义页面的上边距，即内容和浏览器上部边框之间的距离。设置合适的上边距可以防止网页外观过于拥挤。

```
<body topmargin=value>
```
"value"的值一般以像素为单位。

B.3.7　左边距属性leftmargin

在(X)HTML页面中，可以定义页面的左边距，即内容和浏览器左侧边框之间的距离。设置合适的左边距可以防止网页外观过于拥挤。

```
<body leftmargin=value>
```
"value"的值一般以像素为单位。

B.4　文字与段落标签

在网页中，信息就是通过文字来传播的，使用(X)HTML语言的文字与段落标签，可以对网页中的文字和段落进行控制。

B.4.1　输入空格符号

(X)HTML页面中空格符号是通过代码控制的，下面介绍空格的符号代码。
```
 
```

一个半角空格使用一个" ；"表示多个空格只需使用多次即可。

B.4.2 输入特殊符号

和空格的表示方法有些相似，一些特殊符号是凭借特殊的符号码来表现的。通常由前缀"&"，加上字符对应的名称，再加上后缀"；"组成的。

基本语法如表B-7所示。

表B-7 特殊符号

特殊符号	符 号 码
"	&quot;
&	&amp;
<	&lt;
>	&gt;
©	&copy;
®	&reg;
±	&plusmn;
×	&times;
§	&sect;
¢	&cent;
¥	&yen;
•	&middot
€	&euro;
£	&pound;
™	&trade;

在源代码中输入相应的符号码，就可以显示特殊符号了。

B.4.3 注释语句<comment>、<!-- -->

页面中可以加入相关的说明注释语句，便于源代码编写者对代码的检查与维护。这些注释语句并不会出现在浏览器的显示中。在源代码适当的位置添加注释是很好的习惯，因为一旦代码过长，很可能连编写者最后都会产生混淆，良好的注释有助于对源代码的理解。

```
<comment>......</comment>
<!--......-->
```

使用上述两种表示方法都可以代表注释语句。

B.4.4 标题字标签

在浏览器中的正文部分，可以显示标题文字，所谓标题文字就是以某几种固定的字号去显示的文字。

标题字标签共有六种，每一种的标题在字号上都有明显的区别，一般用标题来强调段落要表现的内容。在(X)HTML中，定义了6级标题，从1到6级，每级标题的字体大小依次递减。

标题字的基本语法如表B-8所示。

表B-8　标题字

标　签	描　述
\<h1\>……\</h1\>	一级标题
\<h2\>……\</h2\>	二级标题
\<h3\>……\</h3\>	三级标题
\<h4\>……\</h4\>	四级标题
\<h5\>……\</h5\>	五级标题
\<h6\>……\</h6\>	六级标题

一级标题使用最大的字号表现，六级标题使用最小的字号表现。

标题字可以在页面中实现水平方向左、中、右的对齐，便于文字在页面中的编排。在标题标签中，最主要的属性是"align"（对齐）属性，它用于定义标题段落的对齐方式，使页面更加整齐。

标题字的对齐属性如表B-9所示。

表B-9　标题字的对齐属性

属　性	描　述
\<hn align=left\>……\</hn\>	标题左对齐
\<hn align=center\>……\</hn\>	标题居中对齐
\<hn align=right\>……\</hn\>	标题右对齐

属性中"hn"中的"n"代表从1到6。

B.4.5　文字的修饰标签

在(X)HTML文件中，可以加入多种文字的修饰标签，如表B-10所示。

表B-10　文字的修饰标签

标　签	描　述
\<b\>	粗体
\<strong\>	粗体
\<i\>	斜体
\<em\>	斜体
\<cite\>	斜体
\<sup\>	上标
\<sub\>	下标

标　签	描　述
<big>	大字号
<small>	小字号
<u>	下画线
<s>	删除线
<strike>	删除线
<address>	地址
<tt>	打字机文字
<blink>	闪烁文字（只适用于netscape浏览器）
<code>	等宽
<samp>	等宽
<kbd>	键盘输入文字
<var>	声明变量

1.　粗体标签\<b>、\<strong>

对于需要强调的文字，可以以粗体来表现，这就需要(X)HTML文字粗体标签。

```
<b>......</b>
<strong>......</strong>
```

这两个标签组都可以表现文字粗体的效果。

2.　斜体标签\<i>、\<em>、\<cite>

一般在文字中，对于需要强调的英文内容，可以使用斜体的效果。当然，也同样适用于中文。

```
<i>......</i>
<em>......</em>
<cite>......</cite>
```

这三个标签组都可以表现文字斜体的效果。

3.　上标标签\<sup>

常见的数学表达式，可以将一段文字以小字体的方式显示在另一段文字的右上角，这就是上标。

```
<sup>......</sup>
```

将文字放在两个标签中间就可以实现上标。

4.　下标标签\<sub>

常见的数学表达式或化学方程式，可以将一段文字以小字体的方式显示在另一段文字的右下角，这就是下标。

```
<sub>......</sub>
```

将文字放在两个标签中间就可以实现下标。

5. 大字号标签\<big\>

可以使用大字号标签将当前的文字加大一级字号来显示。

```
<big>......</big>
```

将文字放在两个标签中间就可以实现加大字号。

6. 小字号标签\<small\>

可以使用小字号标签将当前的文字减小一级字号来显示。

```
<small>......</small>
```

将文字放在两个标签中间就可以实现减小字号。

7. 下画线标签\<u\>

可以为页面中的文字加注下画线。

```
<u>......</u>
```

将文字放在标签中间就可以实现文字的下画线。

8. 删除线标签\<s\>、\<strike\>

可以为页面中的文字加注删除线。

```
<s>......</s>
<strike>......</strike>
```

这两个标签组都可以在文字的中间添加删除线。

9. 地址文字标签\<address\>

这个标签用于显示email、地址等文字内容，主要用于英文字体的显示中。

```
<address>......</address>
```

在标签间的文字就是地址等内容。

10. 打字机标签\<tt\>

这个标签可以创建出打字机风格的字体，文字间是以等宽来显示的。

```
<tt>......</tt>
```

在标签间的文字就是打字机风格的效果。

11. 等宽文字标签\<code\>、\<samp\>

这两个标签可以使用等宽的字体来显示文字内容，多用于英文文字。

```
<code>......</code>
<samp>......</samp>
```

在标签间的文字就是等宽文字的效果。

12. 键盘输入文字标签\<kbd\>

这个标签可以显示用户输入命令的文字效果。

```
<kbd>......</kbd>
```

在标签间的文字就是键盘输入文字的效果。

13. 声明变量标签\<var\>

这个标签可以显示变量的文字效果，使用的是斜体字体。

```
<var>......</var>
```

在标签间的文字就是声明变量的效果。

B.4.6　字体标签

如果希望更改页面中的字体、字号和颜色，最佳的选择就是使用"<font>"标签，其属性如表B-11所示。

表B-11　<font>标签的属性

属　性	描　述
face	字体
size	字号
color	颜色

1. 字体属性face

```
<font face="font_name,font_name,……">……</font>
```

"<font>"标签中的"face"定义字体，不同的字体可以定义多次，字体之间使用","分开。如果第一种字体在系统中不存在，就显示第二种字体；如果字体都不存在，就显示默认的字体。

2. 字号属性size

(X)HTML页面中的文字可以使用不同的字号表现。字号指的是字体的大小，它没有一个绝对的大小标准，其大小只是相对于默认字体而言。例如，1号和2号字，比默认字体要小一些，而4号和5号字，比默认字体要大一些。

```
<font size="value">……</font>
```

"<font>"标签中的"size"定义字体，"value"的取值范围为从+1到+7或从-1到-7。1是最小的字号，7是最大的字号。

3. 颜色属性color

(X)HTML页面中的文字可以使用不同的颜色表现。丰富的字符颜色毫无疑问能够极大地增强文档的表现力。

```
<font color="value">……</font>
```

"<font>"标签中的"color"定义了颜色，"value"定义颜色的名称或者十六进制代码。

4. 基字标签<basefont>

这个标签用于设置基本的文字属性，对于字号，"<font size=+n>…</font>或<font size=-n>…</font>"将受到这个基本字号的影响。

```
<basefont face="font_name,font_name,……"  color="value" size="value">
```

"<basefont>"标签中的定义将影响整个页面。

B.4.7　段落标签

1. 段落标签<p>

在(X)HTML语言中，有专门的标签表示段落。所谓段落，就是一段格式上统一的文本。

在文档窗口中，每输入一段文字，按下回车键后，就自动生成一个段落。按下回车键的操作通常被称作硬回车，因此可以说，段落就是带有硬回车的文字组合。在(X)HTML中，段落主要由标签"<p>"定义。

```
<p>...</p>
```

使用成对的"<p>"标签来包含段落。段落的对齐方式，指的是段落相对文档窗口（或浏览器窗口）在水平位置的对齐方式。段落

文字在页面中可以实现水平方向上的左、中、右的对齐，便于文字在页面中的编排。

```
<p align=left>...</p>
<p align=center>...</p>
<p align=right>...</p>
```

<p>标签的"align"属性可以使段落文字进行居左、居中、居右的对齐。

2. 换行标签

段落与段落之间是隔行换行的，如果文字的行间距过大，这时可以使用换行标签来完成文字的紧凑换行显示。

```
<br>
```

一个换行使用一个"
"，多个换行可以连续使用多个
标签。

3. 不换行标签<nobr>

如果浏览器中单行文字的宽度过长，浏览器会自动将该文字换行显示，如果希望强制浏览器不换行显示，可以使用相应的标签。

```
<nobr>...</nobr>
```

上述标签之间的文字就是显示不自动换行的效果。

4. 预格式化标签<pre>

所谓预格式化，就是保留文字在源代码中的格式，页面中显示的和源代码中的效果完全一致。

浏览器在显示其中的内容时，会完全按照其真正的文本格式来显示，例如，原封不动地保留文档中的空白，如空格、制表符等。

```
<pre>...</pre>
```

上述标签之间的文字会实现预格式化的效果。

5. 居中标签<center>

如果希望使段落或文字居中对齐，可以使用专门的居中标签。

```
<center>...</center>
```

上述标签之间的文字会自动居中对齐。

6. 缩排标签<blockquote>

使用缩排标签，可以实现页面文字的段落缩排，实现多次缩排可以使用多次缩排标签。

```
<blockquote>...</blockquote>
```

上述标签之间的文字会进行缩排。

B.4.8　水平线标签<hr>

水平线用于段落与段落之间的分隔，使文档结构清晰明白，使文字的编排更整齐。水平线自身具有很多的属性，如宽度、高度、颜色、排列对齐等。水平线在(X)HTML文档中经常被用到，合理使用水平线可以获得非常好的视觉效果。一篇内容繁杂的文档，如果适当放置几条水平线，可以变得层次分明，便于阅读。

1.　插入水平线<hr>

```
<hr>
```

2.　水平线宽度属性width

默认情况下，水平线的宽度为100%，可以手动调整水平线的宽度。

```
<hr width=value>
<hr width=value%>
```

水平线的宽度可以以绝对的像素为单位，也可以以相对的百分比为单位。

3.　水平线高度属性size

同样，可以设定水平线的高度。

```
<hr size=value>
```

水平线的高度只能使用绝对的像素来定义。

4.　水平线去掉阴影属性noshade

默认的水平线是空心立体的效果，可以将其设置为实心并且不带阴影的水平线。

```
<hr noshade>
```

5.　水平线颜色属性color

为了使水平线更美观，同整体页面更协调，可以设置水平线的颜色。

```
<hr color=value>
```

其中，value为颜色的英文名称或者十六进制值。

6.　水平线排列属性align

在水平方向上，可以设置水平线的居左、居中和居右对齐。

```
<hr align=left>
<hr align=center>
<hr align=right>
```

默认的水平线为居中对齐。

B.5　列表的标签

在(X)HTML页面中，列表可以起到提纲挈领的作用。列表分为两种类型，一是无序列表，一是有序列表。前者用项目符号来标记无序的项目，而后者则使用编号来记录项目的顺序。关于列表的主要标签，如表B-12所示。

表B-12 列表的主要标签

标　　签	描　　述
\<ul\>	无序列表
\<ol\>	有序列表
\<dir\>	目录列表
\<dl\>	定义列表
\<menu\>	菜单列表
\<dt\>、\<dd\>	定义列表的标签
\<li\>	列表项目的标签

B.5.1　有序列表

有序列表使用编号，而不是项目符号来编排项目。列表中的项目采用数字或英文字母开头，通常各项目间有先后的顺序性。在有序列表中，主要使用"\<ol\>"、"\<li\>"两个标签和"type"、"start"两个属性。

1. 有序列表标签\<ol\>

```
<ol>
<li>项目一</li>
<li>项目二</li>
<li>项目三</li>
……
</ol>
```

在有序列表中，使用"\<ol\>"作为有序的声明，使用"\<li\>"作为每一个项目的起始。

2. 有序列表的类型属性type

在有序列表的默认情况下，使用数字序号作为列表的开始，可以通过"type"属性将有序列表的类型设置为英文或罗马数字。

```
<ol type=value>
</ol>
```

其中，value的值如表B-13所示：

表B-13 有序列表的类型

值	描　　述
1	数字 1、2、3…
a	小写字母 a、b、c…
A	大写字母 A、B、C…
i	小写罗马数字 i、ii、iii…
I	大写罗马数字 I、II、III…

3. 有序列表的起始属性start

在默认情况下，有序列表从数字1开始计数，这个起始值通过"start"属性可以调整，并且，英文字母和罗马数字的起始值也可以调整。

```
<ol start=value>
</ol>
```

其中，不论列表编号的类型是数字、英文字母还是罗马数字，"value"的值都是起始的数字。

B.5.2　无序列表

在无序列表中，各个列表项之间没有顺序级别之分，它通常使用一个项目符号作为每条列表项的前缀。无序列表主要使用"<ul>"、"<dir>"、"<dl>"、"<menu>"、"<li>"几个标签和"type"属性。

1. 无序列3表标签<ul>

```
<ul>
<li> 项目一
<li> 项目二
<li> 项目三
......
</ul>
```

在无序列表中，使用"<ul>"作为无序的声明，使用"<li>"作为每一个项目的起始。

2. 目录列表标签<dir>

目录列表用于显示文件内容的目录大纲，通常用于设计一个压缩窄列的列表，用于显示一系列的列表内容，如字典中的索引或单词表中的单词等。列表中每项至多只能有20个字符。

```
<dir>
<li>项目一</li>
<li>项目二</li>
<li>项目三</li>
......
</dir>
```

在目录列表中，使用"<dir>"作为目录列表的声明，使用"<li>"作为每一个项目的起始。

3. 定义列表标签<dl>

定义列表是一种两个层次的列表，用于解释名词的定义，名词为第一层次，解释为第二层次，并且不包含项目符号。定义列表也称作字典列表，因为它同字典具有相同的格式。在定义列表中，每个列表项带有一个缩进的定义字段，就好像字典对文字进行解释一样。

```
<dl>
<dt>名词一<dd>解释一
<dt>名词二<dd>解释二
<dt>名词三<dd>解释三
......
</dl>
```

在定义列表中，使用"<dl>"作为定义列表的声明，使用"<dt>"作为名词的标题，"<dd>"用作解释名词。

4. 菜单列表标签<menu>

菜单列表用于显示菜单内容，设计单列的菜单。菜单列表在IE浏览器中的显示和无序列表的显示相同的。

```
<menu>
<li>项目一</li>
<li>项目二</li>
<li>项目三</li>
......
</menu>
```

在菜单列表中,使用"<menu>"作为菜单列表的声明,使用"<li>"作为每一个项目的起始。

5. 列表的类型属性type

在无序列表的默认情况下,使用●作为列表的开始,可以通过"type"属性将无序列表的类型设置为"○"或"□"。

```
<ul type=value>
</ul>
```

其中,value的值如表B-14所示。

表B-14　无序列表的类型

值	描　　述
disc	●
circle	○
square	■

B.6　超链接标签

链接标签虽然在网站设计制作中占有不可替代的地位,但是其标签只有一个,那就是"<a>"标签。

链接标签的属性如表B-15所示。

表B-15　链接标签的属性

属　　性	描　　述
href	指定链接地址
name	给链接命名
title	给链接提示文字
target	指定链接的目标窗口

单击超链接后,默认的浏览器窗口为原有窗口,可以指定这个超链接打开的目标窗口,如新开窗口等。

```
<a href="file_name" target="value"> 链接文字 </a>
```

通过"target"定义目标窗口,"value"的取值如表B-16所示。

表B-16 链接的目标窗口属性

属 性 值	描 述
_parent	在上一级窗口中打开，一般使用分帧的框架页会经常使用
_blank	在新窗口中打开
_self	在同一个帧或窗口中打开，这项一般不用设置
_top	在浏览器的整个窗口中打开，忽略任何框架

在浏览页面的时候，如果页面的内容较多，页面过长，浏览的时候就需要不断地拖动滚动条，很不方便，如果要寻找特定的内容，就更加不方便。这时如果能在该网页上，或另外一个页面上建立目录，当浏览者单击目录上的项目就能自动跳到网页相应的位置进行阅读，并且还可以在页面中设置诸如"返回页首"之类的链接，这样浏览就会变得很方便。此类链接被称为书签链接。

```
<a name="name">文字</a>
<a href="#bookmark_name">文字链接</a>
```

其中"bookmark_name"就是刚刚定义的书签名称。在页面之间，也可以完成跳转到另一页面某一位置的过程。这需要指定好链接的页面和链接的书签位置。

```
<a href="file_name#bookmark_name">文字链接</a>
```

其中"file_name"是要跳转到的页面路径，"bookmark_name"是定义的书签名称。制作外部链接的时候，使用url统一资源定位符来定位万维网信息，这种方式可简洁、明了、准确地描述信息所在的地点。

最常见的url格式是"http://"，其他的格式如表B-17所示。

表B-17 url 的格式

服 务	url 格式	描 述
www	http://	进入万维网站点
ftp	ftp://	进入文件传输服务器
news	news://	启动新闻讨论组
telnet	telnet://	启动 Telnet 方式
gopher	gopher://	访问一个 Gopher 服务器
email	mailto://	启动邮件

B.7 图片标签

页面中插入图片可以起到美化的作用。插入图片的标签只有一个，那就是"<img>"标签。

B.7.1 插入图片标签<img>

插入图片的时候，仅仅使用"<img>"标签是不够的，需要配合其他的属性来完成，如表B-18所示。

表B-18　插入图片标签<img>的属性

属　　性	描　　述
src	图像的源文件
alt	提示文字
width、height	宽度、高度
border	边框
vspace	垂直间距
hspace	水平间距
align	排列

B.7.2　图像的源文件属性src

配合"src"属性指定图像源文件所在的路径，就可以完成图像的插入了。

`<img src="file_name">`

通过"src"属性指定路径，其中"file_name"为要插入图像的路径。

B.7.3　图像的提示文字属性alt

提示文字有两个作用。第一个作用是当浏览该网页时，如果图像下载完成，鼠标放在该图像上，鼠标旁边会出现提示文字。也就是说，当鼠标指向图像上方的时候，稍等片刻，可以出现图像的提示性文字，这用于说明或者描述图像。第二个作用是，如果图像没有被下载，在图像的位置上就会显示提示文字。

`<img src="file_name" alt="说明提示文字">`

说明提示文字的内容中英文均可。

B.7.4　图像的宽度高度属性width、height

默认情况下，页面中图像的显示大小就是图片默认的宽度和高度，也可以手动更改图片的大小。但是建议使用专业的图像编辑软件对图像进行宽度和高度的调整。

`<img src="file_name" width="value" height="value">`

图像的"width"宽度和"height"高度的单位可以是像素，也可以是百分比。如果显示器是1024×768，那屏幕就相当于水平方向上有1024个像素点的宽度，垂直方向上有768个像素点的高度。因为网页主要是通过屏幕显示，所以建议编辑者使用像素作为单位。

B.7.5　图像的边框属性border

默认的图片是没有边框的，通过"border"属性可以为图像添加边框线。可以设置边框的宽度，但边框的颜色是不可以调整的。当图像上没有添加链接的时候，边框的颜色为黑色；当图像上添加了链接时，边框的颜色和链接文字颜色一致，默认为深蓝色。

`<img src="file_name" border="value">`

其中，"value"为边框线的宽度，单位为像素。

B.7.6　图像的垂直间距属性vspace

图像和文字之间的距离是可以调整的，这个属性用来调整图像和文字之间的上下距离。此功能非常有用，它有效地避免了网页上文字图像拥挤的排版。其单位默认为像素。

```
<img src="file_name"  vspace="value">
```

其中，"value"为图片在垂直方向上和文字的距离，单位为像素。

B.7.7　图像的水平间距属性hspace

图像和文字之间的距离是可以调整的，这个属性用来调整图像和文字之间的左右距离。此功能非常有用，它有效地避免了网页上文字图像拥挤的排版。

```
<img src="file_name" hspace="value">
```

其中，"value"为图片在水平方向上和文字的距离，单位为像素。

B.7.8　图像的排列属性align

图像和文字之间的排列通过"align"属性来设置。图像的绝对对齐方式和相对文字对齐方式是不一样的。绝对对齐方式的效果和文字的对齐一样，只有三种，即居左、居右、居中。而相对文字对齐方式是指图像与一行文字的相对位置。

```
<img src="file_name" align="top">
<img src="file_name" align="middle">
<img src="file_name" align="bottom">
<img src="file_name" align="left">
<img src="file_name" align="right">
<img src="file_name" align="absbottom">
<img src="file_name" align="absmiddle">
<img src="file_name" align="baseline">
<img src="file_name" align="texttop">
```

其中，align的属性值如表B-19所示。

表B-19　图片排列align属性值

属　性　值	描　　述
top	文字的中间线居于图片上方
middle	文字的中间线居于图片中间
bottom	文字的中间线居于图片底部
left	图片在文字的左侧
right	图片在文字的右侧
absbottom	文字的底线居于图片底部
absmiddle	文字的底线居于图片中间
baseline	英文文字基准线对齐
texttop	英文文字上边线对齐

B.8 表格相关标签

表格是用于排列内容的最佳工具，在(X)HTML页面中，绝大多数页面都是使用表格进行排版的。在(X)HTML的语法中，表格通过三个标签来构成，即表格标签、行标签、单元格标签，如表B-20所示。

表B-20 构成表格的标签

标 签	描 述
`<table>…</table>`	表格标签
`<tr>…</tr>`	行标签
`<td>…</td>`	单元格标签

B.8.1 表格的基本语法

表格的基本构成语法如下：

```
<table>
<tr>
<td>...</td>
......
</tr>
<tr>
</tr>
......
<td>...</td>
......
</table>
```

其中，"`<table>`"标签代表表格的开始，"`<tr>`"标签代表行开始，而"`<td>`"和"`</td>`"之间的为单元格的内容。

这几个标签之间是从大到小，逐层包含的关系，由最大的表格，到最小的单元格。一个表格可以有多个"`<tr>`"和"`<td>`"标签，分别代表多行和多个单元格。

1. 表格的边框属性border

默认情况下，表格的边框为0，可以为表格设置边框线。

`<tableborder=value>`

通过"border"属性定义边框线的宽度，单位为像素。

2. 表格的宽度高度属性width、helght

默认情况下，表格的宽度和高度根据内容自动调整，也可以手动设置表格的宽度和高度。

`<tablewidte=value height=value>`

通过"width"属性定义表格的宽度，"height"属性定义表格的高度，单位为像素或百分比。如果是百分比，则可分为两种情况：如果不是嵌套表格，那么百分比是相对于浏览器窗口而言；如果是嵌套表格，则百分比相对的是嵌套表格所在的单元格宽度。

3. 表格的边框色属性

为了美化表格，可以为表格设置不同的边框颜色。在(X)HTML语言中，表格的边框颜色共有三种，如表B-21所示。

表B-21 表格的边框色属性

属　　性	描　　述
bordercolor	表格边框色
bordercolorlight	表格亮边框色（左上边框颜色）
bordercolordark	表格暗边框色（右下边框颜色）

```
<table bordercolor=color_value bordercolorlight=color_value
bordercolordark=color_value>
```

定义颜色的时候，可以使用英文颜色名称或十六进制颜色值来表现。

4. 表格的背景颜色属性

通过"bgcolor"属性，可以设置表格的背景颜色。

```
<table bgcolor=color_value>
```
定义颜色的时候，可以使用英文颜色名称或十六进制颜色值来表现。

5. 表格的背景图像属性background

除了背景颜色之外，还可以为表格设置背景图像，可以使用任意的gif或者jpeg图片文件。

```
<table background=file_name>
```
定义背景图像时，写下图片文件的完整路径或者相对路径。

6. 单元格间距属性cellspacing

表格的单元格和单元格之间，可以设置一定的间距，这样可以使表格显得不会过于紧凑。

```
<table cellspacing=value>
```
单元格的间距以像素为单位。

7. 单元格边距属性cellpadding

单元格边距是指单元格内容和边框之间的距离。

```
<table cellpadding=value>
```
单元格的边距以像素为单位。

8. 表格的水平对齐属性align

在水平方向上，可以设定表格的对齐方式，分为居左、居中、居右三种。

```
<table align="left">
<table align="center">
<table align="right">
```
其中，"left"为居左，"center"为居中，"right"为居右。

B.8.2 表格的标题与表头

在(X)HTML语言中，可以自动地通过标签为表格添加标题。另外，表格的第一行称为表头，这也可以通过(X)HTML标签来实现。

1. 表格标题<caption>

通过这个标签可以直接添加表格的标题，而且可以控制标题文字的排列属性。

```
<caption>...</caption>
```

"<caption>"标签组之间的就是标题的内容，这个标签使用在"<table>"标签组中。

2. 表格标题的水平对齐属性align

默认情况下，表格的标题水平居中，可以通过"align"属性设置标题文字的水平对齐方式。

```
<caption align="left">...</caption>
<caption align="center">...</caption>
<caption align="right">...</caption>
```

其中，"left"为居左，"center"为居中，"right"为居右。

3. 表格标题的垂直对齐属性valign

表格的标题可以放在表格的上方或者下方，这可以通过"valign"属性进行调整。默认情况下，表格标题放在表格的上方。

```
<caption valign="top">...</caption>
<caption valign="bottom">...</caption>
```

其中，"top"为居上，"bottom"为居底。

4. 表格的表头<th>

这里所说的表头是指表格的第一行，其中的文字可以实现居中并且加粗显示，这通过"<th>"标签实现。

```
<table>
<tr>
</tr>
<tr>
</tr>
......
</table>
<th>...</th>
......
<td>...</td>
......
```

使用"<th>"标签替代"<td>"标签，唯一的不同就是标签中的内容居中加粗显示。

B.8.3 <tr><td><th>属性

"<tr>"标签的属性和"<table>"标签的属性非常相似，用于设定表格中某一行的属性。如表B-22所示。

表B-22 表格的 <tr> 标签属性

属　　性	描　　述
align	行内容的水平对齐
valign	行内容的垂直对齐
bgcolor	行的背景颜色

属　　　性	描　　　述
background	行的背景图像
bordercolor	行的边框颜色
bordercolorlight	行的亮边框颜色
bordercolordark	行的暗边框颜色

　　"<td>"、"<th>"标签的属性和"<table>"标签的属性也非常相似，用于设定表格中某一单元格的属性。和表格属性相似的属性如表B-23所示。

表B-23　表格的 <td>、<th> 标签属性

属　　　性	描　　　述
align	单元格内容的水平对齐
valign	单元格内容的垂直对齐
bgcolor	单元格的背景颜色
background	单元格的背景图像
bordercolor	单元格的边框颜色
bordercolorlight	单元格的亮边框颜色
bordercolordark	单元格的暗边框颜色
width	单元格的宽度
height	单元格的高度

1. 跨行属性 rowspan

　　在复杂的表格结构中，有的单元格在水平方向上跨越多个单元格，这就需要使用跨行属性"rowspan"。

```
<td rowspan=value>
```

　　其中，value代表单元格所跨的行数。

2. 跨列属性colspan

　　在复杂的表格结构中，有的单元格在垂直方向上跨越多个单元格，这就需要使用跨列属性"colspan"。

```
<td colspan=value>
```

　　其中，"value"代表单元格跨的列数。

B.9 表单标签

　　表单是网页上的一个特定区域。这个区域是由"<form>"标签组定义的。这一步有几个方面的作用。第一个方面，限定表单的范围。其他的表单对象，都要插入到表单之中。单击提交按钮时，提交的也只是表单范围之内的内容。第二个方面，携带表单的相关信息，比如说处理表单的脚本程序的位置、提交表单的方法等。这些信息对于浏览者是不可

见的，但对于处理表单却有着决定性的作用。

```
<form name="form_name"  method="method"  action="url">
......
</form>
```

"<form>"标签的属性如表B-24所示。

表B-24　<form>标签属性

属　　性	描　　述
name	表单的名称
method	定义表单结果从浏览器传送到服务器的方法，一般有两种方法：get、post
action	用来定义表单处理程序（asp、cgi等）的位置（相对地址或绝对地址）

在"method"属性中，"get"方法是将表单内容附加在url地址后面，所以对提交信息的长度进行了限制，最多不可以超过8192个字符。如果信息太长，将被截去，从而导致意想不到的处理结果。同时"get"方法不具有保密性，不适合处理如信用卡卡号等要求保密的内容，而且不能传送非"ascii"码的字符。"post"方法是将用户在表单中填写的数据包含在表单的主体中，一起传送到服务器上的处理程序中。该方法没有字符的限制，它包含了iso10646的字符集，是一种邮寄的方式，在浏览器的地址栏不显示提交的信息，并且这种方式传送的数据是没有限制的。当不指明是哪种方式时，默认为"get"方式。

在"<form>"标签中，可以包含4个标签，如表B-25所示。

表B-25　<form>标签内的标签

标　　签	描　　述
<input>	表单输入标签
<select>	菜单和列表标签
<option>	菜单和列表项目标签
<textarea>	文字域标签

如下面的代码所示：

```
<form>
<input>......</input>
<textarea>......</textarea>
<select>
<option>......</option>
</select>
</form>
```

B.9.1　输入标签<input>

输入标签"<input>"是表单中最常用的标签之一。常用的文本域、按钮等都使用这个标签。

```
<form>
<input name="field_name"  type="type_name">
</form>
```

<input>标签的属性如表B-26所示。

表B-26　<input> 标签属性

属　　性	描　　述
name	域的名称
type	域的类型

在 "type" 属性中，可以包含下列属性值，如表1.27所示。

表B-27　type属性值

type 属性值	描　　述
text	文字域
password	密码域
file	文件域
checkbox	复选框
radio	单选框
button	普通按钮
submt	提交按钮
reset	重置按钮
hidden	隐藏域
image	图像域（图像提交按钮）

1.　文字域 text

"Text" 属性值用来设置在表单的文本域中，输入何种类型的文本、数字或字母。输入的内容 以单行显示。

```
<input type="text"  name="field_name"  maxlength=value size=value
value="field_value">
```

其中，各属性的含义如表B-28所示。

表B-28　文字域属性

文字域属性	描　　述
name	文字域的名称
maxlength	文字域的最大输入字符数
size	文字域的宽度（以字符为单位）
value	文字域的默认值

2.　密码域password

在表单中还有一种文本域形式的密码域，它可以使输入到文本域中的文字均以 "*" 星号显示。

```
<input type="password"  name="field_name"  maxlength=value size=value>
```

其中，各属性的含义同文字域的属性相同。

3. 文件域file

文件域可以让用户在域的内部填写自己硬盘中的文件路径，然后通过表单上传，这是文件域的基本功能，如在线发送email时常见的附件功能。有的时候要求用户将文件提交给网站，如office文档、浏览者的个人照片或者其他类型的文件，这个时候就要用到文件域。

文件域的外观是一个文本框加一个浏览按钮，用户既可以直接将要上传给网站的文件路径填写在文本框中，也可以单击浏览按钮，在电脑中查找要上传的文件。

```
<input type="file"  name="field_name">
```

4. 复选框checkbox

浏览者填写表单时，有一些内容可以通过让浏览者作出选择的形式来实现。例如，常见的网上调查，首先提出调查的问题，然后让浏览者在若干个选项中作出选择。又如收集个人信息时，要求在个人爱好的选项中作出选择等等。复选框适用于各种不同类型调查的需要。

复选框能够进行项目的多项选择，以一个方框表示。

```
<input type="checkbox"  name="field_name"  checked value="value">
```

其中，"checked"表示此项被默认选中，"value"表示选中项目后传送到服务器端的值。

5. 单选框radio

单选框能够进行项目的单项选择，以一个圆框表示。

```
<inputtype="radio"  name="field_name"  checked value="value">
```

"checked "表示此项被默认选中，"value"表示选中项目后传送到服务器端的值。

6. 普通按钮button

表单中的按钮起着至关重要的作用。按钮可以激发提交表单的动作，按钮可以在用户需要修改表单的时候，将表单恢复到初始的状态，还可以依照程序的需要，发挥其他的作用。

普通按钮主要是配合javascript脚本来进行表单的处理。

```
<input type="button"  name="field_name"  value="button_text">
```

其中，"value"值代表显示在按钮上面的文字。

7. 提交按钮submit

单击提交按钮后，可以实现表单内容的提交。

```
<input type="submit"  name="field_name"  value="button_text">
```

8. 重置按钮reset

单击重置按钮后，可以清除表单的内容，恢复成默认的表单内容设置。

```
<input type="reset"  name="field_name"  value="button_text">
```

9. 图像域image

图像域是指可以用在提交按钮位置上的图片，这幅图片具有按钮的功能。使用默认的按钮形式往往会让人觉得单调，并且如果网页使用了较为丰富的色彩，或稍微复杂的设计，再使用表单默认的按钮形式甚至会破坏整体的美感。这时，可以使用图像域，创建和网页整体效果相统一的图像提交按钮。

```
<input type="image"  name="field_name"  src="image_url">
```

10. 隐藏域hidden

隐藏域在页面中对于用户是看不见的，在表单中插入隐藏域的目的在于收集或发送信息，以便于处理表单程序的使用。浏览者单击发送按钮发送表单的时候，隐藏域的信息也被一起发送到服务器。

```
<input type="hidden"  name="field_name"  value="value">
```

B.9.2　菜单和列表标签<select>、<option>

假设现在要在表单中添加这样一项内容：浏览者所在的城市。这里不说全国的城市，只说省 会及以上的城市，就有几十个。如果以上面讲过的单选按钮的形式，将这些城市全部罗列在网页上，将会占据很大的区域。于是，在表单的对象中出现了菜单和列表。说到底，菜单和列表主要是为了节省网页的空间而产生的。

菜单是一种最节省空间的方式，正常状态下只能看到一个选项，单击选项按钮打开菜单后才能看到全部的选项。

列表可以显示一定数量的选项，如果超出了这个数量，会自动出现滚动条，浏览者可以通过拖动滚动条来查看各选项。

通过"<select>"和"<option>"标签可以设计页面中的菜单和列表效果。

```
<select name="name"  size=value multiple>
<option value="value" selected>选项</option>
<option value="value">选项</option>
......
</select>
```

其中，各属性的含义如表B-29所示。

表B-29　菜单和列表标签属性

菜单和列表标签属性	描　述
name	菜单和列表的名称
size	显示的选项数目
multiple	列表中的项目多选
value	选项值
selected	默认选项

B.9.3　文字域标签<textarea>

这个标签用来制作多行的文字域，可以在其中输入更多的文本。

```
<textarea name="name"  rows=value cols=value value="value"></textarea>
```

其中，各属性的含义如表B-30所示。

表B-30　文字域标签属性

文字域标签属性	描　述
name	文字域的名称
rows	文字域的行数

文字域标签属性	描　述
cols	文字域的列数
value	文字域的默认值

B.10　框架标签

B.10.1　框架集标签\<frameset\>

框架主要包括两个部分，一个是框架集，另一个就是框架。框架集是在一个文档内定义一组框架结构的(X)HTML网页。框架集定义了在一个窗口中显示的框架数、框架的尺寸、载入到框架的网页等。而框架则是指在网页上定义的一个显示区域。

如下所示的代码是基本的页面代码：

```
<html>
<head>
<title> 基本框架代码 </title>
</head>

欢迎访问网页顽主论坛
<frameset>
<frame>
<frame>
……
</frameset>
</html>
```

在使用了框架集的页面中，页面的"\<body\>"标签被"\<frameset\>"标签所取代，然后通过"\<frame\>"标签定义每一个框架。下面按照框架的分割方式来介绍框架集标签。主要的分割方式有以下三种：

- 左右分割窗口。
- 上下分割窗口。
- 嵌套分割窗口。

1.　左右分割窗口属性cols

在水平方向上，浏览器可以被分割成多个窗口，这需要使用到框架的左右分割窗口属性"cols"。

```
<frameset cols="value,value,……">
<frame>
<frame>
……
</frameset>
```

其中，"value"为定义各个框架的宽度值，单位可以是像素，也可以是百分比。

2.　上下分割窗口属性rows

在垂直方向上，浏览器可以被分割成多个窗口，这需要使用到框架的上下分割窗口属性"rows"。

```
<frameset rows="value,value,......">
<frame>
<frame>
......
</frameset>
```

其中，"value"为定义各个框架的宽度值，单位可以是像素，也可以是百分比。

3. 嵌套分割窗口

```
<frameset rows="value,value,......">
<frame>
<frameset cols="value,value,......">
<frame>
<frame>
......
</frameset>
<frame>
......
</frameset>
```

上述代码先将框架按照行进行上下分割，然后在第二个框架中按照列进行左右分割。

4. 框架集边框宽度属性framespacing

通过这个属性，能够设置框架集的边框宽度。

```
<framesetframespacing="value">
```

5. 框架集边框颜色属性bordercolor

通过这个属性，能够设置框架集边框的颜色。

```
<frameset bordercolor="color_value">
```

B.10.2　框架标签<frame>

每一个框架都有一个显示的页面，这个页面文件称之为框架页面。通过<frame>标签可以定义框架页面的内容。

1. 框架页面源文件属性src

通过"src"属性设置框架显示的文件路径。

```
<frame src="file_name">
```

2. 框架名称属性name

可以为每一个链接命名，所起的名称将被用于页面的链接和脚本描述，所以框架的命名有一定的规则，框架名称必须是单个单词，允许使用下画线"_"，但不允许使用连字符"-"、句点"."和空格。框架名称必须以字母起始，而不能以数字起始。框架名称区分大小写。不要使用javascript中的保留字，如"top"或"navigator"作为框架名称。

```
<frame src="file_name"  name="frame_name">
```

3. 边框显示属性frameborder

框架的显示情况是根据其所属框架集的设置而决定，也就是说该框架继承其框架集的边框属性。

```
<frame src="file_name"  frameborder="value">
```

其中，"value"取值为0或1，0为不显示边框，1为显示边框。

4. 框架滚动条显示属性scrolling

当框架内的空间不够显示页面的内容时，可以通过滚动条来实现页面的滚动，使用户看到隐藏的内容，这个属性可以设置是否显示滚动条。

```
<frame src="file_name" scrolling="value">
```

其中，"value"的取值范围如表B-31所示。

表B-31　框架滚动条显示属性值

scrolling 属性值	描　　述
yes	显示滚动条
no	不显示滚动条
auto	根据页面的长度自动判断是否显示滚动条

5. 框架尺寸调整属性noresize

浏览带有框架的页面时，有些框架的尺寸是可以改变的，而有些则不可以。这主要是由"noresize"属性来控制。

```
<frame src="file_name" noresize>
```

其中，"noresize"代表禁止改变框架的尺寸大小。

6. 框架边缘宽度属性marginwidth

(X)HTML页面有其页边距设置，框架与页面一样，也存在着框架边距。通过"marginwidth"能够设置框架的左右边缘宽度。

```
<frame src="file_name" marginwidth="value">
```

7. 框架边缘高度属性marginheight

和框架的边缘宽度相似，通过"marginheight"属性能够设置框架的上下边缘高度。

```
<frame src="file_name" marginheight="value">
```

B.10.3　不支持框架标签<noframes>

虽然框架技术是较早使用的一种导航技术，但是仍然有一些早期版本的浏览器不支持框架，由于制作人员无法改变这一现象，所能做的只是提示该浏览器不支持框架技术，有些内容无法看到，仅此而已。现在，使用"<noframes>"标签可以完成这一任务，当浏览器不能加载框架集文件时，会检索到"<noframes>"标签，并显示标签中的内容。

```
<frameset>
<frame>
<frame>
……
<noframes>
……
</noframes>
</frameset>
```

放在"<noframes>"标签组之间的部分就是在不支持框架的浏览器中显示的内容，也就是"<body>"标签中的内容。

B.10.4　浮动框架<iframe>

浮动框架是一种特殊的框架页面，在浏览器窗口中可以嵌套子窗口，在其中显示页面的内容。

```
<iframe src="file_url" height=value width=value name="iframe_name"
align="value"></iframe>
```

其中，各属性的含义如表B-32所示。

表B-32　<iframe>标签属性

<iframe>标签属性	描　　述
src	浮动框架中显示页面源文件的路径
width	浮动框架的宽度
height	浮动框架的高度
name	浮动框架的名称
align	浮动框架的排列方式，left表示居左，center表示居中，right表示居右
frameborder	框架边框显示属性（同普通框架）
framespacing	框架边框宽度属性（同普通框架）
scrolling	框架滚动条显示属性（同普通框架）
noresize	框架尺寸调整属性（同普通框架）
bordercolor	框架边框颜色属性（同普通框架）
marginwidth	框架边缘宽度属性（同普通框架）
marginheight	框架边缘高度属性（同普通框架）

B.11　其他标签

接下来介绍一下其他的常用标签。

B.11.1　滚动文字

在(X)HTML页面中，可以实现如字幕一般的滚动文字效果。在一个排版整齐的页面中，添加适当的滚动文字可以起到灵活页面的效果。

1. 滚动文字标签<marquee>

```
<marquee> 滚动文字 </marquee>
```

2. 滚动方向属性direction

可以设置文字滚动的方向，分别为向上、向下、向左、向右四种，可使滚动的文字具有更多的变化。

```
<marquee direction="value"> 滚动文字 </marquee>
```

其中，"value"的取值如表B-33所示。

表B-33 滚动方向属性值

direction 属性值	描 述
up	滚动文字向上
down	滚动文字向下
left	滚动文字向左
right	滚动文字向右

3. 滚动方式属性behavior

通过这个属性能够设置不同方式的滚动文字效果。如滚动的循环往复、交替滚动、单次滚动等。

```
<marquee behavior="value"> 滚动文字 </marquee>
```

其中，"value"的取值如表B-34所示。

表B-34 滚动方式属性值

behavior属性值	描 述
scroll	循环往复
slide	只走一次滚动
alternate	交替进行滚动

4. 加速度属性scrollamount

通过这个属性能够调整文字滚动的速度。

```
<marquee scrollamount="value"> 滚动文字</marquee>
```

5. 滚动延迟属性scrolldelay

通过这个属性，可以在每一次滚动的间隔产生一段时间的延迟。

```
<marquee scrolldelay="value">滚动文字</marquee>
```

6. 滚动循环属性loop

```
<marquee loop="value">滚动文字</marquee>
```

7. 滚动范围属性width、height

对于各种方式的滚动方式，可以设置文字滚动的区域。

```
<marquee width="value" height="value">滚动文字</marquee>
```

8. 滚动背景颜色属性bgcolor

在滚动文字的后面，可以添加背景颜色。

```
<marquee bgcolor="color_value">滚动文字</marquee>
```

B.11.2 多媒体信息

在页面中可以放置如mp3音乐、电影、swf动画等多种多媒体内容。

```
<embed src="file_url"  width=value height=value></embed>
```

通过下面的代码还可以嵌入多种格式的音乐文件，最常用的是mid格式的文件。

```
<bgsound src="file_url">
```

另外，通过下面的代码，可以设置背景音乐的循环次数。

附录C CSS语法参考手册

CSS可以使用(X)HTML标签或命名的方式定义，除可控制一些传统的文本属性，如字体、字号、颜色等外，还可以控制一些比较特别的(X)HTML属性，如对象位置、图片效果、鼠标指针等。层叠样式表可以一次控制多个文档中的文本，并且可随时改动CSS的内容，以自动更新文档中文本的样式。

CSS对于设计者来说是一种简单、灵活、易学的工具，它能使任何浏览器都听从指令，知道该如何显示元素及其内容。1998年5月12日，w3c组织推出了CSS2，使得这项技术在世界范围内得到更广泛地支持。自此，CSS2即cascading style sheets level 2成为了w3c的新标准。CSS是一组样式，样式中的属性在(X)HTML元素中依次出现，并显示在浏览器中。样式可以定义在(X)HTML文档的标签（tag）里，也可以在外部附加文档作为外加文档。此时，一个样式表可以用于多个页面，甚至整个站点，因此具有更好的易用性和扩展性。

C.1 字体属性

字体的属性主要包括：字体家族，字体风格，字体加粗和字体大小，如表C-1所示。

表C-1 字体属性

字体属性	描　　述
font-family	用于指定一个字体名或一个种类的字体家族
font-size	字体显示的大小
font-style	设定字体风格
font-weight	以 bold 为值可以加粗字体

C.1.1 字体家族

字体家族"font-face"属性可以用于指定一个字体名或一个种类的字体家族。很明显，定义一个指定的字体名不会比定义一个种类的字体家族合适。当浏览器解释执行的时候，会依据家族中所列的字体顺序从前到后地选择字体，当客户机中没有第一种字体的时候，浏览器会利用第二种字体显示，依此类推。

C.1.2 字体大小

字体大小"font-size"属性用作修改字体显示的大小。尺寸既有绝对的也有相对的。后面紧跟的是尺寸的单位，可以选择厘米、像素、磅等，另外还有其他的一些值，如"xx-

"small"、"x-small"、"smaller"、"x-large"、"xx-large"等。最常用的单位为"px"。

C.1.3　字体风格

字体风格"font-style"属性以三个方法的其中一个来定义显示的字体，这三个方法分别为：

"normal"（普通）、"italic"（斜体）及"oblique"（倾斜）。属性值如表C-2所示。

表C-2　字体风格属性值

字体风格属性值	描　述
normal	普通的文字
italic	斜体的文字
oblique	倾斜的文字，在中文文字的使用上与 italic 并无明显区别

C.1.4　字体加粗

字体加粗"font-weight"属性用作说明字体的加粗。当其他值设为绝对时，"bolder"和"lighter"值将相对地成比例增长。另外还有"normal"、"bold"，还可以直接设置一个100到900之间的任何值。属性值如表C-3所示。

表C-3　字体加粗属性值 字体加粗属性值描述

值	100至900之间
normal	普通的文字
bold	加粗
bolder	特粗
lighter	加细

C.2 文本属性

css文本属性主要包括字母间隔、文字修饰、文本排列、文本缩进、行高等，如表C-4所示。

表C-4　文本属性

文本属性	描　述
letter-spacing	定义一个附加在字符之间的间隔数量
text-decoration	文本修饰属性允许通过五个属性中的一个来修饰文本
text-align	设置文本的水平对齐方式，包括左对齐、右对齐、居中、两端对齐
text-indent	文字的首行缩进
line-height	行高属性接受一个控制文本基线间隔的值

C.2.1　字母间隔

字母间隔"letter-spacing"属性定义一个附加在字符之间的间隔数量。该值必须符合长度格式，允许使用负值。一个设为零的值会阻止文字的调整。

C.2.2　文字修饰

文字修饰"text-decoration"属性可以让用户为文字添加下画线、上画线、中画线或者闪动效果。当需要同时在代码中输入两种属性的时候，在属性中间加上空格就可以了。属性值如表C-5所示。

表C-5　文字修饰属性值

文字修饰属性值	描　　述
underline	下画线
overline	上画线
line-through	删除线
blink	闪烁，只适用 netscape 浏览器
none	无任何修饰

C.2.3　文本排列

文本排列"text-align"属性可以使元素文本排列整齐。这个属性的功能类似于(X)HTML的段、标题和部分的"align"属性，即"justify"、"center"、"left"、"right"。属性值如表C-6所示。

表C-6　文本排列属性值文本排列属性值描述

left	左对齐	right	右对齐
center	居中对齐	justify	两端对齐

C.2.4　文本缩进

文本缩进"text-indent"属性可以应用于块级元素（p，h1等），定义该元素第一行可以接受的缩进数量。该值必须是一个长度或百分比，若为百分比则视上级元素的宽度而定。通用的文本缩进用法是用于段的缩进。

C.2.5　行间距

行间距"line-height"属性可以接受一个控制文本基线之间的间隔的值。当值为百分比数字时，行高由元素字体大小的量与该数字相乘所得。百分比的值相对于元素字体的大小而定，不允许使用负值。

C.3　颜色和背景属性

css的颜色属性允许网页制作者指定一个元素的颜色。背景属性允许控制背景，具体如表C-7所示。

表C-7　颜色和背景属性

颜色和背景属性	描　　述
color	定义颜色
background-color	设置一个元素的背景颜色
background-image	设置一个元素的背景图像
background-repeat	设置一个指定的背景图像如何被重复
background-position	设置水平和垂直方向上的位置

C.3.1　颜色

颜色"color"属性允许网页制作者指定一个元素的颜色。

C.3.2　背景颜色

背景颜色"background-color"属性可用于设置一个元素的背景颜色。

C.3.3　背景图像

背景图像"background-image"属性可用于设置一个元素的背景图象。

C.3.4　背景图像重复

背景图像重复"background-repeat"属性决定一个指定的背景图像如何被重复。当值为"repeat-x"时图像横向重复；当值为"repeat-y"时图像纵向重复；当值为"repeat"的时候，背景图片满屏平铺；当值为"no-repeat"的时候，只显示一张图，无任何方向的平铺。属性值如表C-8所示。

表C-8　背景图像重复属性值 背景图像重复属性值描述

repeat-x	图像横向重复
repeat-y	图像纵向重复
repeat	图像横向、纵向重复
no-repeat	图像不重复

C.3.5　背景图像位置

背景图像位置"background-position"属性决定一个指定的背景图像在页面中的位置。可以是居左（left）、居右（right）或水平居中（center），也可以是上对齐（top）、下对齐（bottom）或垂直居中（center），属性值如表C-9所示。

表C-9　背景图像位置属性值

背景图像位置属性值	描　　述
left	背景图像居左
right	背景图像居右
center	背景图像水平居中、垂直居中

续表

背景图像位置属性值	描　　述
top	背景图像上对齐
bottom	背景图像下对齐

C.4　边框属性

　　边框属性是用于设置一个元素边框的宽度、式样和颜色等。边框属性只能设置四条边框，并且只能给出一组边框的宽度和式样。为了给一个元素的四种边框赋予不同的值，网页制作者必须用一个或更多的属性，如上边框、右边框、下边框、左边框、边框颜色、边框宽度、边框样式、上边框宽度、右边框宽度、下边框宽度或左边框宽度。

　　不同方向的边框属性如表C-10所示。

表C-10　边框属性

边框属性	描　　述
border	边框
border-top	上边框
border-left	左边框
border-right	右边框
border-bottom	下边框

　　对于边框的样式，可以按照表C-11中所示的属性进行设置。

表C-11　边框样式属性值

边框样式属性值	描　　述
none	无边框
dotted	边框由点组成
dash	边框由短线组成
solid	边框是实线
double	边框是双实线
groove	边框带有立体感的沟槽
ridge	边框成脊形
inset	边框内嵌一个立体边框
outset	边框外嵌一个立体边框

C.5　鼠标光标属性

　　在网页中默认的鼠标指针只有两种，一个是最普通的箭头，另一个是当移动到连接上时出现的"小手"。但是现在越来越多的网页都使用了css鼠标指针技术，当将鼠标移动到连接上时，可以看到多种不同的效果。

　　CSS可以通过"cursor"属性实现通过样式改变鼠标形状的效果，鼠标放在被此项设置修饰的区域上时，形状会发生改变。具体的属性值如表C-12所示。

表C-12　鼠标光标属性值

鼠标光标属性值	描　述
hand	手
crosshair	交叉十字
text	文本选择符号
wait	windows 的沙漏形状
default	默认的鼠标形状
help	带问号的鼠标
e-resize	向东的箭头
ne-resize	指向东北方的箭头
n-resize	向北的箭头
nw-resize	指向西北的箭头
w-resize	向西的箭头
sw-resize	向西南的箭头
s-resize	向南的箭头
se-resize	向东南的箭头

C.6　定位属性

　　利用CSS的定位技术是CSS的一个应用很广的知识点。通过CSS不仅可以控制元素的颜色、边框等属性，还可以控制元素的平面或空间位置，以及可见性。

　　CSS提供两种定位方法，即相对定位与绝对定位。所谓相对定位是指让操作的元素在相对其他元素的位置上进行偏移。而绝对定位是指让操作的元素参照原始文档进行偏移。可以使用表C-13所示的属性来定位网页的对象。

表C-13　定位属性

定位属性	描　述
position	absolute（绝对定位）、relative（相对定位）
top	层距离顶点纵坐标的距离
left	层距离顶点横坐标的距离
width	层的宽度
height	层的高度
z-index	决定层的先后顺序和覆盖关系，值越高的元素会覆盖值比较低的元素

"clip"限定只显示裁切出来的区域。裁切出的区域为矩形。设置时只要设定两个点即可。这两点一个是矩形左上角的顶点，由"top"和"right"两项的设置完成；另一个是右下角的顶点，由"bottom"和"right"两项设置完成。

"overflow"当层内的内容超出层所能容纳的范围时："visible"无论层的大小，内容都会显示出来。"hidden"会隐藏超出层大小的内容。"scroll"不管内容是否超出层的范围，选中此项都会为层添加滚动条。"auto"只在内容超出层的范围时才显示滚动条。

"visibility"这一项是针对嵌套层的设置，嵌套层是插入在其他层中的层，分为嵌套的层（子层）和被嵌套的层（父层）。"inherit"子层继承父层的可见性，父层可见，子层也可见；父层不可见，子层也不可见。"visible"无论父层可见与否，子层都可见。"hidden"无论父层可见与否，子层都隐藏。

C.7　区块属性

在格式化页面对象时，css将所有对象都放置在一个容器里面，这个容器称为区块。其属性如表C-14所示。

表C-14　区块属性

区块属性	描　　述
width	设置对象的宽度
height	设置对象的高度
float	让文字环绕在一个元素的四周
clear	指定在某一个元素的某一边是否允许有环绕的文字或对象

"padding"决定了究竟在边框与内容之间应该插入多少空间距离。它有四个属性，分别是："top"（上）、"right"（右）、"bottom"（下）、"left"（左）分别用于设定上下左右的填充距。

"margin"设置一个元素在四个方向上与浏览器窗口边界或上一级元素的边界的距离。与"padding"类似，它也有上、下、左、右四个属性，分别控制四个方向。

C.8　列表属性

css中有关列表的设置丰富了列表的外观。其属性如表C-15所示。

表C-15　列表属性

列表属性	描　　述
list-style-type	设定引导列表项目的符号类型
bullet	选择图像作为项目的引导符号
position	决定列表项所缩进的程度，outside列表贴近左侧边框；inside列表缩进

对于"type"属性，可以设置多种符号类型，如表C-16所示。

表C-16 列表符号类型属性值

列表符号类型属性值	描 述
disc	在文本行前面加"●"实心圆
circle	在文本行前面加"○"空心圆
square	在文本行前面加"■"实心方块
decimal	在文本行前面加普通的阿拉伯数字
lower-roman	在文本行前面加小写罗马数字
upper-roman	在文本行前面加大写罗马数字
lower-alpha	在文本行前面加小写英文字母
upper-alpha	在文本行前面加大写英文字母
none	不显示任何项目符号或编号

C.9 滤镜属性

使用滤镜属性可以把可视化的滤镜和转换效果添加到一个标准的(X)HTML元素上，如图片、文本，以及其他一些对象。对于滤镜和渐变效果，前者是基础，因为后者就是滤镜效果的不断变化和演示更替，其属性如表C-17所示。

表C-17 滤镜属性

滤镜属性	描 述
alpha	透明的层次效果
blur	快速移动的模糊效果
chroma	特定颜色的透明效果
dropshadow	阴影效果
fliph	水平翻转效果
flipv	垂直翻转效果
glow	边缘光晕效果
gray	灰度效果
invert	将颜色的饱和度及亮度值完全反转
mask	遮罩效果
shadow	渐变阴影效果
wave	波浪变形效果
xray	x 射线效果

C.10 尺寸属性

通过尺寸属性，可以设置块级别元素的宽高尺寸，如表C-18所示。

表C-18 尺寸属性

属　　性	描　　述
height	检索或设置对象的高度
max-height	设置或检索对象的最大高度
min-height	设置或检索对象的最小高度
width	检索或设置对象的宽度
max-width	设置或检索对象的最大宽度
min-width	设置或检索对象的最小宽度

C.11　表格属性

可以使用CSS，来设置表格的属性，从而对表格进行更多的控制，如表C-19所示。

表C-19　表格属性

属　　性	描　　述
border-collapse	设置或检索表格的行和单元格的边是合并在一起还是按照标准的HTML样式分开
border-spacing	设置或检索当表格边框独立时，行和单元格的边框在横向和纵向上的间距
caption-side	设置或检索表格的caption对象是在表格的那一边
empty-cells	设置或检索当表格的单元格无内容时，是否显示该单元格的边框
table-layout	设置或检索表格的布局算法
speak-header	设置或检索表格头与其后的一系列单元格发生多少次关系

C.12　滚动条属性（IE专有属性）

可以通过CSS来设置滚动条的样式效果，但是只对IE浏览器有效，如表C-20所示。

表C-20　滚动条属性

属　　性	描　　述
scrollbar-3d-light-color	设置或检索滚动条亮边框颜色
scrollbar-highlight-color	设置或检索滚动条3D界面的亮边（ThreedHighlight）颜色
scrollbar-face-color	设置或检索滚动条3D表面（ThreedFace）的颜色
scrollbar-arrow-color	设置或检索滚动条方向箭头的颜色
scrollbar-shadow-color	设置或检索滚动条3D界面的暗边（ThreedShadow）颜色
scrollbar-dark-shadow-color	设置或检索滚动条暗边框（ThreedDarkShadow）颜色
scrollbar-base-color	设置或检索滚动条基准颜色。其他界面颜色将据此自动调整

C.13 伪类属性

伪类（Pseudo classes）是选择符的螺栓，用来指定一个或者与其相关的选择符的状态。它们的形式是"selector:pseudo class { property: value; }"，简单地用一个半角英文冒号（:）来隔开选择符和伪类，如表C-21所示。

表C-21 伪类属性

伪　　类	描　　述
:link	设置a对象在未被访问前的样式表属性
:hover	设置对象在其鼠标悬停时的样式表属性
:active	设置对象在被用户激活（在鼠标点击与释放之间发生的事件）时的样式表属性
:visited	设置a对象在其链接地址已被访问过时的样式表属性
:focus	设置对象在成为输入焦点（该对象的onfocus事件发生）时的样式表属性
:first-child	设置对象（Selector1）的第一个子对象（Selector2）的样式表属性
:first	设置页面容器第一页使用的样式表属性。仅用于@page规则
:left	设置页面容器位于装订线左边的所有页面使用的样式表属性。仅用于@page规则
:right	设置页面容器位于装订线右边的所有页面使用的样式表属性。仅用于@page规则
:lang	设置对象使用特殊语言的内容样式表属性

C.14 单位

在WEB标准化布局中会使用到各种计量单位，如表C-22所示。

表C-22 单位

单位名称	单　　位
时间单位	s　ms
长度单位	em　ex　px　pt　pc　in　cm　mm
频率单位	kHz　Hz
颜色单位	#RRGGBB　rgb（R,G,B）　Color Name
角度单位	deg　grad　rad

反侵权盗版声明

电子工业出版社依法对本作品享有专有出版权。任何未经权利人书面许可，复制、销售或通过信息网络传播本作品的行为；歪曲、篡改、剽窃本作品的行为，均违反《中华人民共和国著作权法》，其行为人应承担相应的民事责任和行政责任，构成犯罪的，将被依法追究刑事责任。

为了维护市场秩序，保护权利人的合法权益，我社将依法查处和打击侵权盗版的单位和个人。欢迎社会各界人士积极举报侵权盗版行为，本社将奖励举报有功人员，并保证举报人的信息不被泄露。

举报电话： (010)88254396；（010）88258888
传　　真：(010)88254397
E - mail: dbqq@phei.com.cn
通信地址：北京市万寿路 173 信箱
　　　　　电子工业出版社总编办公室
邮　　编：100036